高等学校土建类学科专业"十三五"系列教材
高等学校系列教材

工程材料与结构耐久性

元成方　冯　虎　主编

中国建筑工业出版社

图书在版编目（CIP）数据

工程材料与结构耐久性/元成方，冯虎主编. —北京：中国建筑工业出版社，2020.10
高等学校土建类学科专业"十三五"系列教材　高等学校系列教材
ISBN 978-7-112-25408-8

Ⅰ.①工…　Ⅱ.①元…②冯…　Ⅲ.①工程结构-耐用性-高等学校-教材　Ⅳ.①TU3

中国版本图书馆 CIP 数据核字（2020）第 168250 号

　　本书是在参考国内外近年来工程结构耐久的相关研究成果、耐久性相关标准规范，以及教学实践经验的基础上，遵循理论结合工程实际、系统性与先进性并重的原则编写的。本书共 8 章，主要内容包括：绪论、腐蚀性环境分类与环境作用等级、混凝土结构的腐蚀机理、混凝土结构耐久性检测与试验方法、既有混凝土结构的耐久性评估、混凝土结构的腐蚀防护、混凝土结构的耐久性设计、钢结构的腐蚀、防护与检测。

　　本书可作为土木工程及相关专业的本科生及研究生教材，也可供成人教育、科研人员以及相关工程技术人员参考使用。

　　为了更好地支持本课程教学，本书作者制作了教学课件，有需求的读者可以发送邮件至：2917266507@qq.com 索取。

　　责任编辑：聂　伟　张　健
　　责任校对：党　蕾

高等学校土建类学科专业"十三五"系列教材
高等学校系列教材
工程材料与结构耐久性
元成方　冯　虎　主编
＊
中国建筑工业出版社出版、发行（北京海淀三里河路 9 号）
各地新华书店、建筑书店经销
霸州市顺浩图文科技发展有限公司制版
河北鹏润印刷有限公司印刷
＊
开本：787 毫米×1092 毫米　1/16　印张：16　字数：345 千字
2020 年 12 月第一版　　2020 年 12 月第一次印刷
定价：**42.00 元**（赠课件）
ISBN 978-7-112-25408-8
　　　（36397）

前　言

工程结构耐久性能的衰退是目前我国工程建设领域所面临的严峻问题，它会极大地危害结构的安全性和可靠性，随着我国大规模基础设施建设的持续进行，工程结构的耐久性问题日益得到人们的重视。

工程结构耐久性是工程结构可靠性的重要分支，本书是在参考国内外近年来工程结构耐久性的相关研究成果、国内先后发布的耐久性相关标准规范，以及教学实践经验的基础上，遵循理论结合工程实际、系统性与先进性并重的原则进行编写的。全书着重论述工程结构耐久性的基本概念、理论、原则、方法及其工程应用，主要内容包括：绪论、腐蚀性环境分类与环境作用等级、混凝土结构的腐蚀机理、混凝土结构耐久性检测与试验方法、既有混凝土结构的耐久性评估、混凝土结构的腐蚀防护、混凝土结构的耐久性设计、钢结构的腐蚀、防护与检测等。

本书由郑州大学元成方（第1、2、3、4、5、8章），郑州大学冯虎（第1、3、4、5章），宁波工程学院赵卓（第6、7章），西安建筑科技大学王艳（第2章），深圳大学李大望（第3、4章），郑州大学赵军（第6、7章），郑州大学曾力（第8章），郑州中核岩土工程有限公司苗长伟（第7章）共同编写，全书由元成方统稿。

感谢高丹盈教授对全书的审阅！感谢广东省滨海土木工程耐久性重点实验室开放基金项目（编号：GDDCE-18-2）和河南省重点研发与推广专项项目（编号：202102310255）的资助！郑州大学硕士研究生魏逸然、杨文博、王娣承担了部分文稿的录入校核工作，在此一并表示衷心的感谢！

由于水平有限，书中难免存有不当与疏漏之处，恳请读者批评指正。

编　者

目　　录

第 1 章 绪 论

1.1 耐久性的概念

任何结构的兴建都是为了使用，也就是使新建结构完成其预定的功能。而结构预定功能能否实现，主要取决于它在整个设计服役期内的表现。结构在规定的时间内，在规定的条件下，完成预定功能的能力，称为结构的可靠性，它包括结构的安全性、适用性和耐久性。

《工程结构可靠性设计统一标准》GB 50153—2008 中明确指出，结构在规定的设计使用年限内应满足以下功能要求：①能承受在施工和使用期间可能出现的各种作用；②保持良好的使用性能；③具有足够的耐久性能；④当发生火灾时，在规定的时间内可保持足够的承载力；⑤当发生爆炸、撞击、人为错误等偶然事件时，结构能保持必需的整体稳固性，不出现与起因不相称的破坏后果，防止出现结构的连续倒塌。

在工程结构必须满足的上述 5 项功能中，第①、④、⑤项是对结构安全性的要求，第②项是对结构适用性的要求，第③项是对结构耐久性的要求，三者可概括为对结构可靠性的要求。

所谓足够的耐久性能，是指结构在规定的工作环境中，在预定时期内，其材料性能的劣化不致引起结构出现不可接受的失效概率。从工程概念上讲，足够的耐久性能就是指在正常维护条件下结构能够正常使用到规定的设计使用年限。

1.2 工程结构耐久性现状

发达国家土木工程业的发展大体经历了三个阶段：大规模新建阶段，新建与维修并举阶段，重点转向旧建筑物的维修、改造加固阶段。当前，我国土木工程业的发展基本处于第一和第二的过渡阶段，在第一个大规模新建阶段，受经济条件限制，混凝土结构被普遍采用。长期以来，混凝土被认为是一种经济、耐久、用途极为广泛的建筑材料，混凝土结构是目前工程建设中应用最为广泛的结构形式，它的应用与发展已有 100 多年的历史。然而，受勘探、设计、施工、技术发展水平以及使用过程中的多种环境因素影响，很多既有混凝土结构都先后出现病害和劣化，使结构出现各种不同程度的隐患、缺陷或损伤，其承载力、刚度、延性和稳定性不断下降，进而导致结构的安全性、适用性和耐久性降低，并最终导致结构失效，造成巨大的生命财产损失。

1991 年，第二届混凝土耐久性国际会议在加拿大蒙特利尔召开，美国伯克利大学 P. K. Mehta 教授在题为《混凝土耐久性——进展的 50 年》的报告中明确指出："当今世界，混凝土破坏的原因，按重要性递降顺序排列是：钢筋锈蚀、寒冷气候下的冻害、侵蚀环境的物理化学作用。"2001 年，在清华大学承办的"土建结构工程的安全性与耐久性"工程科技论坛上，有关专家也明确指出我国混凝土破坏的主要因素是"南锈北冻"。

根据英国运输部门 1989 年的报告，英格兰和威尔士有 75% 的钢筋混凝土桥梁受到氯离子侵蚀，维护维修费用是原来造价的 200%，为解决海洋环境下混凝土结构锈蚀与防护问题，每年花费近 20 亿英镑。葡萄牙海洋环境下的码头、桥梁等由于氯离子侵蚀造成钢筋锈蚀，结构服役较短时间即发生严重损伤。处于海湾地区的混凝土结构，由于所处的环境恶劣，钢筋锈蚀现象特别严重，成为混凝土结构破坏的主要原因。美国 20 世纪 30 年代建造在 Alsea 海湾上的多拱大桥，因混凝土水胶比过大，钢筋普遍严重腐蚀，进而引起了结构破坏，其曾进行过多次局部修补，但最后不得不拆除重建。日本运输省在对 103 座海港混凝土码头耐久性状况进行调查后发现，使用 20 年以上的码头，基本都存在顺筋开裂现象。印度孟买某河上的一座后张预应力混凝土桥，受空气中盐分的影响，预应力钢筋过早地发生严重腐蚀。澳大利亚 Sharp 公司对 62 座海岸混凝土结构进行了调查，结果显示结构浪溅区部位的钢筋腐蚀严重，特别是昆士兰服役 20 年以上的混凝土结构桩帽。

我国交通运输部对 23 万座既有钢筋混凝土桥梁的调查结果显示，约有 5000 座大桥已成为危桥。海港码头等混凝土结构腐蚀破坏更为严重（见图 1.1），平均使用寿命仅为 25 年。20 世纪 60 年代，南京水利科学研究院调查了华南、华北地区 27 座海港钢筋混凝土结构，调查发现，因钢筋腐蚀导致结构破坏的占 74%。1980 年由交通部第四航务工程局科研所主持，南京水利科学研究院等单位参加的华南地区 18 座使用 7～25 年码头耐久性调查发现，80% 以上的结构都发生了严重或较严重的钢筋锈蚀破坏，有的仅使用 5～10 年就发生了锈蚀破坏。1979 年建成的天津港客运码头使用不到 10 年，前承台板 50% 左右出现锈蚀破损；1980 年建成的北仑港矿石码头，使用不到 10 年上部结构便发生了严重的锈蚀破坏。

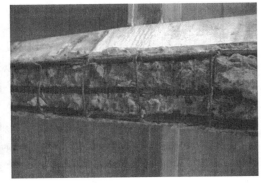

图 1.1　海港码头混凝土结构腐蚀

为保障道路交通的通畅，各国在冬季向道路、立交桥等撒除冰盐，使得盐中含有的氯离子侵蚀混凝土，引起钢筋锈蚀，造成了巨大损失。在瑞士，由于使用除冰盐导致钢筋锈蚀，每20年就有3000座桥梁需要维修。英国英格兰岛中部环形快车道上11座混凝土高架桥，当初建造费用为2800万英镑，因为撒除冰盐引起钢筋锈蚀使得混凝土胀裂，为此维修耗资近4500万英镑，是造价的1.6倍，估计以后15年还要耗资1.2亿英镑，累计达到当初造价的6倍。

此外，大量处在海洋环境中的钢结构由于耐久性设计不足、腐蚀防护措施不到位，存在不同程度的腐蚀问题（见图1.2），极大地危害着工程结构的安全性。1980年，英国北海"亚历山大基定德"号钻井平台桩腿上的焊缝被海水腐蚀，裂纹在波浪载荷的反复作用下不断扩展，导致钻井平台倾倒，使得123人遇难。1995年，广州海印斜拉桥的一根钢索由于腐蚀严重而突然断裂，近百米的钢索坠落桥面，此时距离大桥建成仅6年。2013年，山东青岛经济开发区排水暗渠发生爆炸，造成62人死亡，直接经济损失超过7.5亿元。国务院特别重大事故调查组调查报告指出，该事故直接原因是"输油管道与排水暗渠交汇处管道腐蚀减薄、管道破裂、原油泄漏"。除了安全问题，海洋腐蚀也带来了巨大的经济损失。2016年，全球腐蚀调查报告表明，世界平均腐蚀损失约占全球国民生产总值（GNP）的3.4%，其中海洋环境下的腐蚀损失约占总腐蚀损失的1/3。

图1.2　海洋环境中的钢结构腐蚀

目前，工程结构的耐久性问题已越来越引起工程师及研究人员的关注。美国研究人员曾用"五倍定律"形象地说明了结构耐久性的重要性，特别是设计对耐久性问题的重要性，即：设计时，对新建项目在钢筋防护方面每节省1美元，就意味着发现钢筋腐蚀时采取措施多追加维修费5美元，顺筋开裂时多追加维修费25美元，严重破坏时则多追加维修费125美元。这一可怕的放大效应，使得各国政府投入大量资金用于工程结构耐久性问题的研究。

有专家估计，我国"大干"基础设施工程建设的高潮还将持续若干年，由于忽视耐久性，迎接我们的还会有"大修"若干年的高潮，这个高潮可能很快就将到来，其耗费将数倍于当初这些工程施工建设时的投资。

1.3　耐久性研究历史

19 世纪 40 年代，法国工程师维卡对海洋环境中的水硬性石灰以及石灰和火山灰砂浆性能进行了研究，并出版了《水硬性组分遭受海水腐蚀的化学原因及其防护方法的研究》一书，拉开了工程结构耐久性研究的序幕。19 世纪 80 年代，钢筋混凝土构件问世并首次应用于工业建筑，人们开始研究工业环境中混凝土结构的耐久性问题。1925 年，美国的研究人员以及德国钢筋混凝土协会分别开展了自然环境下的混凝土长期腐蚀试验。1934 年，Campus 和 Graf 开始对海洋环境下的混凝土耐久性问题开展试验研究。1945 年，Powers 等提出了静水压假说和渗透压假说，开始了混凝土冻融破坏的研究。1951 年，苏联学者贝科夫、莫斯科文等较早地开始了钢筋锈蚀问题的研究。1957 年，美国混凝土学会（ACI）成立"ACI-201 委员会"，专门负责指导和协调混凝土耐久性方面的研究。1960 年，国际材料与结构研究联合会（RILEM）成立了"混凝土中钢筋腐蚀"技术委员会，将混凝土结构正常使用的问题纳入混凝土结构耐久性研究的核心，标志着混凝土结构耐久性研究高潮的到来，并且开始朝系统化、国际化方向发展。1990 年，日本土木学会提出了混凝土结构耐久性设计建议，其中针对不同环境类别，建立材料性能劣化计算模型并以此预测结构的使用年限，更成为耐久性设计方法的研究潮流。1992 年，欧洲混凝土委员会颁布了《耐久性混凝土结构设计指南》，旨在发展以性能和可靠度分析为基础的混凝土结构耐久性设计方法。2001 年，亚洲混凝土模式规范委员会颁布了《亚洲混凝土模式规范》（ACMC2001），提出了基于性能的耐久性设计方法。

我国对混凝土结构耐久性的研究始于 20 世纪 60 年代，南京水利科学研究院首次开展了混凝土碳化和钢筋锈蚀问题的研究。中国土木工程学会于 1982 年、1983 年连续召开全国耐久性学术会议，推动了耐久性研究工作的开展。1991 年，全国钢筋混凝土结构标准技术委员会混凝土耐久性学组在天津成立，进一步推动了混凝土耐久性的研究、应用和技术交流。1992 年，中国土木工程学会混凝土与预应力混凝土分会成立了混凝土耐久性专业委员会，它的诞生使得我国在混凝土耐久性研究领域朝系统化、规范化的方向发展。1994 年，国家启动了土木工程领域唯一的攀登计划项目"重大土木与水利工程安全性与耐久性的基础研究"，取得了很多有价值的研究成果。2002 年，混凝土结构耐久性研究被纳入《混凝土结构设计规范》第六批课题的子课题。2004 年，由中国土木工程学会、清华大学等单位主编的《混凝土结构耐久性设计与施工指南》出版，该书在国内首次较为系统地提出了混凝土结构耐久性设计、施工和检测的基本要求和方法。2007 年，由西安建筑科技大学组织编制的《混凝土结构耐久性评定标准》CECS 220：2007 开始实施。2009 年，由清华大学、中国建筑科学研究院组织编制的《混凝土结构耐久性设计规范》GB/T 50476—2008 开始实施。2010 年，由中国建筑科学研究院组织编制的《普通混凝土长期性能和耐久性能试验方法标准》GB/T 50082—2009、《混凝土耐久性检验评定标准》JGJ/T 193—2009 开始实施，两部标准有力地推动了混凝土耐久性基础试验研究的发展。2019 年，由西安建筑科技大学、中交四航工程研究院有限公司主编的《既有混凝土结构耐久性评定标准》GB/T 51355—2019 开始实施。目前，工程结构耐久性问题已成为广大研究人员关注的热点问题，相关的基础研究、工程应用研究十分活跃。

1.4 耐久性研究的主要内容

最初的混凝土耐久性研究主要是为了了解海上构筑物中混凝土的腐蚀情况。20 世纪 20 年代初，随着钢筋混凝土结构的大规模应用，结构在腐蚀条件下的耐久性问题随之而来。进入 20 世纪 60 年代，混凝土结构的耐久性研究进入了一个高潮，朝着系统化、国际化的方向发展。混凝土结构的耐久性问题已成为国际学术机构或国际学术会议讨论的主要议题之一。近年来，在工程界的共同重视下，混凝土结构耐久性研究不断取得重大进展。

工程混凝土结构的耐久性研究是一项较为复杂的课题，其中涉及混凝土基本理论、电化学腐蚀、结构可靠性理论、结构耐久性分析、随机理论、试验检测技术以及环境科学等多个方面，存在很多模糊及不确定性的因素，这些模糊及不确定性随着人们对工程结构耐久性问题认识地不断深入而日愈突出。

目前针对混凝土结构耐久性的研究，主要集中在材料层次的耐久性机理研究、受腐蚀构件承载能力的相关研究、服役结构的耐久性评价和剩余寿命预测、受腐蚀结构的维修决策、结构腐蚀的控制与防护、高性能材料的应用及相关耐久性检测技术研究等方面。工程结构的耐久性课题可分为两部分：对未建混凝土结构进行耐久性设计和对服役混凝土结构进行耐久性评估。而对服役结构进行耐久性评估，则需在分析结构已服役期内所提供的大量反馈信息的基础上，根据结构在预定后续使用期内的荷载危险性分析，对其后续使用期内的耐久性能进行评估，并进一步总结归纳，为未建混凝土结构的耐久性设计提供经验和依据。

工程混凝土结构的耐久性研究应考虑服役环境、建筑材料和结构性能等方面的因素，因此结构耐久性的研究可划分为环境、材料、构件和结构四个层次，如图 1.3 所示。

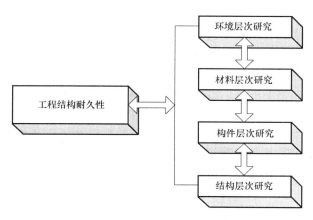

图 1.3　工程结构耐久性研究的主要层次

1.4.1 环境层次的研究

工程结构设计时,应考虑结构上可能出现的各种作用(包括直接、间接作用)和环境影响。环境影响可以具有机械的、物理的、化学的或生物的性质,而且有可能使结构的材料性能随时间发生不同程度的退化,从而影响结构的安全性和适用性。工程结构所处的环境可以划分为一般大气环境、近海和海洋环境、寒冷环境、化冰盐环境以及工业环境等。

环境影响对结构的效应主要是导致材料性能降低,它与结构材料本身性能有着密切的关系,因此,环境影响的效应应根据材料特点加以确定。在多数情况下主要是涉及化学的和生物的损害,其中环境湿度是最关键的影响因素。

环境影响在很多方面与作用相似,其分类与作用相同,特别是它们在时间上的变异性方面,因此,环境影响可分为永久、可变和偶然影响三类。例如,对处于海洋环境中的混凝土结构,氯离子对结构钢筋的腐蚀作用是永久影响,空气湿度对木材强度的影响是可变影响等。

基于环境影响的混凝土结构耐久性设计可分为传统的经验方法和定量计算方法。传统经验方法是将环境作用按其严重程度定性地划分成几个作用等级,在工程经验类比的基础上,对于不同环境作用等级下的混凝土结构构件,直接规定混凝土材料的耐久性质量要求和钢筋保护层厚度等构造要求。近年来,传统的经验方法有很大改进,即按照材料的劣化机理确定不同的环境类别,在每一类别下再按温度、湿度及其变化等不同环境条件区分其环境作用等级,从而更为详细地描述环境作用。基于环境影响的定量计算方法,环境作用需要定量表示,然后选用适当的材料劣化数学模型求出环境作用效应,列出耐久性极限状态下的环境作用效应与耐久性抗力的关系,进而求得相应的使用年限。

目前,环境作用下耐久性设计的定量计算方法尚未成熟到能在工程中普遍应用的程度。在各种劣化机理的计算模型中,可供使用的主要为定量估算钢筋开始发生锈蚀的年限等。因此,在国内外现行的混凝土结构设计规范中,对环境的影响只能根据材料特点,按其抗侵蚀性的程度来划分等级,以便在结构耐久性设计时按等级采取相应措施。

1.4.2 材料层次的研究

材料层次的研究是工程结构耐久性研究的基础部分,对混凝土结构而言,主要包括对混凝土和钢筋两种材料的研究。材料层次的耐久性研究主要从影响结构耐久性的因素入手,分析它们在单因素或多因素作用下的破坏机理,建立耐久性损伤的预报模型和经验公式,以实现由定性分析到定量分析的转变。

混凝土的耐久性包括混凝土的碳化、氯离子侵蚀、硫酸盐侵蚀、冻融破坏和碱-骨料反应等。其中,碳化是较为普遍且不可避免的,因为随着社会工业化的发展,大气中的二氧化碳浓度一直在急剧增加。在1800年前,南极大气中的二氧化碳浓度一直保持为280ppm,1999年上升到350ppm,而2030年则预计达到460ppm。

混凝土的碳化会降低混凝土内部的碱度,破坏钢筋表面的钝化膜,使混凝土失去对钢筋的保护作用,给混凝土中钢筋防锈蚀带来不利的影响。同时,碳化还会影响混凝土的收缩、强度、结构、离子迁移等诸多性质。混凝土碳化的经典理论模型是基于 Fick 第一扩散定律的碳化模型,这一模型认为混凝土的碳化深度与时间的平方根成正比。除时间因素外,影响混凝土碳化的因素还包括环境因素和混凝土材料本身的因素。由于不同结构所处的环境不同,空气中二氧化碳含量、空气的湿度也不同,因而其混凝土碳化的速度也不同,在混凝土碳化深度公式中大都用地区环境影响系数加以区别。结构所处的环境因素还包括空气中二氧化碳含量、空气的湿度、风压等。但在众多因素下,衡量其量化影响的程度还不高,尤其是预测模型,还存在着一定的不确定性。

氯离子侵蚀通常发生在海洋环境下、北方地区冬天撒除冰盐地区、化工环境以及盐碱地区等,它会破坏钢筋表面的钝化膜,导致结构钢筋的锈蚀,其对混凝土结构的危害程度远远大于二氧化碳等所引起的混凝土中性化。对结构混凝土而言,氯离子的来源主要由两部分组成:一部分是由拌合水、水泥、细骨料、粗骨料、矿物掺合料以及外加剂等各种混凝土组成材料带进混凝土的氯离子;一部分是通过混凝土保护层由外界环境通过不同方式进入混凝土内部的氯离子。基于所处环境的不同,外部的氯离子一般通过渗透、扩散以及毛细作用等方式侵入混凝土。在许多情况下,扩散仍然被认为是氯离子最主要的传输方式之一,其经典理论模型是基于 Fick 第二扩散定律的氯离子扩散系数模型。目前氯离子侵蚀的研究主要包括以下几个方面:氯离子侵蚀的扩散机理、影响氯离子扩散的因素分析、氯离子临界含量、氯离子扩散系数模型等。通常情况下,影响氯离子扩散的因素主要为混凝土材料本身和环境因素。

硫酸盐侵蚀通常发生于地下土壤(水)环境、化工环境以及其他一些特殊环境,其侵蚀作用将导致混凝土的开裂破坏。水、土中的硫酸盐对混凝土的腐蚀作用,除与硫酸根离子的浓度相关外,还与硫酸盐的阳离子种类及浓度、混凝土表面的干湿交替程度、环境温度以及土的渗透性和地下水的流动性等因素有很大关系。腐蚀混凝土的硫酸盐主要来自周围的水、土,也可能来自原本受过硫酸盐腐蚀的混凝土骨料以及混凝土外加剂等。在常见的硫酸盐中,对混凝土腐蚀的严重程度从强到弱依次为硫酸镁、硫酸钠和硫酸钙。化学环境作用对混凝土的腐蚀,至今尚缺乏可供实际工程应用的数据积累和研究成果。

长期与水体直接接触并反复冻融的混凝土结构构件,由于饱水的混凝土在反复冻融作用下会发生内部损伤,产生开裂甚至剥落,导致骨料裸露。与混凝土冻融破坏有关的环境因素主要有水、最低温度、降温速率和反复冻融次数等。混凝土的冻融损伤一般只发生在混凝土内部含水量比较充足的情况下。

混凝土的碱-骨料反应,是混凝土内部成分之间进一步化学反应的一种。混凝土原材料中的水泥、外加剂、混合材和裂隙水中的碱与骨料中的活性成分,在混凝土浇筑成型后若干年(数年至 20、30 年)逐渐反应,反应生成物吸水膨胀使混凝土产生内部应力,膨胀开裂。碱-骨料反应是影响混凝土耐久性最主要的因素之一,其开裂破坏是整体性的且难以被阻止,因此被称为混凝土的"癌症"。混凝土结构发生碱-骨料反应需要具备三个条件:第一是混凝土的原材料水泥、

7

混合材、外加剂和水等含碱量高；第二是骨料中有相当数量的活性成分；第三是潮湿环境，有充分的水分或湿润空气供给。依据反应机理的不同，碱-骨料反应主要分为碱-硅酸反应、碱-碳酸盐反应和碱-硅酸盐反应。针对混凝土的碱-骨料反应，目前的研究主要集中于骨料活性检测技术及抑制碱-骨料反应等方面。

1.4.3 构件层次的研究

构件层次的耐久性研究是结构层次研究的前提和基础。对混凝土结构而言，构件层次的研究通常包括混凝土锈胀损伤、黏结性能退化、损伤识别诊断以及构件承载能力等的研究。混凝土中钢筋发生锈蚀后，锈蚀产物的体积膨胀作用会产生锈胀力，导致混凝土保护层胀裂甚至剥落，严重影响结构的正常使用；锈蚀产物的生成、钢筋与混凝土黏结性能的降低以及钢筋锈蚀后的截面损失等，会使钢筋混凝土结构或构件的承载能力降低。目前锈胀开裂研究的重点在于锈胀前锈胀力模型和锈蚀胀裂前后钢筋锈蚀量模型的研究，而黏结性能退化研究是研究锈蚀构件和结构性能的基础，也是腐蚀混凝土结构进行有限元非线性分析时不可回避的问题。锈蚀钢筋与混凝土黏结性能的研究，有助于恰当地评估服役结构的实际承载能力，经济合理地确定维修加固方案。

构件的损伤识别主要包含损伤存在检测、损伤位置（类型）识别和损伤程度识别等内容。目前国内外对工程结构损伤识别的方法主要有静力识别法、动力识别法以及静-动力综合法等。静力识别法一般是将结构试验的结果与初始的模型分析结果进行综合比较，通过一定的条件优化约束，不断地修正模型的某些参数，使测试值与计算分析值最大程度地吻合，从而得到结构参数变化的信息，达到识别结构构件损伤的目的。常用的静力参数有刚度、位移、应变、残余力、弹性模量、单元面积及惯性矩等。基于动力的损伤识别法是目前研究的热点，其理论核心是基于振动的损伤识别技术，在损伤产生的位置区域结构的质量特性一般不会受到影响，结构（构件）的刚度和承载能力将会有所下降，而结构的模态参数（模态频率、模态振型、模态阻尼等）也随之改变。通过研究结构的振动特性，就能识别结构是否发生损伤，并确定损伤的位置和程度。动力识别方法利用结构动态参数对损伤的敏感性、结构的整体性能进行检测和监测，现场工作量小，可实时监控。但由于受环境干扰等因素影响，对测试仪器及识别方法的精度要求较高。其中，根据是否使用数值仿真模型，还可将基于动态数据的损伤识别方法分为有模型法和无模型法两类。

1.4.4 结构层次的研究

结构层次研究的开展主要是基于构件层次的研究。结构层次的耐久性研究一般来说包括：新建结构的耐久性设计、在役结构的耐久性评估以及维修决策等。目前，新建结构的耐久性设计内容主要包括预测分析、构造处理、结构材料以及防护措施的采用等。而对服役结构进行耐久性评估，则需在分析结构已服役期内所提供的大量反馈信息的基础上，明确其损伤状态，并根据结构在预定后续使用期内的荷载危险性分析，对其后续使用期内的耐久性能进行评估，为在役结构的优化维修决策以及新建结构的耐久性设计提供经验和依据。

1.5 耐久性研究的方向

从影响因素的数学分析上，目前的研究较多采用确定性的方法。如对于钢筋的腐蚀程度来说，一般采用锈蚀深度中某一确定性的值来表征腐蚀的程度，实际上由于腐蚀环境和构件等的变异性，钢筋的腐蚀程度通常呈现很大的离散性。无论是表征均匀腐蚀的腐蚀深度还是表征不均匀腐蚀的最大腐蚀深度，大量的工程实例和实际的试验数据分析，均表明了腐蚀程度的随机特性。

在各类侵蚀过程模型的建立方面，如氯离子侵蚀过程模型，很多研究都是基于 Fick 第二扩散定律的理论或实验分析，将影响因素作为确定值。实际上由于因素的多样性、材料的离散性和环境条件的复杂性，侵蚀过程模型的建立应该是基于不确定性的模型。

由于客观条件的限制，目前研究较多局限于实验室模拟的加速试验，加速腐蚀试验通常是将试验构件浸泡（放置）于模拟的侵蚀环境中，或者是施加一定的电流来模拟构件的腐蚀情况。这种情况下得到的钢筋锈蚀程度通常是均匀分布的。实际环境下的钢筋锈蚀通常是均匀分布或非均匀分布同时发生，而锈蚀坑的存在是影响受腐蚀构件承载力的一个关键因素。实验室模拟结果是否能够反映真实环境下钢筋的腐蚀情况，还有待进一步的分析。如何利用模拟试验结果来建立试验条件下与真实使用环境下性能劣化发展的相似准则，还有待于进一步的试验研究和工程实例分析。

总之，确定性分析向随机统计分析进化、静态分析向动态分析转变、室内试验向实际工程应用发展、单因素分析向多因素耦合分析发展，是进一步完善工程结构耐久性理论和保证工程结构可靠的主要方向。

思考题

1. 工程结构可靠性的基本定义是什么？工程结构在规定的设计使用年限内应满足的功能要求主要有哪些？
2. 工程结构耐久性的基本定义是什么？
3. 工程结构耐久性问题产生的基本原因主要有哪些？
4. 工程结构耐久性研究的主要内容、层次是什么？研究方向有哪些？

第2章 腐蚀性环境分类与环境作用等级

大量工程实践表明，工程结构耐久性问题的产生，是既有结构所处服役环境中多种因素的共同作用的结果，而非仅受单一因素的影响。因此，需对各类环境的特点及腐蚀性因素构成等加强了解，为工程结构耐久性问题的进一步研究提供依据。

2.1 典型腐蚀性环境

2.1.1 一般大气环境

各类材料及其制品与所处的自然大气环境间因环境因素的作用而引起材料变质或破坏可称为大气腐蚀。上述所指的材料，长期以来局限于金属材料，20世纪70年代后随着非金属材料的广泛应用，现在人们把非金属材料的老化也纳入大气腐蚀范畴。

对于一般大气环境，在考虑其对工程结构的不利影响时，就其环境本身而言，一般需考虑以下因素：

1. 相对湿度

由于大气腐蚀是一种水膜下的电化学反应，空气中水分在结构表面凝聚而生成水膜和空气中氧气通过水膜进入结构表面是发生大气腐蚀的基本条件。而水膜的形成是与大气中的相对湿度密切相关的，因此，空气中的相对湿度被认为是影响大气腐蚀的最主要因素之一。

所谓相对湿度就是指在某一温度下空气中的水蒸气含量与在该温度下空气中所能容纳的水蒸气的最大含量的比值（一般以百分比表示），即：

$$相对湿度 = \frac{空气中水蒸气含量}{该温度下空气所容纳的最大水蒸气含量} \times 100\% \qquad (2.1)$$

空气中的相对湿度可用毛发湿度计、干湿球湿度计或湿度纸测量。

不同物质或同一物质的不同表面状态，对于大气中水分的吸附能力是不同的，物体表面形成水膜与物体本身特性有着密切的关系。当空气中相对湿度达到某一临界值时，水分在金属表面形成水膜，从而促进了电化学过程的发展，表现出腐蚀速度迅速增加，此时的相对湿度值就称为金属腐蚀临界相对湿度，常用金属的腐蚀临界相对湿度为：铁65%，锌70%，铝76%，镍70%。对混凝土结构而言，当相对湿度处于40%～70%之间时，碳化作用会以最大的速度进行。

值得注意的是材料的临界相对湿度还因材料表面状态的不同而不同。当材料表面越粗糙、裂缝与小孔越多时，其临界相对湿度也越低，若材料表面上沾有易于吸潮的盐类或灰尘等，其临界值也会因此降低。临界相对湿度概念对于评定大气腐蚀性是十分有用的，当大气相对湿度大于临界值时应采取必要的防护措施，使环境湿度低于临界值。此外，空气中的相对湿度还影响着金属表面水膜的厚度和干湿交替的频率。

2. 表面润湿时间

材料表面润湿是由露水、雨水、溶化的雪水和高湿度水分凝聚等因素引起的。按照 ISO 9223，表面润湿时间的定义是：能引起大气腐蚀的电解质膜，以吸附或液态膜形式覆盖在材料表面上的时间。润湿时间实际上就是反映材料表面发生电化学腐蚀过程的时间，时间的长短决定着材料腐蚀的总量，因而也是评定大气环境腐蚀性分类的重要指标之一。

3. 日照时间

日照时间与高分子材料及涂层的大气腐蚀（老化）关系较为密切，日照时阳光紫外线能促进高分子材料的老化过程。就日照的单因素而言，日照时间长，高分子材料老化速度快。但对金属材料而言，它的促进作用不甚明显。反之，日照时间过长会导致金属表面水膜消失，降低表面润湿时间，使腐蚀总量减少。

4. 气温

环境温度及其变化是影响大气腐蚀的又一重要因素。因为它能影响材料表面水蒸气的凝聚、水膜中各种腐蚀气体和盐类的溶解度、水膜的电阻以及腐蚀电池中阴、阳极反应过程的反应速度。

温度的影响还应与大气相对湿度综合起来考虑。一般认为，当相对湿度低于材料的临界相对湿度时，温度对大气腐蚀的影响很小，无论气温多高，因环境干燥材料腐蚀轻微。但当相对湿度达到材料的临界相对湿度时，温度的影响就十分明显。按一般化学反应，温度每升高 10℃，反应速度提高约 2 倍，所以，在我国湿热带或雨季，气温高则腐蚀严重。

温度的影响还表现在材料的凝露作用方面。在大陆性气候地区，白天炎热，空气中相对湿度较低，空气中水分不易凝聚，但晚上及清晨时，气温下降明显，大气中水分就可能在材料的凝露面发生腐蚀。

5. 降雨

降雨对大气腐蚀具有两种主要影响，一方面由于降雨增大了大气中的相对湿度，使材料表面变湿，延长了润湿时间，同时因降雨的冲刷作用破坏了腐蚀产物的保护性，这些因素都会加速材料大气腐蚀的过程；但另一方面，降雨能冲洗掉材料表面的污染物和灰尘，减少了液膜的腐蚀性，因而可减缓腐蚀过程。

6. 风向与风速

在有污染源（如工厂的排烟、海边的盐粒子等）的环境中，风向影响着污染物的传播，直接关系到腐蚀速度。风向随季节的不同而有所变化，在判别腐蚀因素作用时应加以注意。风速对表面液膜的干湿交替频率有一定影响，在风沙环境中风速过大对材料表面的磨蚀能起到一定的作用。

7. 降尘

固体尘粒对腐蚀的影响一般有三种情况。一是尘粒本身具有可溶性和腐蚀性（如铵盐颗粒），当其溶解于液膜中时成为腐蚀性介质，会加快腐蚀速度；二是尘粒本身无腐蚀性，也不具有可溶性（如炭粒），但它能吸附腐蚀性物质，当溶解在水膜中时，会促进腐蚀过程；三是尘粒本身无腐蚀性和吸附性（如砂粒），但落在金属表面上可能使尘粒与金属表面间形成缝隙，易于水分凝聚，甚至发生局部腐蚀。

8. 污染物

虽然在全球范围内大气中的主要成分是几乎不变的，但在不同区域环境中尚含有其他杂质，也称为污染物质，其组成见表 2.1。

金属材料的大气腐蚀机制主要是材料受大气中所含的水分、氧气和腐蚀性介质（包括雨水中杂质、烟尘、表面沉积物等）的联合作用而破坏。按腐蚀反应其可分为化学腐蚀和电化学腐蚀两种，除在干燥无水分的大气环境中发生表面氧化、硫化造成失泽和变色等属于化学腐蚀外，在大多数的情况下均属于电化学腐蚀，但它又有别于全浸于电解液中的电化学腐蚀，而是在电解液薄膜下的电化学腐蚀，空气中的氧气是电化学腐蚀过程中的去极化剂，水膜的厚度及干湿交变频率、氧的扩散速度，直接影响着大气腐蚀的过程。

大气污染物质的主要组成　　　　　　　　　表 2.1

气体	固体
含硫化合物：SO_2、SO_3、H_2S	灰尘
氯和含氯化合物：Cl_2、HCl	$NaCl$、$CaCO_3$
含氮化合物：NO、NO_2、NH_3、HNO_3	ZnO 金属粉末
含碳化合物：CO、CO_2	氧化物粉末
其他：有机化合物	—

对于混凝土结构而言，一般大气作用下表层混凝土碳化引发的内部钢筋锈蚀，是混凝土结构中最常见的劣化现象，也是混凝土结构耐久性设计中的首要问题。

确定大气环境对混凝土结构与构件的作用程度，需要考虑的环境因素主要是湿度、温度、二氧化碳与氧气的供给程度等。如果相对湿度较高，混凝土始终处于湿润的饱水状态，则空气中的二氧化碳难以扩散到混凝土内部，碳化就不能进行或只能非常缓慢地进行。如果相对湿度很低，混凝土非常干燥，则溶解在孔隙水中的氢氧化钙很少，碳化反应很难进行。同时，钢筋锈蚀是电化学过程，要求混凝土有一定的电导率，当混凝土内部的湿度低于 70% 时，由于混凝土电导率太低，钢筋锈蚀也很难进行。锈蚀电化学过程需有水和氧气参与，当混凝土处于水下或湿度接近饱和时，氧气难以扩散到钢筋表面，锈蚀会因为缺氧而难以发生。所以最易造成钢筋碳化锈蚀的环境是干湿交替，炎热的潮湿环境会加速钢筋锈蚀，更容易造成结构破坏。一般室内干燥环境对混凝土结构的耐久性最为有利。虽然混凝土在相对湿度为 50%～60% 的干燥环境下容易碳化，但实际上钢筋锈蚀的速度非常缓慢甚至难以进行。同样，水下构件由于缺乏氧气，钢筋锈蚀速率也较为缓慢。

2.1.2　近海和海洋环境

海水是一种含有大量以氯化钠为主的盐类的近中性电解质溶液，并溶有一定量的氧，盐度（指 1000g 海水中溶解的固体盐类物质的总克数）是海水的一项重要指标，海水的许多物理化学性质如密度、电导率、氯度以及溶解氧等都与盐度有关。海水腐蚀的影响因素主要有：含盐量、电导率、溶解物质如二氧化碳、碳酸盐等、pH、温度、流速和波浪等。海水的组成中，氯离子含量最高，氯度为19‰，占离子总含量的55%，是造成混凝土结构中钢筋腐蚀的主要原因。

所谓海洋环境，是指从海洋大气到海底泥浆这一范围内的任一物理状态，如温度、风速、日照、含氧量、盐度、pH以及流速等。海洋环境是混凝土结构所面临的最严酷的环境条件之一，在这种环境下服役的混凝土结构，其耐久性的降低及相关问题的出现，主要是海洋环境中的氯离子侵入混凝土导致钢筋锈蚀而引起的。

海洋环境一般可分成性质不同的几种类型区域：海洋大气区、浪花飞溅区、海洋潮汐区、海水全浸区以及海泥区。从海洋大气区到海泥区的不同海洋环境区域，各种环境因素会有很大变化，对混凝土结构的腐蚀作用也有所不同。

（1）海洋大气区：海洋大气区是指海面飞溅区以上的大气区和沿岸大气区。在此区域中，空气湿度大，含盐分多，当接触混凝土表面以后，便在表面产生沉积。一旦吸水潮解，或有水分溅落时，沉积的盐分将从表面沿孔隙向混凝土中渗透，并导致混凝土中钢筋的锈蚀，使混凝土结构破坏。

（2）浪花飞溅区：浪花飞溅区是指平均高潮线以上海浪飞溅所能润湿的区段。在飞溅区，混凝土表面几乎连续不断地被充分而又不断更新的海水所润湿。由于波浪和海水飞溅，海水与空气充分接触，海水含氧量达到最大程度。海水中的盐分不断地由表面向混凝土内部扩散，加之海浪的冲击造成的磨耗-腐蚀联合作用的破坏，使该区域的混凝土腐蚀损伤程度相当严重。

（3）海洋潮汐区：海洋潮汐区一般是指平均高潮位和平均低潮位之间的区域。与浪花飞溅区不同，海洋潮汐区氧气的扩散相对慢一些，混凝土表面的温度受海水温度影响较大，且磨耗作用相对较小。但盐分不断由表面向混凝土内部扩散，加之混凝土表面的干湿交替作用，使得该区域的混凝土腐蚀损伤程度也较为严重。

（4）海水全浸区：海水全浸区指在平均低潮线以下直至海底的区域，根据海水深度的不同，其又分为浅海水区和深海水区，一般所说的浅海水区大多指深度在100～200m的海水区。在浅海区，表层海水的含氧量通常达到或接近饱和状态，且温度较高，因此仍应加强对该区域混凝土结构的防护；在深海区，一般由于含氧量较表层海水低得多，且温度较低，所以混凝土受到侵蚀的程度也相对较轻。

（5）海泥区：海泥区是指海水全浸区以下部分，主要由海底沉积物构成。海泥区含盐度高，电阻率低，因此其腐蚀性高于陆地土壤。由于海泥区的氧浓度与其他区域相比非常低，因此对混凝土的侵蚀也相对较轻，但应注意海底沉积物中细菌如厌氧型硫酸盐还原菌等可能对混凝土结构产生的腐蚀作用。

可以看出，在海洋环境中，浪花飞溅区、海洋潮汐区和海洋大气区的混凝土结构腐蚀作用较强，而海水全浸区和海泥区受含氧量影响，腐蚀作用相对较弱。另外，还需注意飞溅区和潮汐区的磨耗、干湿交替、机械冲击、冻融以及碱-骨料反应等可能对混凝土结构耐久性造成的不利影响。不同环境区域的腐蚀特点见

表 2.2。

不同海洋环境区域的腐蚀特点　　　　　　　　　表 2.2

环境区域		环境条件和腐蚀影响因素	腐蚀特点
海洋大气区		风带来细小的海盐颗粒；腐蚀影响因素：NaCl 含量、高度、雨量、温度、湿度、风速、尘埃、日照	海盐粒子使腐蚀加快，但随距离而不同，背风面腐蚀严重
浪花飞溅区		潮湿、充分充气的表面，无海洋生物附着；腐蚀影响因素：NaCl 含量、温度、湿度、雨量、波浪	海水飞溅，干湿交替腐蚀最激烈，涂层易损坏
海洋潮汐区		周期沉浸，供氧充足，海洋生物附着；腐蚀影响因素：水电阻率、温度、波浪、水流、水质污染	钢和水线以下区组成氧浓差电池，本区受保护，孤立样板在此区腐蚀严重
海水全浸区	浅海水区	在浅水区海水通常为氧饱和；腐蚀影响因素：流速、水温、污染、海生物、细菌等	腐蚀随深度变化，浅水区腐蚀较重，阴极区往往形成石灰层水垢，生物因素影响大。随深度增加，腐蚀减轻，但不易生成水垢保护层
	深海水区	太平洋中深海区，氧含量比表层低得多，而大西洋中差别不大。温度接近 0℃，水流速低，pH 比表层低	钢的腐蚀程度通常较轻，不易生成矿物质水垢
海泥区		常有细菌（为硫酸盐还原菌），环境条件多变；腐蚀影响因素：土壤电阻率、腐蚀性细菌、污染等	泥浆通常有腐蚀性，有可能形成泥浆海水腐蚀电池。微生物腐蚀作用的产物生成硫酸物

　　在考虑海洋环境下混凝土结构的耐久性要求方面，2001 年颁布的《海港工程混凝土结构防腐蚀技术规范》JTJ 275—2000 起到了较好的示范作用。该规范将影响混凝土结构耐久性的海洋环境划分为：大气区、浪溅区、水位变动区及水下区四个不同区域，其环境分区的划分原则见表 2.3。之后我国相继出台的规范、标准对海洋环境的腐蚀性区划，均结合各行业特点基于这一划分原则进行了适当细化或扩展，并提出了相应环境腐蚀影响系数，以便于服役结构耐久性评定的量化。

海水环境混凝土部位划分　　　　　　　　　表 2.3

掩护条件	划分类别	大气区	浪溅区	水位变动区	水下区
有掩护条件	按港工设计水位	设计高水位加 1.5m 以上	大气区下界至设计高水位减 1.0m 之间	浪溅区下界至设计低水位减 1.0m 之间	水位变动区以下
无掩护条件	按港工设计水位	设计高水位加 $\eta_0 + 1.0$m 以上	大气区下界至设计高水位减 η_0 之间	浪溅区下界至设计低水位减 1.0m 之间	水位变动区以下
	按天文潮位	最高天文潮位加 0.7 倍百年一遇有效波高 $H_{1/3}$ 以上	大气区下界至最高天文潮位减百年一遇有效波高 $H_{1/3}$ 之间	浪溅区下界至最低天文潮位减 0.2 倍百年一遇有效波高 $H_{1/3}$ 之间	水位变动区以下

注：η_0 值为设计高水位时的重现期 50 年 $H_{1\%}$（波列累积频率为 1% 的波高）波峰面高度。

应该注意的是，处于海洋环境下的混凝土结构，除直接受到环境的侵蚀作用（如腐蚀性介质、磨耗、干湿交替、机械冲击、冻融以及碱-骨料反应等）之外，也会因为结构本身的加载、温度、徐变、收缩等引起的变形和裂缝促使腐蚀的加速和结构使用寿命的缩短。因此，在新建结构的设计中应注意对混凝土结构表面的裂缝宽度和拉应力等做出限制。

2.1.3 寒冷环境

混凝土在饱水状态下因冻融循环产生的破坏作用称为冻融破坏，混凝土处于饱水状态和冻融循环交替作用是发生混凝土冻融破坏的必要条件。因此，冻融破坏一般发生在寒冷地区经常与水接触的混凝土结构物，如水位变化区的海工、水工混凝土结构物、水池、冷却塔以及与水接触的结构部位。调查发现，混凝土冻融破坏不仅在"三北"地区（东北、西北、华北）存在，而且在长江以北黄河以南的中部地区也广泛存在。一般来说，北方地区混凝土结构物受到的冻融破坏较华东地区更严重。

在北方地区冬季，一般需向桥梁等交通构筑物撒盐化冰以保证交通通畅，盐中含有的氯离子侵蚀到混凝土内部，易引起钢筋锈蚀，造成巨大的经济损失。由化冰盐所造成的结构腐蚀病害，已经成为世界性问题。早期西方国家在路桥上大量使用氯盐化冰雪之后陆续出现以钢筋腐蚀为主要特征的混凝土结构破坏现象。

目前，我国大量使用的化冰盐仍为氯盐类融雪剂。北京原西直门立交桥1979年建成并投入使用，使用期不到20年就需重建，其病害原因除去先天因素（设计、施工质量等）外，就环境影响而言，撒氯盐类融雪剂所造成的钢筋锈蚀，是结构过早破坏的主要影响因素。除北京外，天津等北方城市的道路桥梁也有类似的情况。在我国北方地区高速公路、桥梁等均有氯盐腐蚀破坏的现象。

我国幅员辽阔，地域环境复杂，受地理、气候环境影响，混凝土结构一般都存在着"南锈北冻"的现象。而在某些特殊地区，多种环境因素的交互作用，可能加剧，也可能减弱环境的腐蚀作用，使环境层次的耐久性研究更趋于困难。

2.1.4 硫酸盐腐蚀环境

硫酸盐对混凝土的侵蚀是一个十分复杂的过程，涉及物理、化学、力学等作用，其影响因素复杂且危害性大，因此它对混凝土的侵蚀破坏是影响混凝土耐久性且造成混凝土老化病害的重要因素之一。硫酸盐主要包括硫酸钠、硫酸镁、硫酸钙、硫酸铵、硫酸钾等，其侵蚀破坏主要发生在水工结构物、海岸建筑物、地下结构物及化学工厂结构中。硫酸盐侵蚀主要造成混凝土的膨胀和开裂，当混凝土开裂时，渗透性增大，侵蚀介质就更容易渗入内部，加快侵蚀劣化过程，导致水泥水化产物的黏聚性丧失，宏观表现为强度逐渐降低和质量损失。

我国地域辽阔，硫酸盐分布广泛，土壤中硫酸盐主要来源于滨海盐土壤和内陆盐土壤。滨海盐土壤主要分布于长江以北的江苏、山东、河北、天津等滨海平原，长江以南有零星分布，土壤中的盐主要是氯盐和硫酸盐。青海、新疆、甘肃等西部地区以及河北、山东一带的土壤属内陆盐土壤，该类土壤中含有大量的硫酸盐、氯盐及镁盐等强侵蚀介质。

　　在我国西部地区的铁路、公路、矿山、水利工程中，都发现了地下水中硫酸盐对混凝土结构的破坏，如成昆铁路部分隧道工程、刘家峡水电站、青海盐湖区公路工程、人防工程等。我国西部地区分布着上千个盐湖，盐湖卤水及附近的盐渍土地区中主要侵蚀离子浓度是海水的 5～10 倍，这些地区除含有导致混凝土中钢筋锈蚀的氯离子外，还含有大量导致混凝土自身损伤劣化的硫酸根离子。另一方面，我国盐湖地区处高原内陆，气候条件十分恶劣，夏季炎热，蒸发量极大，有干热等气候特点。这些地区混凝土建筑物受硫酸盐侵蚀破坏的工程实例十分普遍，埋在盐渍土地带的水泥电杆，一年后即发现纵向裂缝，两年后即出现纵筋和螺旋筋外露现象。

2.1.5　工业腐蚀性环境

　　在化工生产活动中，由于生产工艺的不完善，生产原料、方式的不同以及对各种排放物处理得不够彻底等原因，大量侵蚀性介质（如二氧化碳、二氧化硫、硫化氢以及氯离子、工业废水、废液等）充斥着混凝土结构的工作环境，会对混凝土结构造成一定腐蚀，影响结构的安全性及可靠性。

　　在化工工业中，各类生产企业由于生产产品及生产工艺流程等的不同，向环境中排放的腐蚀性介质各有不同，见表 2.4 和表 2.5。

化学工业环境中主要腐蚀性气体的来源　　　　　表 2.4

腐蚀性气体	来源
二氧化硫	硫酸厂、染料厂、石油化工厂、以硫酸为原料的化工厂
氯气、氯化氢	氯碱厂、石油化工厂、农药厂
二氧化碳	石油化工厂、氮肥厂、硫酸厂
二硫化碳	化学纤维厂等
硫化氢	石油化工厂

　　化工腐蚀性排放物大都是在生产过程中产生的，但其产生的原因和进入环境的途径是多种多样的，一般包括下列几个方面：

　　（1）由于化学反应转化率低所造成的化学反应不完全所产生的废物；

　　（2）化学反应的副产品所形成的废料；

　　（3）燃烧所产生的废气；

　　（4）大型冷却设备所产生的冷却废水；

　　（5）设备和运输管道的泄漏以及各种反应添加剂所形成的废料等。

　　排放到结构周围环境中以气体分子状态存在的硫化物，如二氧化硫、硫化氢等，在有水雾、含有重金属的飘尘或氮氧化物存在时，会发生一系列的化学或光化学反应而生成硫酸雾或硫酸盐气溶胶，一般称为硫酸烟雾，对混凝土结构具有较强的腐蚀作用。

　　考虑化工行业生产的特点及混凝土结构腐蚀的主要成因，化工生产环境的腐蚀性主要受以下几个方面因素的影响：

　　（1）结构周围环境中气态及液态腐蚀性介质因素的影响。

化学工业部门向大气排放的主要腐蚀性介质　　　表 2.5

企业类别	主要腐蚀性介质
石油化工厂	二氧化碳、氯化物、硫化氢、氰化物、氮氧化物
氮肥厂	一氧化碳、硫酸气溶胶、氨、烟尘、氮氧化物
磷酸厂	硫酸气溶胶、氟化氢、烟尘
硫酸厂	二氧化硫、一氧化碳、硫酸气溶胶、氨、氮氧化物
氯碱厂	氯气、氯化氢
化学纤维厂	硫化氢、二硫化碳、烟尘、甲醇、丙酮
农药厂	农药、甲烷、砷、醇、氯
冰晶石厂	氟化氢
合成橡胶厂	氯化钾、二氯乙烷、二氯乙醚、乙硫烷及其他有机物

其中，液态腐蚀性介质主要指"工业三废"及部分区域由于设备或运输管线等的"跑、冒、滴、漏"而产生的强腐蚀性化学溶液。

（2）温度因素的影响。

这里的温度并非单纯指结构周围大环境的平均温度，也包括处于反应容器或设备等周围区域小环境的温度情况。

（3）相对湿度因素的影响。

同温度因素相同，也应对局部区域小环境的相对湿度情况加以考虑。

（4）地理环境因素的影响。

腐蚀性介质从污染源排出后，因其所处地理环境的不同，危害程度也有所差异。一般认为，当工业区处于封闭的山谷盆地时，因四周群山的屏障影响，往往静风、小风频率占很大比例，不利于大气中腐蚀性介质的扩散，造成局部区域环境腐蚀性介质浓度增高。另外，高层建筑、体形大的建筑物和构筑物等，对于气体的扩散也有一定的影响。

（5）生产设备和运输管线的泄漏情况因素的影响。

（6）地基土壤因素的影响。

在化工行业生产环境中，影响环境腐蚀性的因素很多，这些因素大都是具有不确定性的。同时，由于化工企业的类别较多且缺乏有效及系统的基础数据，难以进行定量分析，而且也是不必要的。因此，可以采用模糊综合评判的方法对各种化工环境的腐蚀性进行分级评判。

2.2　环境分类与环境作用等级

《水运工程结构防腐蚀施工规范》JTS/T 209—2020 针对海洋环境，基于不同区域的腐蚀性，开展了海洋环境的区划分类，为土建工程行业起到了较好的示范作用，其环境分区的划分原则见表2.3。国内外相继出台的规范、标准，均结合各行业特点开展了相应的环境分类和环境腐蚀性作用等级的确定工作，但其总体划分方式仍然是基于传统耐久性经验方法或改进的传统方法，定量化的工作仍待进一步开展。

2.2.1　混凝土结构设计规范

《混凝土结构设计规范》GB 50010—2010 在《混凝土结构设计规范》GB 50010—2002 的基础上，将混凝土结构暴露的环境类别划分为 5 类，见表 2.6。基于环境类别的划分，对一类、二类和三类环境中，设计使用年限为 50 年的结构混凝土提出了材料耐久性的基本要求，见表 2.7。针对一类环境中，设计使用年限为 100 年的结构混凝土，也提出了相应的耐久性基本要求。

混凝土结构的环境类别　　　　　表 2.6

环境类别	条件
一	室内干燥环境；无侵蚀性静水浸没环境
二 a	室内潮湿环境；非严寒和非寒冷地区的露天环境；非严寒和非寒冷地区与无侵蚀性的水或土壤直接接触的环境；严寒和寒冷地区的冰冻线以下与无侵蚀性的水或土壤直接接触的环境
二 b	干湿交替环境；水位频繁变动环境；严寒和寒冷地区的露天环境；严寒和寒冷地区的冰冻线以上与无侵蚀性的水或土壤直接接触的环境
三 a	严寒和寒冷地区冬季水位变动区环境；受除冰盐影响环境；海风环境
三 b	盐渍土环境；受除冰盐作用环境；海岸环境
四	海水环境
五	受人为或自然的侵蚀性物质影响的环境

注：1. 室内潮湿环境是指构件表面经常处于结露或湿润状态的环境。
　　2. 严寒和寒冷地区的划分应符合国家现行标准《民用建筑热工设计规范》GB 50176 的有关规定。
　　3. 海岸环境和海风环境宜根据当地情况，考虑主导风向及结构所处迎风、背风部位等因素的影响，由调查研究和工程经验确定。
　　4. 受除冰盐影响环境是指受到除冰盐雾影响的环境；受除冰盐作用环境是指被除冰盐溶液溅射的环境以及使用除冰盐地区的洗车房、停车楼等建筑。
　　5. 露天环境是指混凝土结构表面所处的环境。

结构混凝土材料的耐久性基本要求　　　　表 2.7

环境类别	最大水胶比	最低混凝土强度等级	最大氯离子含量（%）	最大碱含量（kg/m³）
一	0.60	C20	0.30	不限制
二 a	0.55	C25	0.20	3.0
二 b	0.50(0.55)	C30(C25)	0.15	
三 a	0.45(0.50)	C35(C30)	0.15	
三 b	0.40	C40	0.10	

注：1. 氯离子含量系指其占胶凝材料总量的百分比。
　　2. 预应力构件混凝土中的最大氯离子含量为 0.06%；其最低混凝土强度等级宜按表中的规定提高两个等级。
　　3. 素混凝土构件的水胶比及最低强度等级的要求可适当放松。
　　4. 当有可靠工程经验时，二类环境中的最低混凝土强度等级可降低一个等级。
　　5. 处于严寒和寒冷地区二 b、三 a 类环境中的混凝土应使用引气剂，并可采用括号中的有关参数。
　　6. 当使用非碱活性骨料时，对混凝土中的碱含量可不作限制。

2.2.2 混凝土结构耐久性设计标准

《混凝土结构耐久性设计标准》GB/T 50476—2019 根据混凝土材料的劣化机理，将环境作用分为一般环境、冻融环境、海洋氯化物环境、除冰盐等其他氯化物环境和化学腐蚀环境 5 类，见表 2.8。

环境类别   表 2.8

环境类别	名 称	腐蚀机理
I	一般环境	正常大气作用引起钢筋锈蚀
II	冻融环境	反复冻融导致混凝土损伤
III	海洋氯化物环境	氯盐侵入引起钢筋锈蚀
IV	除冰盐等其他氯化物环境	氯盐侵入引起钢筋锈蚀
V	化学腐蚀环境	硫酸盐等化学物质对混凝土造成腐蚀

表 2.8 中，一般环境是指仅有正常的大气（二氧化碳、氧气等）和温、湿度（水分）作用，不存在冻融、氯化物和其他化学腐蚀物质的影响；冻融环境主要会引起混凝土的冻蚀；海洋氯化物环境、除冰盐等氯化物环境中的氯离子可以从混凝土表面迁移到混凝土内部，而氯离子引起的钢筋锈蚀程度要比一般环境下单纯由碳化引起的锈蚀严重得多，是耐久性设计的重点；化学腐蚀环境中混凝土的劣化主要是土、水中的硫酸盐、酸等化学物质和大气中的硫化物、氮氧化物等对混凝土的化学作用，同时也有盐结晶等物理作用所引起的破坏。

各类环境对配筋混凝土结构的不同作用程度通过环境作用等级来表达，见表 2.9。由于腐蚀机理的不同，不同环境类别相同等级的耐久性要求不会完全相同。对同一结构中的不同构件或同一构件中的不同部位，所承受的环境作用等级也可能不同。

环境作用等级   表 2.9

作用等级 / 环境类别	A 轻微	B 轻度	C 中度	D 严重	E 非常严重	F 极端严重
一般环境	I-A	I-B	I-C	—	—	—
冻融环境	—	—	II-C	II-D	II-E	—
海洋氯化物环境	—	—	III-C	III-D	III-E	III-F
除冰盐等其他氯化物环境	—	—	IV-C	IV-D	IV-E	—
化学腐蚀环境	—	—	V-C	V-D	V-E	—

一般环境下混凝土结构的耐久性设计，应控制在正常大气作用下混凝土碳化引起的内部钢筋锈蚀。一般环境对配筋混凝土结构的环境作用等级分类及结构构件示例见表 2.10。

冻融环境下混凝土结构的耐久性设计，应控制混凝土遭受长期冻融循环作用引起的损伤，对冻融环境作用等级的划分，主要考虑混凝土饱水程度、气温变化和盐分含量三个因素，见表 2.11。

海洋氯化物环境对配筋混凝土结构构件的环境作用等级见表 2.12。其中，江河入海口附近水域的含盐量应根据实测确定，当含盐量明显低于海水时，其环境作用等级可根据具体情况调整。

一般环境的作用等级　　　　　　　　　　表 2.10

环境作用等级	环境条件	结构构件示例
I-A	室内干燥环境	常年干燥、低湿度环境中的结构内部构件；所有表面均处于水下的构件
	长期浸没水中环境	
I-B	非干湿交替的结构内部潮湿环境	中、高湿度环境中的结构内部构件；不接触或偶尔接触雨水的外部构件；长期与水或湿润土体接触的构件
	非干湿交替的露天环境	
	长期湿润环境	
I-C	干湿交替环境	与冷凝水、露水或与蒸汽频繁接触的结构内部构件；地下水位较高的地下室构件；表面频繁雨淋或频繁与水接触的室外构件；处于水位变动区的构件

注：1. 环境条件系指混凝土表面的局部环境。
　　2. 干燥、低湿度环境指年平均湿度低于 60%，中、高湿度环境指年平均湿度大于 60%。
　　3. 干湿交替指混凝土表面经常交替接触到大气和水的环境条件。

冻融环境对混凝土结构的环境作用等级　　　　　　表 2.11

环境作用等级	环境条件	结构构件示例
II-C	微冻地区的无盐环境混凝土高度饱水	微冻地区的水位变动区构件和频繁受雨淋的构件水平表面
	严寒和寒冷地区的无盐环境混凝土中度饱水	严寒和寒冷地区受雨淋构件的竖向表面
II-D	严寒和寒冷地区的无盐环境混凝土高度饱水	严寒和寒冷地区的水位变动区构件和频繁受雨淋的构件水平面
	微冻地区的有盐环境混凝土高度饱水	有氯盐微冻地区的水位变动区构件和频繁受雨淋的构件水平面
	严寒和寒冷地区的有盐环境混凝土中度饱水	有氯盐严寒和寒冷地区受雨淋构件的竖向表面
II-E	严寒和寒冷地区的有盐环境混凝土高度饱水	有氯盐严寒和寒冷地区的水位变动区构件和频繁受雨淋的构件水平表面

注：1. 冻融环境按最冷月平均气温划分为微冻地区、寒冷地区和严寒地区，其平均气温分别为：-3~2.5℃、-8~-3℃和-8℃以下。
　　2. 中度饱水指冰冻前处于潮湿状态或偶与雨、水等接触，混凝土内饱水程度不高；高度饱水指冰冻前长期或频繁接触水或湿润土体，混凝土内高度水饱和。
　　3. 无盐或有盐指冻结的水中是否含有盐类，包括海水中的氯盐、除冰盐和有机融雪剂或其他盐类。

　　除冰盐等其他氯化物环境对于配筋混凝土结构构件的环境作用等级宜根据调查确定，当无相应的调查资料时，可按表 2.13 确定。在确定氯化物环境对配筋混凝土结构构件的作用等级时，不应考虑混凝土表面普通防水层对氯化物的阻隔作用。

海洋氯化物环境的作用等级 表 2.12

环境作用等级	环境条件	结构构件示例
Ⅲ-C	水下区和土中区； 周边永久浸没于海水或埋于土中	桥墩，承台，基础
Ⅲ-D	大气区(轻度盐雾)； 距平均水位 15m 高度以上的海上大气区； 涨潮岸线以外 100～300m 内的陆上室外环境	桥墩，桥梁上部结构构件； 靠海的陆上建筑外墙及室外构件
Ⅲ-E	大气区(重度盐雾)； 距平均水位上方 15m 高度以内的海上大气区； 离涨潮岸线 100m 以内、低于海平面以上 15m 的陆上室外环境	桥梁上部结构构件； 靠海的陆上建筑外墙及室外构件
	潮汐区和浪溅区，非炎热地区	桥墩，承台，码头
Ⅲ-F	潮汐区和浪溅区，炎热地区	桥墩，承台，码头

注：1. 近海和海洋环境中的水下区、潮汐区、浪溅区和大气区的划分，按现行行业标准《水运工程结构防腐蚀施工规范》JTS/T 209—2020 的规定确定；近海或海洋环境的土中区指海底以下或近海的陆区地下，其地下水中的盐类成分与海水相近。

2. 轻度盐雾区与重度盐雾区界限的划分，宜根据当地的具体环境和既有工程调查确定；靠近海岸的陆上建筑物，盐雾对室外混凝土构件的作用尚应考虑风向、地貌等因素；密集建筑群，除直接面海和迎风的建筑物外，其他建筑物可适当降低作用等级。

3. 炎热地区指年平均温度高于 20℃的地区。

除冰盐等其他氯化物环境的作用等级 表 2.13

环境作用等级	环境条件	结构构件示例
Ⅳ-C	受除冰盐盐雾轻度作用	距离行车道 10m 以外接触盐雾的构件
	四周浸没于含氯化物水中	地下水中构件
	接触较低浓度氯离子水体，且有干湿交替	处于水位变动区，或部分暴露于大气、部分在地下水土中的构件
Ⅳ-D	受除冰盐水溶液轻度溅射作用	桥梁护墙(栏)，立交桥桥墩
	接触较高浓度氯离子水体，且有干湿交替	海水游泳池壁；处于水位变动区，或部分暴露于大气、部分在地下水土中的构件
Ⅳ-E	直接接触除冰盐溶液	路面，桥面板，与含盐渗漏水接触的桥梁盖梁、墩柱顶面
	受除冰盐水溶液重度溅射或重度盐雾作用	桥梁护栏、护墙，立交桥桥墩；车道两侧 10m 以内的构件
	接触高浓度氯离子水体，有干湿交替	处于水位变动区，或部分暴露于大气、部分在地下水土中的构件

注：1. 水中氯离子浓度的划分为：较低，100～500mg/L；较高，500～5000mg/L；高，大于 5000mg/L。

2. 土中氯离子浓度的划分为：较低，150～750mg/kg；较高，750～7500mg/kg；高，大于 7500mg/kg。

3. 除冰盐环境的作用等级与冬季喷撒除冰盐的具体用量和频度有关；可根据具体情况作出调整。

化学腐蚀环境下混凝土结构的耐久性设计，应控制混凝土遭受化学腐蚀性物质长期侵蚀引起的损伤。水、土中的硫酸盐和酸类物质对混凝土结构构件的环境作用等级见表 2.14。当有多种化学物质共同作用时，应取其中最高的作用等级作为设计的环境作用等级。如其中有两种及以上化学物质的作用等级相同且可能加重化学腐蚀时，其环境作用等级应再提高一级。部分接触含硫酸盐的水、土且部分暴露于大气中的混凝土结构构件，仍可按表 2.14 确定环境作用等级。当混凝土结构构件处于干旱、高寒地区，其环境作用等级见表 2.15。大气污染环境对混凝土结构的作用等级可按表 2.16 确定。

水、土中硫酸盐和酸类物质环境作用等级　　　　表 2.14

作用因素 作用等级	水中硫酸根离子浓度 （mg/L）	土中硫酸根离子浓度（水溶值） （mg/kg）	水中镁离子浓度 （mg/L）	水中酸碱度 （pH）	水中侵蚀性二氧化碳浓度 （mg/L）
V-C	200～1000	300～1500	300～1000	5.5～6.5	15～30
V-D	1000～4000	1500～6000	1000～3000	4.5～5.5	30～60
V-E	4000～10000	6000～15000	≥3000	<4.5	60～100

注：1. 表中与环境作用等级相应的硫酸根浓度，所对应的环境条件为非干旱高寒地区的干湿交替环境；当无干湿交替（长期浸没于地表或地下水中）时，可按表中的等级降低一级，但不得低于 V-C 级；对于干旱、高寒地区的环境条件可按表 2.15 确定。

2. 当混凝土结构构件处于弱透水土体中时，土中硫酸根离子、水中镁离子、水中侵蚀性二氧化碳及水的 pH 的作用等级可按相应的等级降低一级，但不低于 V-C 级。

3. 高水压流动水条件下，应提高相应的环境作用等级。

干旱、高寒地区硫酸盐环境作用等级　　　　表 2.15

作用因素 环境作用等级	水中硫酸根离子浓度 （mg/L）	土中硫酸根离子浓度（水溶值） （mg/kg）
V-C	200～500	300～750
V-D	500～2000	750～3000
V-E	2000～5000	3000～7500

注：我国干旱区指干燥度系数大于 2.0 的地区，高寒地区指海拔 3000m 以上的地区。

大气污染环境作用等级　　　　表 2.16

环境作用等级	环境条件	结构构件示例
V-C	汽车或机车废气	受废气直射的结构构件，处于封闭空间内受废气作用的车库或隧道构件
V-D	酸雨（雾、露）pH 大于等于 4.5 小于等于 5.6	遭酸雨频繁作用的构件
V-E	酸雨 pH 小于 4.5	遭酸雨频繁作用的构件

2.2.3　工业建筑防腐蚀设计规范

《工业建筑防腐蚀设计标准》GB/T 50046—2018 将腐蚀性介质按其存在形态分为气态介质、液体介质和固体介质，各种介质对建筑材料长期作用下的腐蚀性，按其性质、含量和环境条件，分为强腐蚀、中腐蚀、弱腐蚀、微腐蚀 4 个等级。

常温下，气态介质对建筑材料的腐蚀性等级划分见表2.17。

气态介质对建筑材料的腐蚀性等级　　　　　　表 2.17

介质类别	介质名称	腐蚀介质浓度（mg/m³）	环境相对湿度（%）	钢筋混凝土、预应力混凝土中的钢筋	水泥砂浆、素混凝土	钢材	烧结砖砌体
Q1	氯气	1.0～5.0	＞75	强	弱	强	弱
			60～75	中	弱	中	弱
			＜60	弱	微	中	微
Q2		0.1～1.0	＞75	中	微	中	微
			60～75	弱	微	中	微
			＜60	微	微	弱	微
Q3	氯化氢	1.0～10.0	＞75	强	中	强	中
			60～75	强	弱	强	弱
			＜60	中	微	中	微
Q4		0.05～1.0	＞75	中	弱	强	弱
			60～75	中	弱	中	微
			＜60	弱	微	弱	微
Q5	氮氧化物	5.0～25.0	＞75	强	中	强	中
			60～75	中	弱	中	弱
			＜60	弱	微	中	微
Q6		0.1～5.0	＞75	中	弱	中	弱
			60～75	弱	微	中	微
			＜60	微	微	弱	微
Q7	硫化氢	5.0～100.0	＞75	强	弱	强	弱
			60～75	中	微	中	微
			＜60	弱	微	中	微
Q8		0.01～5.0	＞75	中	微	中	微
			60～75	弱	微	中	微
			＜60	微	微	弱	微
Q9	氟化氢	1.0～10.0	＞75	中	弱	强	微
			60～75	弱	微	中	微
			＜60	微	微	中	微
Q10	二氧化硫	10.0～200.0	＞75	强	弱	强	弱
			60～75	中	弱	中	弱
			＜60	弱	微	中	微
Q11		0.5～10.0	＞75	中	微	中	微
			60～75	弱	微	中	微
			＜60	微	微	弱	微

续表

介质类别	介质名称	腐蚀介质浓度 (mg/m³)	环境相对湿度 (%)	钢筋混凝土、预应力混凝土中的钢筋	水泥砂浆、素混凝土	钢材	烧结砖砌体
Q12	硫酸酸雾	经常作用	>75	强	强	强	中
Q13		偶尔作用	>75	中	中	强	弱
			≤75	弱	弱	中	弱
Q14	醋酸酸雾	经常作用	>75	强	中	强	中
Q15		偶尔作用	>75	中	弱	强	弱
			≤75	弱	弱	中	微
Q16	二氧化碳	>2000.0	>75	中	微	中	微
			60~75	弱	微	弱	微
			<60	微	微	弱	微
Q17	氨	>20.0	>75	弱	微	中	微
			60~75	弱	微	弱	微
			<60	微	微	弱	微
Q18	碱雾	偶尔作用	—	弱	弱	弱	中

常温下，液体介质对建筑材料的腐蚀性等级划分见表 2.18。

液体介质对建筑材料的腐蚀性等级　　　　　　　表 2.18

介质类别		介质名称	pH 或浓度	钢筋混凝土、预应力混凝土	水泥砂浆、素混凝土	烧结砖砌体
Y1	无机酸	硫酸、盐酸、硝酸、铬酸、磷酸、各种酸洗液、电镀液、电解液、酸性水(pH)	<4.0	强	强	强
Y2			4.0~5.0	中	中	中
Y3			5.0~6.5	弱	弱	弱
Y4	有机酸	氢氟酸(%)	≥2	强	强	强
Y5		醋酸、柠檬酸(%)	≥2	强	强	强
Y6		乳酸、C₅~C₂₀ 脂肪酸(%)	≥2	中	中	中
Y7	碱	氢氧化钠(%)	≥15	中	中	强
Y8			8~15	弱	弱	强
Y9		氨水(%)	≥10	弱	微	弱
Y10	盐	钠、钾、铵的碳酸盐和碳酸氢盐(%)	≥2	弱	弱	中
Y11		钠、钾、铵、镁、铜、镉、铁的硫酸盐(%)	≥1	强	强	强
Y12		钠、钾的亚硫酸盐、亚硝酸盐(%)	≥1	中	中	中
Y13		硝酸铵(%)	≥1	强	强	强
Y14		钠、钾的硝酸盐(%)	≥2	弱	弱	中
Y15		铵、铝、铁的氯化物(%)	≥1	强	强	强
Y16		钙、镁、钾、钠的氯化物(%)	≥2	强	弱	中
Y17		尿素(%)	≥10	中	中	中

　　　注：表中的浓度系指质量百分比，以"%"表示。

常温下，固态介质（含气溶胶）对建筑材料的腐蚀性等级见表 2.19。

当固态介质有可能被溶解或易溶盐作用于室外构配件时，其腐蚀性等级应按液体介质确定。微腐蚀环境可按正常环境进行设计。

固态介质（含气溶胶）对建筑材料的腐蚀性等级　　　表 2.19

介质类别	溶解性	吸湿性	介质名称	环境相对湿度（%）	钢筋混凝土、预应力混凝土	水泥砂浆、素混凝土	钢材	烧结砖砌体
G1	难溶	—	硅酸铝、磷酸钙、钙、钡、铅的碳酸盐和硫酸盐，镁、铁、铬、铝、硅的氧化物和氢氧化物	>75	弱	微	弱	微
				60~75	微	微	弱	微
				<60	微	微	弱	微
G2	易溶	难吸湿	钠、钾的氯化物	>75	中	弱	强	弱
				60~75	中	微	强	弱
				<60	弱	微	中	弱
G3		难吸湿	钠、钾、铵、锂的硫酸盐和亚硫酸盐，硝酸铵，氯化铵	>75	中	中	强	中
				60~75	中	弱	中	中
				<60	弱	弱	弱	弱
G4		难吸湿	钠、钡、铅的硝酸盐	>75	弱	弱	弱	弱
				60~75	弱	弱	中	弱
				<60	微	微	弱	微
G5			钠、钾、铵的碳酸盐和碳酸氢盐	>75	弱	弱	中	中
				60~75	弱	弱	弱	弱
				<60	微	微	微	微
G6	易溶	易吸湿	钙、镁、锌、铁、铝的氯化物	>75	强	中	强	中
				60~75	中	弱	中	弱
				<60	中	微	中	微
G7		易吸湿	镉、镁、镍、锰、铜、铁的硫酸盐	>75	中	中	强	中
				60~75	中	弱	中	中
				<60	弱	弱	弱	弱
G8			钠、钾的亚硝酸盐，尿素	>75	弱	弱	中	中
				60~75	弱	弱	中	弱
				<60	微	微	弱	微
G9			钠、钾的氢氧化物	>75	中	中	中	强
				60~75	弱	弱	中	中
				<60	弱	弱	弱	弱

注：1. 在 1L 水中，盐、碱类固态介质的溶解度小于 2g 时为难溶，大于或等于 2g 时为易溶。

2. 在温度 20℃时，盐、碱类固态介质平衡时相对湿度小于 60%时为易吸湿的，大于或等于 60%时为难吸湿。

2.2.4 公路工程混凝土结构耐久性设计规范

《公路工程混凝土结构耐久性设计规范》JTG/T 3310—2019 将环境作用

分成 7 类，见表 2.20。对每一环境类别的腐蚀作用程度，再区分不同环境条件，分别纳入 A~F 六个不同的作用等级，见表 2.21。这种分类、分级的方法参考了欧洲设计规范。相同的环境作用等级之间由于环境类别不同，在防腐蚀的技术要求上并不完全等同。这种差异主要表现在对混凝土组成材料的选择和配合比上，如引气剂的使用和胶凝材料品种与用量的限制等。

环境类别　　　　　　　　　　　　　　　　　　　　　表 2.20

环境类别		劣化机理
名称	符号	
一般环境	Ⅰ	混凝土碳化
冻融环境	Ⅱ	反复冻融导致混凝土损伤
近海或海洋氯化物环境	Ⅲ	海洋环境下的氯盐引起钢筋锈蚀
除冰盐等其他氯化物环境	Ⅳ	除冰盐等氯盐引起钢筋锈蚀
盐结晶环境	Ⅴ	硫酸盐在混凝土孔隙中结晶膨胀导致混凝土损伤
化学腐蚀环境	Ⅵ	硫酸盐和酸类等腐蚀介质与水泥基发生化学反应导致混凝土损伤
腐蚀环境	Ⅶ	风沙、流水、泥沙或流冰摩擦、冲击作用造成混凝土表面损伤

环境作用等级划分　　　　　　　　　　　　　　　　　表 2.21

环境类别		环境作用影响程度					
名称	符号	A 轻微	B 轻度	C 中度	D 严重	E 非常严重	F 极端严重
一般环境	Ⅰ	Ⅰ-A	Ⅰ-B	Ⅰ-C	—		
冻融环境	Ⅱ			Ⅱ-C	Ⅱ-D	Ⅱ-E	—
近海或海洋氯化物环境	Ⅲ			Ⅲ-C	Ⅲ-D	Ⅲ-E	Ⅲ-F
除冰盐等其他氯化物环境	Ⅳ			Ⅳ-C	Ⅳ-D	Ⅳ-E	Ⅳ-F
盐结晶环境	Ⅴ			—	Ⅴ-D	Ⅴ-E	Ⅴ-F
化学腐蚀环境	Ⅵ			Ⅵ-C	Ⅵ-D	Ⅵ-E	Ⅵ-F
腐蚀环境	Ⅶ			Ⅶ-C	Ⅶ-D	Ⅶ-E	Ⅶ-F

　　一般环境下混凝土结构耐久性设计，应控制正常大气作用下混凝土碳化引起的钢筋锈蚀。一般环境下公路工程混凝土结构的环境作用等级划分应按表 2.22 的规定执行。

一般环境的作用等级　　　　　　　　　　　　　　　　表 2.22

环境作用等级	环境条件
Ⅰ-A	干燥环境($0 < RH < 20\%$)； 极湿润环境($80\% < RH < 10\%$)； 永久的静水浸没环境

续表

环境作用等级	环境条件
I-B	较干燥环境(20%＜RH≤40%)； 湿润环境(60%＜RH≤80%)
I-C	干湿交替环境； 较湿润环境(40%＜RH≤60)

冻融环境下混凝土结构耐久性设计，应控制混凝土遭受长期冻融循环作用引起的损伤。长期与水直接接触并可能发生反复冻融循环的混凝土结构件，应考虑冻融环境的作用。冻融环境下混凝土结构的环境作用等级划分应按表2.23的规定执行。

冻融环境的作用等级　　　　　　　　　　　表2.23

环境作用等级	环境条件
II-C	微冻地区(-3℃≤t≤2.5℃)且 Δt＞10℃,混凝土中度饱水
II-D	微冻地区(-3℃≤t≤2.5℃)且 Δt＞10℃,混凝土高度饱水
II-D	寒冷地区(-8℃＜t＜-3℃)和严寒地区(t≤-8℃)且 Δt＞10℃,混凝土中度饱水
II-E	寒冷地区(-8℃＜t＜-3℃)和严寒地区(t≤-8℃)且 Δt＞10℃,混凝土高度饱水

注：1. 表中 t 为最冷月平均气温，Δt 为日温差。
　　2. 中度饱水指冰冻前偶受水或受潮，混凝土内饱水程度不高；高度饱水指冰冻前长期或频繁接触水或湿润，混凝土内高度水饱和。

近海或海洋氯化物环境下混凝土结构耐久性设计，应控制因海水或大气中的氯盐侵蚀而产生的钢筋锈蚀。近海或海洋氯化物环境下，混凝土结构的环境作用等级划分应按表2.24的规定执行，或根据构件表面的氯离子浓度按实际条件和工程经验划分环境作用等级。

近海或海洋氯化物环境的作用等级　　　　　　　表2.24

环境作用等级	环境条件
III-C	永久浸没于海水或埋于土中
III-C	盐雾影响区:涨潮线以外 300m～1.2km 范围内的陆上环境
III-D	轻度盐雾区:距平均水位 15m 高度以上的海上大气环境;涨潮岸线以外 100～300m 范围内的陆上环境
III-E	重度盐雾区:距平均水位 15m 高度以内的海上大气环境;离涨潮岸线 100m 以内的陆上环境
III-E	非炎热地区(年平均温度低于 20℃)的潮汐区和浪溅区
III-F	炎热地区(年平均温度高于 20℃)的潮汐区和浪溅区

注：1. 近海或海洋环境中的水下区、潮汐区、浪溅区和大气区的划分，按照现行行业标准《水运工程结构防腐蚀施工规范》JTS/T 209—2020 的规定执行；近海或海洋环境的土中区指海底以下或近海的陆区地下，其地下水体中的盐类成分与海水相近。
　　2. 靠近海岸的陆上建筑物，盐雾对混凝土构件的作用尚应考虑风向、地貌等因素。
　　3. 内陆盐湖中氯化物的环境作用等级可按表中要求确定。

除冰盐等其他氯化物环境下混凝土结构耐久性设计，应控制除冰盐和地下水体中、土体中的氯盐对钢筋混凝土结构中钢筋的锈蚀。除冰盐等其他氯化物环境下混凝土结构的环境作用等级划分，在有环境资料和既有工程调查资料的情况下，应按实际环境条件参照表2.25的规定执行。

除冰盐等氯化物环境的作用等级 　　　　　表2.25

环境作用等级	环境条件
Ⅳ-C	受除冰盐盐雾作用； 四周浸没于含氯化物的地下水体； 接触较低浓度氯离子水体（Cl⁻浓度：100～500mg/L），且有干湿交替
	接触较低含量氯离子的盐渍土体（Cl⁻含量：150～750mg/kg）
Ⅳ-D	受除冰盐水溶液直接溅射； 接触较高浓度氯离子水体（Cl⁻浓度：500～5000mg/L），且有干湿交替
	接触较高含量氯离子的盐渍土体（Cl⁻含量：750～7500mg/kg）
Ⅳ-E	直接接触除冰盐溶液； 接触高浓度氯离子水体（Cl⁻浓度大于5000mg/L），且有干湿交替
	接触高含量氯离子的盐渍土体（Cl⁻含量大于7500mg/kg）

注：1. 水体中氯离子的浓度测定方法按现行标准《铁路工程水质分析规程》TB 10104的相关规定执行，土体中氯离子含量测定方法按现行标准《铁路工程岩土化学分析规程》TB 10103的相关规定执行。

　　2. 除冰盐环境的作用等级与冬季喷洒除冰盐的具体用量和频度有关，可根据具体情况作出调整。

　　盐结晶环境下混凝土结构耐久性设计，应控制混凝土在近地面区域，因硫酸盐结晶导致的混凝土膨胀破坏。盐结晶环境下公路工程混凝土结构的环境作用等级划分应按表2.26的规定执行。

盐结晶环境的作用等级 　　　　　表2.26

环境作用等级	环境条件	
	水体中 SO_4^{2-} 浓度（mg/L）	土体中 SO_4^{2-} 浓度（水溶值）（mg/kg）
V-D	$\Delta t \leqslant 10℃$，有干湿交替作用的盐土环境	
	200～2000	300～3000
V-E	$\Delta t \leqslant 10℃$，有干湿交替作用的盐土环境	
	2000～4000	3000～6000
V-F	$\Delta t > 10℃$，干湿交替作用频繁的高含盐量盐土环境	
	4000～10000	6000～15000

注：1. 表中 Δt 为日温差。

　　2. 水体中硫酸根离子的浓度测定方法按现行标准《铁路工程水质分析规程》TB 10104的相关规定执行，土体中硫酸根离子含量测定方法按现行标准《铁路工程岩土化学分析规程》TB 10103的相关规定执行。

当混凝土结构处于极高含盐地区（水体中 SO_4^{2-} 浓度大于1000mg/L或土体中 SO_4^{2-} 含量大于15000mg/kg），其耐久性技术措施应通过专门的试验和研究确定。对于盐渍土地区的混凝土结构，埋入土中的混凝土应按化学腐蚀环境考虑；露出地表的毛细吸附区内的混凝土应按盐结晶环境考虑。对于一面接触含盐环境水（或土）而另一面临空且处于大气干燥或多风环境中的薄壁混凝土结构

（如隧道衬砌），接触含盐环境水（或土）的混凝土按遭受化学侵蚀环境作用考虑，临空面的混凝土按遭受盐类结晶破坏环境作用考虑。

化学腐蚀环境下混凝土结构的耐久性设计，应控制混凝土遭受 SO_4^{2-}、Mg^{2+}、CO_2 等化学物质长期侵蚀引起的损伤。水体中硫酸盐和酸类物质环境作用等级划分应按表 2.27 的规定执行。

水体中硫酸盐和酸类物质的作用等级　　　　表 2.27

环境作用等级	非干旱、非高寒地区的干湿交替环境				干旱、高寒地区
	水体中 SO_4^{2-} 浓度（mg/L）	水体中 Mg^{2+} 浓度（mg/L）	水体中的 pH	水体中侵蚀性 CO_2 浓度（mg/L）	水体中 SO_4^{2-} 浓度（mg/L）
Ⅵ-C	≥200 ≤1000	≥300 ≤1000	≤6.5 ≥5.5	≥15 ≤30	≥200 ≤500
Ⅵ-D	＞1000 ≤4000	＞1000 ≤3000	＜5.5 ≥4.5	＞30 ≤60	＞500 ≤2000
Ⅵ-E	＞4000 ≤10000	＞3000	＜4.5 ≥4.0	＞60 ≤100	＞2000 ≤5000
Ⅵ-F	＞10000 ≤20000	—	—	—	—

注：1. 水体中硫酸根离子的浓度测定方法按现行标准《铁路工程水质分析规程》TB 10104 的相关规定执行。
2. 干旱区指干燥度系数大于 2.0 的地区，高寒地区指海拔 3000m 以上的地区。
3. 对于处于非干旱、高寒地区的结构构件，表中硫酸根浓度对应的环境条件为干湿交替环境；若处于无干湿交替环境作用（长期浸没于地表或地下水体中）时，可按表中作用等级降低一级。
4. 在高水压条件下应提高相应的环境作用等级。

当混凝土结构构件处于硫酸根离子浓度大于 1500mg/L 的流动水或 pH 小于 3.5 的酸性水体中时，应在混凝土表面采取专门的防腐蚀附加措施。土体中硫酸盐的环境作用等级划分应符合相关规定或满足表 2.28 的要求。

土体中硫酸盐的环境作用等级　　　　表 2.28

环境作用等级	土体中 SO_4^{2-} 含量（水溶值）（mg/kg）	
	非干旱高寒地区的干湿交替环境	干旱、高寒地区
Ⅵ-C	≥300 ≤1500	≥300 ≤750
Ⅵ-D	＞1500 ≤6000	＞750 ≤3000
Ⅵ-E	＞6000 ≤15000	＞3000 ≤7500
Ⅵ-F	＞15000 ≤30000	—

注：1. 土体中 SO_4^{2-} 含量测定方法按现行标准《铁路工程岩土化学分析规程》TB 10103 的相关规定执行。
2. 干旱区指干燥度系数大于 2.0 的地区，高寒地区指海拔 3000m 以上的地区。
3. 当混凝土结构构件处于弱透水土体中时，土体中硫酸根离子、水体中镁离子、水体中侵蚀性二氧化碳及水的 pH 的作用等级可按相应的等级降低一级。

　　磨蚀环境下混凝土结构耐久性设计，应控制混凝土遭受风或水中夹杂物的摩擦、切削、冲击等作用导致的磨蚀。磨蚀环境下桥涵结构的环境作用等级划分应按表 2.29 的规定执行。

磨蚀环境的作用等级　　　　　　　　　　　　　　表 2.29

环境作用等级	环境条件
Ⅶ-C	风蚀(有砂情况)：风力等级大于等于 7 级,且年累计刮风天数大于 90d 的风沙地区
Ⅶ-D	风蚀(有砂情况)：风力等级大于等于 9 级,且年累计刮风天数大于 90d 的风沙地区
	泥砂石磨蚀：汛期含砂量 200～600kg/m³ 的河道
Ⅶ-E	流冰磨蚀：有强烈流冰撞击的河道(冰层水位线下 0.5m～冰层水位线上 1.0m)
	泥砂石磨蚀：汛期含砂量 600～1000kg/m³ 的河道
Ⅶ-F	风蚀(有砂情况)：风力等级大于等于 11 级,且年累计刮风天数大于 90d 的风沙地区
	泥砂石磨蚀：　汛期含砂量大于 1000kg/m³ 及漂块石等撞击的河道；泥石流地区及西北戈壁荒漠区洪水期间夹杂大量粗颗粒砂石的河道

注：1. 风沙地区包括沙漠和沙地。沙漠是指地表大面积为风积的疏松沙所覆盖的荒漠地区；沙地是指地表为大面积的疏松沙所覆盖的草原地区。
　　2. 磨蚀环境下,混凝土的耐磨性能宜按照现行标准《公路工程水泥及水泥混凝土试验规程》JTG E30 和《水泥胶砂耐磨性试验方法》JC/T 421 的规定执行。

2.2.5　铁路混凝土结构耐久性设计规范

　　《铁路混凝土结构耐久性设计规范》TB 10005—2010 根据铁路工程混凝土结构中钢筋锈蚀以及混凝土的腐蚀机理,综合考虑设计的方便性,将铁路混凝土结构所处的常见环境分为 6 类,见表 2.30。按其侵蚀的严重程度,分为 3～4 个环境作用等级。

环境类别　　　　　　　　　　　　　　表 2.30

环境类别	腐蚀机理
碳化环境	保护层混凝土碳化导致钢筋锈蚀
氯盐环境	氯盐渗入混凝土内部导致钢筋锈蚀
化学侵蚀环境	硫酸盐等化学物质与水泥水化产物发生化学反应导致混凝土损伤
盐类结晶破坏环境	硫酸盐等化学物质在混凝土孔中结晶膨胀导致混凝土损伤
冻融破坏环境	反复冻融作用导致混凝土损伤
磨蚀环境	风沙、河水、泥砂或流冰在混凝土表面高速流动导致混凝土表面损伤

　　在碳化锈蚀为主的环境条件下,混凝土的碳化主要受制于二氧化碳、水和氧气的供给程度。当相对湿度较大时,特别是水位变动区和干湿交替部位,碳化锈蚀最容易发生；当相对湿度小于 60% 时,由于缺少水的参与,钢筋的锈蚀较难发生；当结构处于水下或土中时,由于缺少二氧化碳,混凝土的碳化速度也会很缓慢。因此,根据环境湿度、结构所处部位干湿交替情况等,确定碳化环境的作用等级,见表 2.31。

30　　氯盐环境的作用等级见表 2.32。在氯盐锈蚀为主的环境条件下,钢筋锈蚀速度与混凝土表面氯离子的浓度、温、湿度的变化、空气中二氧化碳供给的难易程度有关。长期处于海水下的混凝土，由于钢筋脱钝所需的氯离子浓度值在饱水条件下得到提高，同时无有效的氧气供给，所以相对来说钢筋锈蚀的速度反而不大。南方炎热地区温度高、氯离子扩散系数增大，钢筋锈蚀加剧，因此炎热气候应作为加剧钢筋锈蚀的因素考虑。

碳化环境的作用等级 　　　　　　　　　　　　　　　表 2.31

环境作用等级	环境条件
T1	室内年平均相对湿度小于 60%
	长期在水下(不包括海水)或土中
T2	室内年平均相对湿度大于等于 60%
	室外环境
T3	处于水位变动区
	处于干湿交替区

氯盐环境的作用等级 　　　　　　　　　　　　　　表 2.32

环境作用等级	环境条件
L1	长期在海水、盐湖水的水下或土中
	高于平均水位 15m 的海上大气区
	离涨潮岸线 100～300m 的陆上近海区
	水中氯离子浓度大于等于 100mg/L 且小于等于 500mg/L，并有干湿交替
	土中氯离子浓度大于等于 150mg/kg 且小于等于 750mg/kg，并有干湿交替
L2	平均水位 15m 以内(含 15m)的海上大气区
	离涨潮岸线 100m 以内(含 100m)的陆上近海区
	海水潮汐区和浪溅区(非炎热地区)
	水中氯离子浓度大于 500mg/L 且小于等于 5000mg/L，并有干湿交替
	土中氯离子浓度大于 750mg/kg 且小于等于 7500mg/kg，并有干湿交替
L3	海水潮汐区和浪溅区(炎热地区)
	盐渍土地区露出地表的毛细吸附区
	水中氯离子浓度大于 5000mg/L，并有干湿交替
	土中氯离子浓度大于 7500mg/kg，并有干湿交替

在化学侵蚀为主的环境条件下，混凝土的腐蚀程度与环境水和土中侵蚀物质的种类和浓度、环境土的渗透性、环境温度以及混凝土表面干湿交替程度等有关，因此综合考虑这些因素，确定化学侵蚀环境的作用等级，见表 2.33。

与化学侵蚀破坏相比，盐类结晶破坏更加严重，多发生在露出地表的毛细吸附区和隧道的衬砌部位，因此在铁路工程中将盐类结晶破坏环境作为独立的一种环境条件。在盐类结晶破坏为主的环境条件下，混凝土腐蚀程度与环境水和土中硫酸浓度、环境温度以及混凝土表面干湿交替程度等有关，依据硫酸根离子浓度的大小，确定盐类结晶破坏环境的作用等级见表 2.34。

化学侵蚀环境的作用等级　　　　　　　　　表 2.33

环境作用等级	环境条件					
	水中 SO_4^{2-}（mg/L）	强透水性土中 SO_4^{2-}（水溶值,mg/kg）	弱透水性土中 SO_4^{2-}（水溶值,mg/kg）	酸性水（pH）	水中侵蚀性 CO_2（mg/L）	水中 Mg^{2+}（mg/L）
H1	≥200 ≤1000	≥300 ≤1500	>1500 ≤6000	≤6.5 ≥5.5	≥15 ≤40	≥300 ≤1000
H2	>1000 ≤4000	>1500 ≤6000	>6000 ≤15000	<5.5 ≥4.5	>40 ≤100	>1000 ≤3000
H3	>4000 ≤10000	>6000 ≤15000	>15000	<4.5 ≥4.0	>100	>3000
H4	>10000 ≤20000	>15000 ≤30000	—	—	—	—

注：强透水性土是指碎石和砂土，弱透水性土是指粉土和黏性土。

盐类结晶破坏环境的作用等级　　　　　　　　表 2.34

环境作用等级	环境条件	
	水中 SO_4^{2-}（mg/L）	土中 SO_4^{2-}（mg/L）
Y1	≥200,≤500	≥300,≤750
Y2	>500,≤2000	>750,≤3000
Y3	>2000,≤5000	>3000,≤7500
Y4	>5000,≤10000	>7500,≤15000

冻融破坏环境的作用等级见表 2.35。冻融破坏环境作用主要与环境的最低温度、混凝土饱水度和反复冻融循环次数有关，在相同条件下，含氯盐水体的冻融破坏作用更大。

冻融破坏环境的作用等级　　　　　　　　　表 2.35

环境作用等级	环境条件
D1	微冻条件,且混凝土频繁接触水
D2	微冻条件,且混凝土处于水位变动区
	严寒和寒冷条件,且混凝土频繁接触水
	微冻条件,且混凝土频繁接触含氯盐水体
D3	严寒和寒冷条件,且混凝土处于水位变动区
	微冻条件,且混凝土处于含氯盐水体的水位变动区
	严寒和寒冷条件,且混凝土频繁接触含氯盐水体
D4	严寒和寒冷条件,且混凝土处于含氯盐水体的水位变动区

注：严寒条件、寒冷条件和微冻条件下年最冷月的平均气温 t 分别为：$t \leq -8℃$，$-8℃ < t < -3℃$，$-3℃ \leq t \leq 2.5℃$。

在磨蚀破坏为主的环境条件下，混凝土结构物遭受磨蚀的程度主要与风或水中夹杂物的数量以及风速、水流速度有关。气蚀是高速水流的方向和速度发生急剧变化时造成近靠速度变化处下游混凝土结构表面产生很大的压力降低，形成水气空穴，在混凝土表面产生一个局部的高能量冲击。根据铁路工程实际情况与经验，确定磨蚀环境的作用等级见表 2.36。

磨蚀环境的作用等级　　　　　　　　　　　　表 2.36

环境作用等级	环境条件
M1	风力等级大于等于 7 级，且年累计刮风天数大于 90d 的风沙地区
M2	风力等级大于等于 9 级，且年累计刮风天数大于 90d 的风沙地区
	有强烈流冰撞击的河道（冰层水位线下 0.5m～冰层水位线上 1.0m）
	汛期含砂量为 200～1000kg/m³ 的河道
M3	风力等级大于等于 11 级，且年累计刮风天数大于 90d 的风沙地区
	汛期含砂量大于 1000kg/m³ 的河道
	西北戈壁荒漠区洪水期间夹杂大量粗颗粒砂石的河道

2.2.6 水运工程结构耐久性设计标准

水运工程混凝土结构可按表 2.37 的规定进行环境分类。

水运工程结构环境类别　　　　　　　　　　　表 2.37

序号	环境类别	腐蚀特征
1	海水环境	氯盐作用下引起混凝土中钢筋锈蚀
2	淡水环境	一般淡水水流冲刷、溶蚀混凝土及大气环境下混凝土碳化引起钢筋锈蚀
3	冻融环境	冰冻地区冻融循环导致混凝土损伤
4	化学腐蚀环境	硫酸盐等化学物质对混凝土的腐蚀

不同环境类别混凝土结构应按不同的腐蚀作用程度进行部位或腐蚀条件划分，所处部位或腐蚀条件的划分应符合下列规定。海水环境混凝土部位划分见表 2.3，淡水环境混凝土部位划分见表 2.38。冻融环境混凝土所在地区划分见表 2.39。

淡水环境混凝土部位划分　　　　　　　　　　表 2.38

水上区	水下区	水位变动区
设计高水位以上	设计低水位以下	水上区与水下区之间

注：水上区也可按历年平均最高水位以上划分。

冻融环境混凝土所在地区划分　　　　　　　　表 2.39

微冻地区	受冻地区	严重受冻地区
最冷月月平均气温为 0～−4℃	最冷月月平均气温为 −4～−8℃	最冷月月平均气温低于 −8℃

注：1. 开敞式码头和防波堤等建筑物混凝土结构，冻融环境作用等级宜选用比同一地区高一等级。
　　2. 浪溅区范围内的下部 1m 应取水位变动区冻融环境作用等级。
　　3. 码头面层混凝土结构，冻融环境作用等级可选用比同一地区水位变动区低一等级。

化学腐蚀环境混凝土结构作用等级划分应符合表 2.40 的规定。当有多种化学物质共同作用时，应取其中最高的作用等级作为设计的环境作用等级。如其中有两种及以上化学物质的作用等级相同且可能加重化学腐蚀时，其环境作用等级应再提高一级。

化学腐蚀环境中水和土对混凝土结构作用等级划分　　　　表 2.40

水中 SO_4^{2-} （mg/L）	强透水性土 中水溶 SO_4^{2-} （mg/kg）	弱透水性土 中水溶 SO_4^{2-} （mg/kg）	水的 pH	水中 CO_2 （mg/L）	水中 Mg^{2+} （mg/L）	作用等级
200～1000	300～1500	1500～6000	5.5～6.5	15～40	300～1000	中等
1000～4000	1500～6000	6000～15000	4.5～5.5	40～100	1000～3000	严重
4000～10000	6000～15000	＞15000	4.0～4.5	＞100	＞3000	非常严重

注：1. 强透水性土是指碎石土和砂土，弱透水性土是指粉土和黏性土。

　　2. 表中与环境作用等级相应的硫酸根浓度，所对应的环境条件为干湿交替环境；当长期浸没于地表或地下水中无干湿交替时，可按表中的作用等级降低一级。

　　3. 当混凝土结构处于弱透水土体中时，土中的硫酸根离子、水中镁离子、水中侵蚀性二氧化碳及水的 pH 的作用等级可按相应的等级降低一级。

　　4. 对含有较高浓度氯盐的地下水、土，可不单独考虑硫酸盐的作用。

　　5. 高水压条件下，应提高相应的环境作用等级。

水运工程钢结构环境类别可分为海水环境和淡水环境，不同环境类别下的钢结构按不同腐蚀作用程度进行部位划分，应符合表 2.41、表 2.42 的规定。

海水环境钢结构部位划分　　　　表 2.41

掩护 条件	划分 类别	大气区	浪溅区	水位变动区	水下区	泥下区
有掩护条件	按水工设计水位	设计高水位加 1.5m 以上	大气区下界至设计高水位减 1.0m 之间	浪溅区下界至设计低水位减 1.0m 之间	水位变动区下界至泥面	泥面以下
无掩护条件	按水工设计水位	设计高水位加 η_0 ＋1.0m 以上	大气区下界至设计高水位减 η_0 之间	浪溅区下界至设计低水位减 1.0m 之间	水位变动区下界至泥面	泥面以下
	按天文潮位	最高天文潮位加 0.7 倍百年一遇有效波高 $H_{1/3}$ 以上	大气区下界至最高天文潮位减百年一遇有效波高 $H_{1/3}$ 之间	浪溅区下界至最低天文潮位减 0.2 倍百年一遇有效波高 $H_{1/3}$ 之间	水位变动区下界至泥面	泥面以下

注：1. η_0 为设计高水位时的重现期 50 年 $H_{1\%}$（波列累积频率为 1% 的波高）波峰面高度。

　　2. 当无掩护条件的水运工程钢结构无法按水工有关规范计算设计水位时，可按天文潮位确定钢结构的部位划分。

淡水环境钢结构部位划分　　　　表 2.42

水上区	水下区	泥下区
设计高水位以上	设计高水位以下至泥面	泥面以下

2.3　耐久性区划

2.3.1　我国气候分区

1. 气候特点

我国的地理特征主要表现在：南北纬度差异大，海陆差别大，高度差别大，地形复杂。这种特殊的地理特征形成了三个基本气候区：东部温暖湿润区和半湿润区、西北内陆温暖干燥区、青藏高原干燥区。

地理纬度跨度大和地势高差的变化形成了南北各地气温相差悬殊。我国黑龙江漠河位于北纬 53°，属温寒带气候；而最南端的曾母暗沙，距赤道只有 400km，属赤道气候。随着纬度的增大和地势的升高，年平均气温从东南沿海的 20～25℃ 递减到黑龙江北部的 0℃ 以下。由于青藏高原地势高，大部分地区的年平均温度低于 0℃；西北内陆的年平均气温与华北接近，但温度的年较差和日较差却比其他地区高得多。

我国东西部经度相差 60° 以上，地势西高东低，由于喜马拉雅山脉的屏障作用，西南季风无法到达青藏高原内部。而东南季风在从沿海向西北方向推进过程中，受到众多山脉的阻挡，难以深入到西北内陆对当地气候产生影响。因此，距海越远，水汽含量越少，降水量越少。降水量分布从东南沿海地带高达 2000mm 以上，到秦岭、淮河以北降到 800mm 以下，在贺兰山以西的西北内陆及青藏高原的大部分地区低于 200mm（有些地方不足 50mm），是中国降水量最少的地方。塔里木盆地、柴达木盆地年降水量均在 20mm 以下。因而形成了我国西北内陆夏季干热气候区，常年环境相对湿度较低。

悬殊的气候差异势必使不同地区的建筑遭受环境损害的程度与机理不同。因此，如果能够根据各地区特有的环境条件进行该地区结构的耐久性设计，做到因地制宜，就能够节约常规能源，保护生态环境。

2. 气候区划

我国气候区划工作开始于 20 世纪 30 年代初期，按照用途不同分为综合性气候区划和单项气候区划。综合性气候区划主要是为了满足工农业生产的需要；单项气候区划是按照某一个重要气候要素来划分，主要是对综合性区划的补充和深化，如干湿气候区划、季风气候区划、沙区气候区划等。此外，还有服务于某一行业的应用气候区划，如农业气候区划、建筑气候区划和服装气候区划等。

目前，我国建筑方面的气候区划主要有建筑气候区划和热工设计区划两种。《建筑气候区划标准》GB 50178—93 在研究我国建筑与气候关系的基础上，采用综合分析和主导因素相结合的原则，把我国建筑气候划分为 7 个一级区和 20 个二级区，见表 2.43。

建筑气候区划结果　　　　　　　　　　　表 2.43

一级区	Ⅰ东北严寒区	Ⅱ华北寒冷区	Ⅲ华中夏热冬暖区	Ⅳ华南炎热区	Ⅴ云贵温和区	Ⅵ青藏高原区	Ⅶ西北严寒区
二级区	ⅠA～ⅠD	ⅡA和ⅡB	ⅢA～ⅢC	ⅣA和ⅣB	ⅤA和ⅤB	ⅥA～ⅥC	ⅦA～ⅦD

注：一级区划以 1 月平均气温、7 月平均气温、7 月平均相对湿度为主要指标，以年降水量、年日平均气温低于或等于 5℃ 的天数和年日平均气温高于或等于 25℃ 的天数为辅助指标。在各一级区内，分别选取反映该区建筑气候差异性或特征的平均气温、日较差、最大风速等作为二级区区划指标。

2.3.2 耐久性环境区划

1. 区划方法

最基本的区划方法有两种：顺序划分法和合并法。顺序划分法：又称"自上而下"的区划方法。它是以空间异性为基础，按区域内差异最小，区域间差异最大的原则，以及区域共轭性划分最高级区划单元，再依此逐级向下划分。一般大范围区划和高、中级单元的划分多采用这一方法。合并法：又称"自下而上"的区划方法。它是以相似性为基础，按相对一致性原则和区域共轭性原则依次向上合并，多用于小范围区划和低级单元划分。

区划目的不同，采用不同的技术，形成了多种多样的方法。主要包括：

（1）地理相关法

即运用各种专业地图、文献资料和统计资料对区域各要素之间的关系进行相关分析后进行区划。该方法要求将所选定的各种资料、图件等统一标注或转绘在具有坐标网格的工作底图上，然后进行相关分析，按相关紧密程度编制综合性的要素组合图，并在此基础上进行不同等级的区域划分。

（2）空间叠置法

以各个区划要素或各个部门的区划（气候区划、地貌区划、土壤区划、农业区划、林业区划、综合自然区划、生态地域区划、植被区域区划、生态敏感性区划、生态服务功能区划等）图为基础，通过空间叠置，以相重合的界限或平均位置作为新区划的界限。该方法在实际应用中多与地理相关法结合使用。

（3）气候区划原则

一般有主导因素原则、综合性原则及综合分析和主导因素相结合原则三种不同的气候区划原则。主导因素原则强调采用统一的指标；综合性原则强调区内气候的相似性，而不必用统一的指标去划分某一级分区。两者各有利弊，目前常用的区划原则是将二者结合起来的第三种原则，即强调某一个重要因素的影响，又需要协调考虑其他因素。如我国的建筑气候区划采用的就是这种原则。

本书在进行耐久性区划时，同时考虑大气温湿度、离海岸的远近、酸雨情况，涉及多个影响因素，因而采用综合分析与主导因素结合的原则。

2. 耐久性环境区划指标的选取

耐久性环境区划是反映我国混凝土结构耐久性与环境关系的区域划分。由于影响混凝土结构耐久性的环境因素很多，各环境要素的时空分布不一，各环境要素对耐久性环境区划的作用也不相同，因此，本书在分析我国环境状况和各环境因素对混凝土结构耐久性影响的大小之后，将采用二级区划系统进行耐久性划分。

（1）一级区划指标

一级区划主要根据影响混凝土结构耐久性的环境因素在全国范围进行区划。混凝土结构耐久性破坏主要是由混凝土碳化、钢筋锈蚀、冻融破坏、化学侵蚀、碱-骨料反应等引起的。其中碱-骨料反应是混凝土自身材料的劣化，化学侵蚀只在局部地区较为严重，冻融破坏在我国的西北部有可能发生，而混凝土碳化和钢筋锈蚀是混凝土结构普遍存在的问题。

影响混凝土碳化、钢筋锈蚀和冻融破坏的环境因素有很多，如温度、湿度、CO_2 浓度、Cl^- 含量等。大气中 CO_2 浓度本身并不是很高，虽然近年来 CO_2 浓度逐年升高，但是从全国范围来看它的浓度梯度并不是很大；Cl^-含量只是在沿海地区才呈现出较大的梯度。因此 CO_2 浓度和 Cl^- 含量不作为主要指标。温度、相对湿度在空间分布上差异很大，形成了我国各地气候特征的主要差异，即冷、热、干、湿之不同。这两种气候因素对混凝土碳化、钢筋锈蚀的影响很大。因此选择温度和相对湿度作为一级区划指标。

作为一级区划指标的温度有年平均温度、月平均温度、月平均最高与最低温度、高于或低于某一界线温度的天数等，普遍认为月平均温度能较好地反映地区的冷热程度。7月反映地区的最热程度，这时碳化与钢筋锈蚀速度最快；1月反映地区的最冷程度，决定着混凝土结构是否发生冻融破坏。故本书选用1月平均温度和7月平均温度为温度指标。我国相对湿度分布一般在7月份最大，东部季风区相对湿度大多在70%以上，而西北部只有30%～70%。所以选用7月平均相对湿度作为湿度指标。

（2）二级区划指标

二级区划指标主要考虑各一级区内环境的不同，且按各区的特点进行选取。Cl^- 引起的钢筋锈蚀问题与 Cl^- 含量密切相关，Cl^- 含量在沿海地区呈现出较大的梯度，而离海岸线的远近能很好地反映 Cl^- 含量的变化，并且方便使用。由于各个城市工业化程度不同，每年 SO_2、CO_2、NO_2、H_2S 等酸性气体的排放量不同，造成每个地区的酸雨情况也不同，使得各地区混凝土结构化学侵蚀程度不尽相同，而酸雨的严重程度是用 pH 表征的。因此选择离海岸线的距离或降水年平均 pH 作为二级分区指标。

3. 耐久性环境区划标准及区划结果

（1）一级区划标准及区划结果

一级区划以1月平均温度（T_1）、7月平均温度（T_7）、7月平均相对湿度为指标（RH_7），具体区划标准见表2.44。

一级区划标准及区划结果　　　　　　　　　　　　　　　　表 2.44

区名	一级标准	各区主要范围
Ⅰ区	$T_1 \leqslant -10℃$ $T_7 \leqslant 25℃$ $RH_7 \geqslant 50\%$	黑龙江、吉林全境；辽宁大部；内蒙古中、北部及陕西、山西、河北、北京北部的部分地区
Ⅱ区	$T_1:-10\sim0℃$ $T_7:18\sim28℃$	天津、山东、宁夏全境；北京、河北、山西、陕西大部；辽宁南部；甘肃中东部以及河南、安徽、江苏北部的部分地区
Ⅲ区	$T_1:0\sim10℃$ $T_7:25\sim30℃$	上海、浙江、江西、湖北、湖南全境；江苏、安徽、四川大部；陕西、河南南部；贵州东部；福建、广东、广西北部和甘肃南部的部分地区
Ⅳ区	$T_1>10℃$ $T_7:25\sim29℃$	海南、台湾全境；福建南部；广东、广西大部以及云南西南部和元江河谷地区
Ⅴ区	$T_1:0\sim13℃$ $T_7:18\sim25℃$	云南大部；贵州、四川西南部；西藏南部一小部分地区

续表

区名	一级标准	各区主要范围
Ⅵ区	T_1:0～−22℃ T_7:<18℃	青海全境;西藏大部;四川西部、甘肃西南部;新疆南部部分地区
Ⅶ区	T_1:−5～−20℃ T_7:≥18℃ RH_7<50%	新疆大部;甘肃北部;内蒙古西部

（2）二级区划标准及区划结果

二级区划以离海岸线的远近（S）或降水年平均pH（pH）为指标，具体区划标准见表2.45。

二级区划标准及区划结果　　　　　　　　表 2.45

区名		二级指标	代表城市
Ⅰ区	Ⅰa	pH>5.6	嫩江、沈阳、呼和浩特
	Ⅰb	4.5<pH≤5.6	哈尔滨
Ⅱ区	Ⅱa	pH>5.6且S>3km	银川
	Ⅱb	4.5<pH≤5.6且S>3km	北京、西安
	Ⅱc	4.5<pH≤5.6且S≤3km	大连、青岛
Ⅲ区	Ⅲa	4.5<pH≤5.6且S>3km	南京、南昌、武汉
	Ⅲb	pH≤4.5且S>3km	重庆、成都
	Ⅲc	pH≤4.5且S≤3km	上海
Ⅳ区	Ⅳa	4.5<pH≤5.6且S≥3km	南宁
	Ⅳb	pH≤4.5且S>3km	广州
	Ⅳc	4.5<pH≤5.6且S≤3km	海口
Ⅴ区	Ⅴa	4.5<pH≤5.6	大理
	Ⅴb	pH≤4.5	贵阳
Ⅵ区	Ⅵ	pH>5.6	拉萨、康定
Ⅶ区	Ⅶ	pH>5.6	乌鲁木齐、吐鲁番

4. 各区环境条件

根据混凝土结构耐久性区划我国可划分为7个一级区，15个二级区。下面综合分析各区环境因素及其对混凝土结构耐久性的影响。

（1）Ⅰ区（沈阳、哈尔滨）

该区冬季漫长严寒，1月平均气温为−31～−10℃，冬季长达6个月以上；夏季短促凉爽，7月平均气温低于25℃；西部偏于干燥，东部偏于湿润，年均相对湿度为50%～70%；气温年较差很大，为30～50℃，年平均气温日较差为10～16℃；冰冻期长，冻土深，积雪厚，年降雪日数一般为5～60d。

位于该区的混凝土结构普遍受冻融破坏比较严重。以哈尔滨为代表的Ⅰb区是全国典型的重工业区，有酸雨情况出现，降水年均pH小于等于5.6，本区的混凝土结构不仅受冻融破坏，而且严重的酸雨会使混凝土中性化，破坏钢筋表面的钝化膜，使钢筋过早地锈蚀，导致结构破坏。

（2）Ⅱ区（银川、北京、青岛）

该区冬季较长且寒冷干燥，1月平均气温为 −10～0℃，极端最低气温在 −20～−30℃ 之间，年日均气温小于或等于 5℃ 的日数为 90～145d；平原地区夏季较炎热湿润，高原地区夏季较凉爽，7月平均气温为 18～28℃，极端最高气温为 35～44℃，平原地区的极端最高气温大多可超过 40℃；年平均相对湿度为 50%～70%；气温年较差可达 26～34℃，年平均气温日较差为 7～14℃；本地区年降雪日数一般在 15d 以下，年积雪日数为 10～40d，最大冻土深度小于 1.2m。

位于该区的混凝土结构冬天遭受冻融破坏，春、夏、秋季遭受碳化作用。以北京、西安为代表的Ⅱb区还会出现酸雨情况，使位于该区的混凝土结构除遭受冻融与碳化作用，还要遭受酸雨的侵蚀。

以大连、青岛为代表的Ⅱc区为沿海地区，位于该地区的混凝土结构除冬天遭受严重的冻融破坏，同时还受到 Cl^- 侵蚀作用，耐久性损伤比较严重。

（3）Ⅲ区（武汉、重庆、上海）

该区大部分地区夏季闷热，7月平均气温为 25～30℃，年日均气温高于或等于 25℃ 的日数为 40～110d；冬季湿冷，1月平均气温为 0～10℃，冬季寒潮可造成剧烈降温，极端最低气温可降至 −10℃ 以下；气温日差较小；年降水量大，年平均相对湿度较高，为 70%～80%，四季相差不大，年降雨日数为 150d 左右，多者可超过 200d；年降雪日数为 1～14d。

位于该区的混凝土结构受冻融破坏的可能性很小，主要还是碳化作用造成的耐久性损伤；该区普遍存在酸雨情况，降水年均 pH 均小于或等于 5.6，该区的混凝土结构受酸雨侵蚀作用严重。

特别是以重庆、成都为代表的Ⅲb区，是全国酸雨情况最严重的地区之一，位于该区的混凝土结构在严重的酸雨侵蚀作用下，耐久性损伤普遍比较严重。

以上海为代表的Ⅲc区为沿海地区，Cl^- 侵蚀与酸雨共同作用造成该区的混凝土结构性能退化。

（4）Ⅳ区（南宁、广州、海口）

该区长夏无冬，1月平均气温高于 10℃，7月平均气温为 25～29℃，极端最高气温一般低于 40℃，个别可达 42.5℃，年日平均气温高于或等于 25℃ 的日数为 100～200d；年平均相对湿度为 80% 左右，四季变化不大，年降雨日数为 120～200d，是我国降水量最多的地区；气温年较差为 7～19℃，年平均气温日较差为 5～12℃。

该区的海岸线较长，轻工业很发达，酸雨情况很严重，混凝土结构的耐久性损伤主要是由 Cl^- 侵蚀、碳化作用和酸雨作用造成的。该区常年温度、相对湿度较高，钢筋锈蚀速度较快。

以南宁为代表的Ⅳa区，离海岸线的距离超过 3km，Cl^- 浓度较低，该区混凝土结构的耐久性损伤主要是由碳化作用引起的，同时酸雨侵蚀也是不容忽视的。

以广州为代表的Ⅳb区，酸雨情况严重，降水年均 pH 均小于或等于 4.5，

Cl⁻侵蚀与酸雨共同作用造成混凝土结构的耐久性损伤。

以海口为代表的Ⅳc区，也是沿海地区，降水年均 pH 均小于或等于 5.6，较Ⅳb区的酸雨情况要好，混凝土结构主要遭受 Cl⁻侵蚀作用，同时也受酸雨腐蚀。

（5）Ⅴ区（大理、贵阳）

该区大部分地区冬温夏凉，1 月平均气温为 0～13℃，冬季强寒潮可造成气温大幅度下降；7 月平均气温为 18～25℃，极端最高气温一般低于 40℃；年均相对湿度为 60%～80%，该区有干季（风季）与湿季（雨季）之分，湿季在 5～10 月，雨量集中，湿度偏高，干季在 11～翌年 4 月，湿度偏低，风速偏大；气温年较差为 12～20℃；年降雪日数为 0～15d，东北部偏多。

该区气候宜人，但酸雨情况严重，部分地区的降水年均 pH 均小于或等于 4.5，以贵阳为代表的Ⅴb区，碳化作用与酸雨作用使得结构产生耐久性损伤。以大理为代表的Ⅴa区，酸雨情况较Ⅴb区轻微，但也不能忽视。

（6）Ⅵ区（拉萨、西宁）

该区长冬无夏，气候寒冷干燥，南部气温较高，1 月平均气温为 0～−22℃，极端最低气温一般低于−32℃，很少低于−40℃；7 月平均气温为 2～18℃；年平均相对湿度为 30%～70%，该区干湿季分明，全年降水多集中在 5～9 月或4～10 月；气温年较差为 16～30℃，年平均气温日较差为 12～16℃，冬季气温日较差最大，可达 16～18℃；年降雪日数为 5～100d，年积雪日数为 10～100d。

该区大部分地区无酸雨现象，但天气比较寒冷，建筑物常年受冻害与碳化共同作用，由于该地区 1 月平均气温比Ⅰ区要高，年平均相对湿度比Ⅰ区要小，故该区的冻害作用没有Ⅰ区显著。

（7）Ⅶ区（乌鲁木齐）

该区大部分地区冬季漫长严寒，南疆盆地冬季寒冷，1 月平均气温为−20～−5℃，极端最低气温为−20～−50℃；大部分地区夏季干热，吐鲁番盆地酷热，山地较凉，7 月平均气温为 18～33℃，极端最高气温各地差异很大，吐鲁番极端最高气温达到 47.6℃，为全国最高；年平均相对湿度为 35%～70%，年降水日数为 10～120d，是我国降水最少的地区；气温年差较大都在 30～40℃，年平均气温日较差为 10～18℃。

该区的建筑冬季受冻害作用，而夏季温度较高，碳化速度较快。同时该区的温差较大，这种高低温循环对混凝土结构的耐久性也有一定的影响。

思考题

1. 一般大气环境中的主要腐蚀影响因素有哪些？在一般大气环境下，混凝土劣化的主要成因是什么？

2. 在近海和海洋环境下，造成混凝土结构中钢筋锈蚀的主要成因是什么？

3. 在寒冷环境中，混凝土结构耐久性破坏的主要原因是什么？

4. 硫酸盐腐蚀环境下混凝土劣化的主要表现是什么？

5. 工业腐蚀环境的主要腐蚀成因和特点是什么？

6. 各行业（规范）对腐蚀性环境分类及环境作用等级划分的异同点是什么？产生的原因可能是什么？在实际应用中可能存在的问题是什么？

第3章 混凝土结构的腐蚀机理

3.1 硬化水泥混凝土的组成结构

3.1.1 硬化水泥浆体

水泥石的固相主要由各种水化产物和少量未水化熟料颗粒组成，是构成混凝土强度的基础。常温下硅酸盐水泥的水化产物，按其结晶程度可分成两大类：一类是结晶度差、晶粒大小相当于胶体尺寸的水化硅酸钙凝胶（C-S-H）；另一类是结晶度比较完整、晶粒比较大的氢氧化钙（CH）、水化硫铝酸钙（AFt、AFm）等。图3.1、图3.2分别为混凝土的宏观结构和水泥石的微观结构。

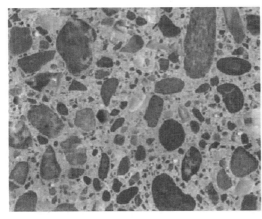

图 3.1　混凝土的宏观结构　　　　　图 3.2　水泥石的微观结构

1. 水化硅酸钙凝胶

水泥石产生强度的主要原因是凝胶相（C-S-H）的存在，因而 C-S-H 凝胶相是硬化水泥浆体中最重要的组成部分，同时也是在化学组成及微观结构等方面最为复杂的水化产物；它是一种由不同硅酸聚合度的水化物组成的层状固态凝胶，在远程上是无序的，在近程上是有序的。其化学组成随水化条件、液相离子浓度和水化龄期不同而有很大变化。C-S-H 只有在高碱度的环境条件下稳定存在，如果碱度降低到一定程度，C-S-H 就发生分解，降低水泥石的胶结性能。

2. 氢氧化钙

水泥石中的氢氧化钙（CH）以层状、片状结构形态为主，其层间的连接较弱，是水泥石受力时裂缝的发源地之一。CH 的强度很低，碱度高，稳定性极差，在侵蚀条件下是首先遭到侵蚀的组分，而且它们多在水泥石和骨料的界面（过渡区）处富集并结晶成粗大晶粒，因而界面的黏结性能被削弱，成为水泥石中的薄弱环节。由此看出 CH 对水泥石强度的直接贡献较小。但是 CH 能与大多数活性矿物掺合料中的活性 SiO_2 和 AlO_3 发生反应生成更多的 C-S-H 凝胶、水化硫铝酸钙（AFt、AFm），提高水泥混凝土后期强度，对混凝土性能产生贡献。

因为强碱性的 CH 在水中的溶解度更大，所以水泥石体系是高碱度。高碱度的环境对保护钢筋不受锈蚀有利，但是与酸性介质容易发生反应，从而使得水泥石容易被侵蚀。

3. 水化硫铝酸钙

水化硫铝酸钙有两种存在形式，一种是三硫型水化硫铝酸钙（$3CaO \cdot Al_2O_3 \cdot 3CaSO_4 \cdot 32H_2O$—AFt），另外一种是单硫型水化硫铝酸钙（$3CaO \cdot Al_2O_3 \cdot CaSO_4 \cdot 12H_2O$—AFm）。三硫型水化硫铝酸钙一般为纤维状晶体，它在水泥水化的早期形成，因此形成水泥石浆体结构中的骨架，对于提高混凝土的早期强度有利。水泥水化过程中，当石膏消耗完之后，AFt 会转变为 AFm。AFt 存在的条件是高碱度环境和常温环境。如果水泥石碱度降低到一定程度 AFt 也会分解。AFt 含有 32 个结构水，所占的空间达总体积的 81.2%、质量的 45.9%，这些结构水容易在较高温度下脱去一部分。许多混凝土预制构件在蒸养、冷却之后表面容易出现微裂纹，是由于混凝土在蒸养时 AFt 脱水，在常温下又吸收水分形成 AFt 导致体积膨胀，产生了微裂纹。

水泥石中 AFm 相为层状结构，所含结构水占总量的 34.7%。若有外界硫酸根离子进入水泥石中，则 AFm 与其结合而转为 AFt，结构水增加，体积膨胀，密度减小，因而引起硬化水泥浆体结构的破坏。

4. 水泥熟料未水化的残留物

水泥在与水拌合初期水化速度较快，随着水化产物的增多，水泥石密实度增加，当外部的水分不能进入水泥石内部时，熟料颗粒就不再水化。另外，水泥中较大尺寸的熟料颗粒水化非常缓慢，当颗粒外圈水化形成的水化产物包裹内核从而隔绝了外部的水分时，其内核也停止水化。但是，如果再遇到水，水泥颗粒就会继续水化。未水化的水泥熟料颗粒在水泥中可以起到微骨料的作用。

3.1.2 界面过渡区

1. 界面过渡区的形成

混凝土在拌合时如果用水量较大，硬化后往往在水泥砂浆围绕粗骨料的周边形成厚度为 $10 \sim 50 \mu m$ 的界面层，即界面区相（或称为过渡区相）。混凝土在凝固硬化之前，由于粗骨料不透水，具有墙壁效应，聚集在粗骨料周围的水泥浆中水分含量较高、密度小（形成一层水膜），待混凝土硬化后，就形成了过渡区。

2. 界面过渡区的结构特点

过渡区中晶体比水泥浆体本体中的晶体粗大且定向排列，晶体产物之间比水泥浆体本体中具有更大、更多的孔隙，如图 3.3 所示。因此，过渡区内水化硅酸钙凝胶体的数量较少，密实度差，孔隙率大，尤其是大孔较多，严重降低过渡区的强度。并且由于骨料和水泥凝胶体的变形模量、收缩性能等存在着差别，或者由于泌水现象在骨料下方形成的水隙中的水蒸发等原因，过渡区存在着大量原生

图 3.3　界面过渡区

微裂缝。界面过渡区强度低，并且裂缝易于扩展。界面过渡区是混凝土整体强度的薄弱环节，虽然其厚度很薄，只是骨料颗粒外周的一薄层，但由于骨料颗粒数量多，如果将粗细骨料合起来统计，过渡区的体积可达到硬化水泥浆体的 $20\% \sim 40\%$。

从大量的试验数据中可以得出强度大小为：混凝土＜砂浆＜水泥石＜骨料；而弹性模量则是水泥石＜混凝土（砂浆）＜骨料。骨料和水泥石强度高，但混凝土强度却降低，主要是由于骨料与水泥石之间的界面形成的过渡区削弱了混凝土的强度。

过渡区对混凝土的耐久性也有着巨大的影响。因为硬化的水泥石和骨料两相的弹性模量、线膨胀系数等参数存在差异，在反复荷载、冷热循环与干湿循环作用下，过渡区作为薄弱环节，在较低的拉应力作用下其裂缝就会扩展，外界水分和侵蚀性物质通过过渡区的裂缝很容易侵入混凝土内部，对混凝土和其中的钢筋产生侵蚀作用，缩短混凝土结构物的使用寿命。

3.1.3　孔隙与微裂缝

硬化的水泥石是多孔材料，其微观结构中存在有大量的孔隙和微裂纹。当混凝土内部处于干燥状态时，孔隙和微裂纹中没有水溶液存在，即以气相形式存在。这些孔隙和微裂纹（气相）的存在降低了水泥石的密实度，同时也是混凝土受外部荷载时产生破坏的根源，因此对混凝土的性能有很大的负面影响。

1. 孔隙

硬化的水泥混凝土中存在大量的微孔。混凝土中的孔增加了水溶液在其中的渗透性，在腐蚀介质环境中，对混凝土的耐久性构成较严重的威胁。硬化水泥石中的孔按大小分为四级：

（1）凝胶孔（孔径小于 10nm）。可认为是水泥水化产物的一部分，对混凝土的强度无害。

（2）过渡孔（孔径为 $10 \sim 100$nm）。其是介于凝胶孔和毛细孔之间的孔，对混凝土的强度有少量危害。

（3）毛细孔（孔径为 100～1000nm）。毛细孔是水泥水化后剩余的水蒸发后残留下来的，它能产生毛细作用，把外界的腐蚀性水溶液引入混凝土内部，是一种有害孔。

（4）大孔（孔径大于 1000nm）。大孔对混凝土强度及其耐久性影响最大，可称为多害孔。

通常把孔径小于等于 50nm 的孔称为微观孔，认为其对干缩和徐变有影响；把孔径大于等于 50nm 的孔称为宏观孔，认为其对强度和渗透性有影响。应尽可能地减少混凝土中有害的毛细孔和大孔。但是如果孔隙结构合适，也能够改善混凝土某些性能，例如使用引气剂引入气泡，使得混凝土中气泡结构改善，气泡半径小，抗冻性能高，以用于高耐久性要求的混凝土结构，如水坝、高等级公路、热电站冷却塔、水利工程、海工工程等。

2. 裂纹（裂缝）

裂纹是伴随着水泥石的结构形成过程而产生的，是水泥石微观结构的一个组成部分。同样，裂纹也是水泥石微观结构的一个组成部分。水泥石是脆性材料，抗拉强度低、抗变形能力差、易开裂。其硬化体结构在形成过程中同时伴随着各种各样的应力产生，如水化热产生的温度应力、化学反应产生的收缩应力、干燥收缩应力、基础变形应力、膨胀力产生的应力和自生体积变形应力等。混凝土在结构形成的早期强度较低，当这些应力超过了混凝土的极限抗拉强度，或其应力变形超过了混凝土的极限变形值，就会产生裂缝。

从裂缝的宽度大小将其分为微观裂缝和宏观裂缝。

（1）微观裂缝，其宽度小于 0.05mm，在混凝土工程结构中，微观裂缝对防水、防腐、承重等方面都不会产生危害。

混凝土中的微观裂缝包括三种：黏着裂缝，即沿着骨料周围存在的骨料与水泥石黏结面上的裂缝（即界面过渡区）；水泥石裂缝，即硬化水泥石中存在的裂缝；骨料裂缝，即存在于骨料本身的裂缝。这三种微观裂缝，以黏着裂缝和水泥石裂缝较多，而骨料裂缝较少。

（2）宏观裂缝，即裂缝宽度不小于 0.05mm 的裂缝。宏观裂缝可在水泥石形成过程中产生。在混凝土服役过程中，受到各种作用，微观裂缝也会不断扩展，成为肉眼可见的宏观裂缝。

3.2 混凝土材料的腐蚀机理

3.2.1 碳化

混凝土是一种多孔性的人造石材，在存在内外压力差的情况下，必然会引起液体或气体从高压处向低压处迁移、渗透，混凝土抵抗这些气体或液体渗透的能力被称为抗渗性。在混凝土结构中，若混凝土的密实性差，则其抗渗性也差。当外界压力大于混凝土内部的压力时，外界环境中的二氧化碳就很容易渗透到混凝土内部，与水泥的某些水化产物发生作用，使混凝土发生碳化作用。

混凝土碳化是一个复杂的物理化学过程。普通波特兰水泥混凝土的水泥熟料的主要矿物成分有硅酸三钙 C_3S（$3CaO \cdot SiO_2$）、硅酸二钙 C_2S（$2CaO \cdot SiO_2$）、铁铝酸四钙 C_4AF（$4CaO \cdot Al_2O_3 \cdot Fe_2O_3$）和铝酸三钙 C_3A（$3CaO \cdot Al_2O_3$）。有石膏存在时，各矿物成分按如下反应进行水化：

$$2(3CaO \cdot SiO_2) + 6H_2O \rightarrow 3CaO \cdot 2SiO_2 \cdot 3H_2O + 3Ca(OH)_2 \quad (3.1)$$

$$2(2CaO \cdot SiO_2) + 4H_2O \rightarrow 3CaO \cdot 2SiO_2 \cdot 3H_2O + Ca(OH)_2 \quad (3.2)$$

$$4CaO \cdot Al_2O_3 \cdot Fe_2O_3 + 2Ca(OH)_2 + 2(CaSO_4 \cdot 2H_2O) + 18H_2O \rightarrow$$
$$6CaO \cdot Al_2O_3 \cdot Fe_2O_3 \cdot 2CaSO_4 \cdot 24H_2O \quad (3.3)$$

$$3CaO \cdot Al_2O_3 + CaSO_4 \cdot 2H_2O + 10H_2O \rightarrow$$
$$3CaO \cdot Al_2O_3 \cdot CaSO_4 \cdot 12H_2O \quad (3.4)$$

当石膏消耗完后，C_4AF 与 C_3A 按如下反应进行水化：

$$4CaO \cdot Al_2O_3 \cdot Fe_2O_3 + 2Ca(OH)_2 + 22H_2O \rightarrow$$
$$6CaO \cdot Al_2O_3 \cdot Fe_2O_3 \cdot 2Ca(OH)_2 \cdot 24H_2O \quad (3.5)$$

$$3CaO \cdot Al_2O_3 + Ca(OH)_2 + 12H_2O \rightarrow 3CaO \cdot Al_2O_3 \cdot Ca(OH)_2 \cdot 12H_2O$$
$$(3.6)$$

水泥熟料经水化生成的氢氧化钙 $Ca(OH)_2$ 和水化硅酸钙 $3CaO \cdot 2SiO_2 \cdot 3H_2O$（简写 CSH）是可碳化物质。

孔隙水与环境湿度之间通过温湿平衡形成稳定的孔隙水膜。环境中的 CO_2 气体通过混凝土孔隙气相向混凝土内部扩散并在孔隙水中溶解，同时，固态 $Ca(OH)_2$ 在孔隙水中溶解并向其浓度低的区域（已碳化区域）扩散。溶解在孔隙水中的 CO_2 与 $Ca(OH)_2$ 发生化学反应生成 $CaCO_3$，同时，CSH 也在固液界面上发生碳化反应：

$$Ca(OH)_2 + CO_2 \rightarrow CaCO_3 + H_2O \quad (3.7)$$

$$3CaO \cdot 2SiO_2 \cdot 3H_2O + 3CO_2 \rightarrow 3CaCO_3 \cdot 2SiO_2 \cdot 3H_2O \quad (3.8)$$

混凝土碳化过程的物理模型示意如图 3.4 所示。

通常情况下，混凝土早期具有较高的碱性，其 pH 一般大于 12.5，这样的碱性环境中埋置的钢筋容易发生钝化作用，使其表面产生一层钝化膜，能够阻止混凝土中钢筋锈蚀。然而混凝土的碳化反应有两方面的影响。积极方面，生成的 $CaCO_3$ 和其他固态物质堵塞了混凝土的孔隙，使得孔隙率下降，提高了混凝土的密实度，减弱了后续 CO_2 的扩散，增强了混凝土的抗化学腐蚀能力；负面影响，碳化使得孔隙水中 $Ca(OH)_2$ 浓度及 pH 降低，当混凝土的 pH<9 时，混凝土内部钢筋表面的钝化膜将会逐渐破坏，使混凝土失去对钢筋的保护作用，将给混凝土中钢筋的锈蚀带来不利的影响。在水和空气同时渗入的情况下，一般都会导致钢筋锈蚀。而钢筋锈蚀的产物造成体积膨胀，会使混凝土保护层裂缝，而混凝土保护层的开裂又将进一步加剧钢筋腐蚀，形成了一种恶性循环，进而导致混凝土结构物破坏。

归纳起来，影响混凝土碳化速度的主要因素可分为：周围环境因素、施工因素和材料因素三大类。归根到底，最主要的是混凝土本身的密实性和碱性储备的大小，即混凝土的渗透性及其氢氧化钙等碱性物质含量的大小。

周围环境因素主要指周围介质的相对湿度、温度、压力及二氧化碳的浓度等对混凝土碳化的影响。施工因素主要指的是混凝土搅拌、振捣和养护等条件的影响。显而易见，施工质量的好坏，对混凝土的密实性影响是很大的。材料因素主要指胶凝材料用量、水胶比、各类矿物掺合料取代量、水泥品种和骨料品种等因素。其中，水泥的掺量和性能起着十分重要的作用。

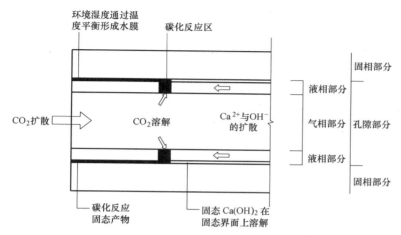

图 3.4　混凝土碳化过程的物理模型

一般来说，现有的碳化模型可大致分为 3 类：

1. 理论模型

理论模型一般指基于 Fick 第一扩散定律（稳态扩散）所建立的理论数学模型，以苏联学者阿克谢耶夫为代表，其混凝土碳化理论数学模型为：

$$X = \sqrt{\frac{2 \cdot D_e \cdot C_0}{m_0}} \cdot \sqrt{t} \qquad (3.9)$$

式中，D_e 为有效扩散系数，反映 CO_2 在混凝土孔隙中扩散的能力；C_0 为环境中 CO_2 的浓度；m_0 为单位体积混凝土吸收 CO_2 的量，反映混凝土碳化过程中吸收 CO_2 的能力。水胶比、水泥品种与用量、相对湿度等因素对碳化速度的影响是通过 D_e 与 m_0 体现的。

2. 经验模型

由于混凝土本身质量的离散性比较大，实际结构的形式千变万化，且实际施工和设计要求无法完全吻合等原因，混凝土碳化深度理论预测模型存在很大的局限性。因此出现了基于试验和工程实测的试验模型。这些模型考虑了水泥用量、水胶比、混凝土抗压强度等主要参数，而其他次要因素则采用修正系数进行修正。由于不同学者考虑的影响因素不同，因此得到的计算模型在形式上往往有所不同。《混凝土结构耐久性评定标准》CECS 220：2007 综合考虑二氧化碳浓度、结构部位、养护浇筑、工作应力、环境温度、环境相对湿度、矿物掺合料以及强度等的影响，并给出了碳化系数 K 的估算方法。

3. 随机模型

由于实际结构混凝土的材料、施工及所处环境条件的随机性，一些学者将理论方法与试验及工程调查方法结合起来，考虑混凝土碳化的随机性，建立了预测混凝土碳化深度的随机模型。

目前，在工程实践中，国内外常用的碳化速率模型可以表达为：

$$X = K\sqrt{t} \tag{3.10}$$

式中，X 为碳化深度；t 为碳化时间（结构服役时间）；K 为碳化系数，表示碳化的速度。

当混凝土的碳化速率已知时，理论上就可以得到由于混凝土碳化而引起钢筋锈蚀所需要的初始时间 t_0，为混凝土结构的耐久性设计提供依据。

3.2.2　酸雨侵蚀

1. 酸雨在混凝土中的扩散传质

酸雨在混凝土中的扩散传质过程如图 3.5 所示。

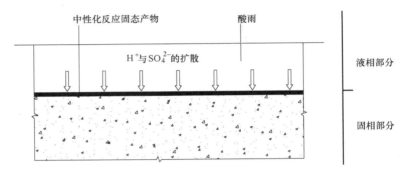

图 3.5　酸雨液体在混凝土中的扩散传质过程示意图

一般情况下，气相扩散与液相扩散相差 4 个数量级，因此相比 CO_2 的气态扩散，酸雨扩散发生的酸碱中和反应是一个非常快速的化学反应过程。

有反应时的传质系数为：

$$k'_A = \frac{N_A}{c_{A0}} = \frac{mD_{AB}}{\tanh(m\delta)} \tag{3.11}$$

而根据膜理论，有或无反应时的传质系数分别为：

$$k'_A = \frac{D_{AB}}{\delta_r}, k_A = \frac{D_{AB}}{\delta} \tag{3.12}$$

由于被传递的物质在各处都被转化，使浓度梯度增大，故足够快的反应将加速传质，使传质系数增大，增大的程度采用增强因子 E 来表示，其定义为有、无反应时的传质系数之比，即

$$E = \frac{k'_A}{k_A} = \frac{m\delta}{\tanh(m\delta)} = \frac{\delta}{\delta_r} \tag{3.13}$$

当 $m\delta \geqslant 3$ 时，有 $\tanh(m\delta) \rightarrow 1$，所以得到有反应时的反应层厚度 δ_r 为：

$$\delta_r = \frac{1}{m} = \sqrt{\frac{D_{AB}}{k_r}} \tag{3.14}$$

由上式可以看出，有反应发生时的边界层厚度 δ_r 受反应速率 k_r 的影响，k_r 越大，反应边界层厚度越小。图 3.6 是有、无化学反应时，侵蚀性组分 A 在边界层内浓度分布情况对比。从图中可以看到，有反应发生时的边界层厚

度 δ_r 要比无反应时的边界层厚度 δ 小，此时为快速反应。

2. 酸雨侵蚀混凝土中性化机理

酸雨含有大量 H^+，并不像 CO_2 气体那样必需借助于孔隙水才能与混凝土发生反应。酸雨侵蚀混凝土的过程可概括如下：

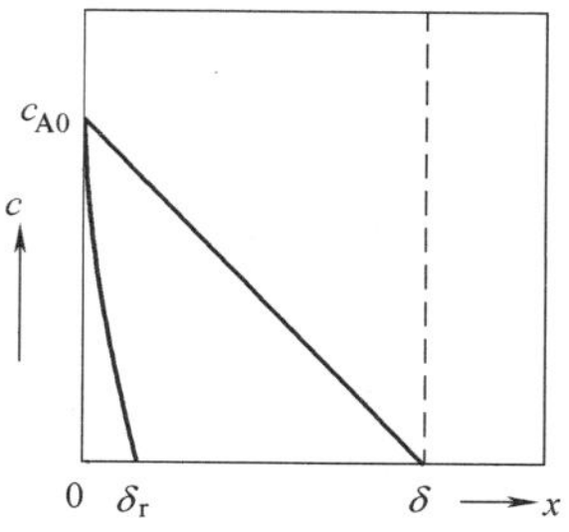

图 3.6 有、无反应时浓度分布对比

（1）pH 很低的酸雨落在混凝土表面，直接在固液界面上发生分解反应，生成离子组分和正硅酸等，用化学反应通式表征为：

$$Ca(OH)_2 + H^+ \rightarrow Ca^{2+} + 2H_2O \quad (3.15)$$

$$xCaO \cdot ySiO_2 \cdot zH_2O + 2xH^+ \rightarrow xCa^{2+} + yH_4SiO_4 + (x+z-2y)H_2O \quad (3.16)$$

$$xCaO \cdot Al_2O_3 \cdot zH_2O + 2xH^+ \rightarrow xCa^{2+} + 2Al(OH)_3 + (x+z-3)H_2O \quad (3.17)$$

$$xCaO \cdot Al_2O_3 \cdot zH_2O + (2x+6)H^+ \rightarrow xCa^{2+} + 2Al^{3+} + (x+z+3)H_2O \quad (3.18)$$

$$xCaO \cdot yFe_2O_3 \cdot zH_2O + 2xH^+ \rightarrow xCa^{2+} + 2yFe(OH)_3 + (x+z-3y)H_2O \quad (3.19)$$

$$xCaO \cdot yFe_2O_3 \cdot zH_2O + (2x+6y)H^+ \rightarrow xCa^{2+} + 2yFe^{3+} + (x+z+3y)H_2O \quad (3.20)$$

（2）H^+ 和 Ca^{2+} 代换反应，主要发生在混凝土反应层的内部或侵蚀液 pH 较高时的混凝土表面，通过吸附和扩散作用传质。反应表现为高钙硅（或铝）比低含水率的水化物向低钙硅（或铝）比高含水率的水化物转化。用化学反应通式表征为：

$$x_1CaO \cdot ySiO_2 \cdot z_1H_2O + 2(x_1-x_2)H^+ \rightarrow (x_1-x_2)Ca^{2+} +$$
$$x_2CaO \cdot ySiO_2 \cdot z_2H_2O + (x_1+z_1-x_2-z_2)H_2O \quad (3.21)$$

$$x_1CaO \cdot yAl_2O_3 \cdot z_1H_2O + 2(x_1-x_2)H^+ \rightarrow (x_1-x_2)Ca^{2+} +$$
$$x_2CaO \cdot yAl_2O_3 \cdot z_2H_2O + (x_1+z_1-x_2-z_2)H_2O \quad (3.22)$$

式中，$x_1 > x_2$，$z_2 > z_1$。

（3）在酸雨介质下，SO_4^{2-} 与水泥水化物作用将生成石膏。

$$Ca^+ + SO_4^{2-} + 2H_2O \rightarrow CaSO_4 \cdot 2H_2O \quad (3.23)$$

$$xCaO \cdot ySiO_2 \cdot zH_2O + xSO_4^{2-} + (3x+2y-z)H_2O \rightarrow$$
$$xCaSO_4 \cdot 2H_2O + yH_4SiO_4 + 2xOH^- \quad (3.24)$$

$$xCaO \cdot Al_2O_3 \cdot zH_2O + xSO_4^{2-} + (3x+3-z)H_2O \rightarrow$$
$$xCaSO_4 \cdot 2H_2O + 2Al(OH)_3 + 2xOH^- \quad (3.25)$$

试验表明，在 pH 较低的酸性溶液作用下，硅酸盐水泥砂浆破坏机理主要是表面溶蚀以及胶凝物质分解，并通过 X 射线衍射物像分析得出，在酸性较强的溶液作用下，SO_4^{2-} 与水泥水化产物作用将生成石膏，而不是钙矾石。

由上面 3 个过程可以看出，只有第一阶段的式（3.15）为混凝土遭受酸雨侵蚀发生中性化的主导过程，它主要发生在混凝土的表层。之后，H^+ 和 SO_4^{2-} 通过混凝土孔隙向混凝土内部扩散，此时与 CO_2 扩散类似，反应速度明显放慢，H^+ 不仅要与 $Ca(OH)_2$ 反应，还要与 Ca^{2+} 代换，侵蚀性酸性物质被大量消耗。混凝土内部的 pH 较高，在这个阶段，主要发生式（3.15）、式（3.21）和式（3.23）的化学反应。其中后两式不是中性化过程，不会降低混凝土孔隙溶液的 pH，但是它们能吸收 H^+ 并且反应溶出 Ca^{2+}，溶出的 Ca^{2+} 进一步抑制了式（3.17）中 $Ca(OH)_2$ 晶体的溶解，使混凝土中性化速度减慢。同时 Ca^{2+} 与 SO_4^{2-} 结合产物石膏的体积是固态 $Ca(OH)_2$ 体积的 2.24 倍，是碳化产物 $CaCO_3$ 体积的 2 倍，它堵塞在混凝土孔隙中，要比碳化产物的抑制作用更明显，将极大地减慢酸性物质的进一步扩散。

3.2.3　氯离子侵蚀

由氯盐引起的钢筋锈蚀，是影响混凝土结构耐久性最主要的因素。在各类氯离子侵蚀环境下，如海洋环境、化工生产环境等特殊服役环境中，结构周围环境中氯离子的含量一般较高，对结构混凝土中钢筋易造成严重的腐蚀损伤。对结构混凝土而言，氯离子的来源主要由两部分组成：一部分是由拌合水、水泥、细骨料、粗骨料、矿物掺合料以及各种外加剂等材料带进混凝土的氯离子；一部分是通过混凝土保护层由外界环境渗透进入混凝土内部的氯离子。

基于混凝土结构所处环境的不同，外部环境中的氯离子侵入混凝土的方式主要有以下几种：①毛细管作用，即盐溶液向混凝土内部干燥的部分移动；②渗透作用，即在水压力作用下，盐水向压力较低的方向移动；③扩散作用，即由于浓度差的作用，氯离子从浓度高的地方向浓度低的地方移动；④电化学迁移，即氯离子向电位较高的方向移动。

1. 氯离子的侵蚀作用机理

氯离子对钢筋的腐蚀作用主要体现在以下几个方面：

（1）破坏钝化膜。氯离子是极强的去钝化剂，氯离子进入混凝土到达钢筋表面，吸附于局部钝化膜处时，可使钢筋表面 pH 降低，破坏钢筋表面的钝化膜。

（2）形成腐蚀电池。钢筋表面钝化膜的破坏常发生在局部，使局部露出了铁基体，与尚完好的钝化膜区域形成电位差，铁基体作为阳极而受腐蚀，大面积钝化膜区域作为阴极。腐蚀电池作用的结果使得钢筋表面产生蚀坑；同时，由于大阴极对应于小阳极，蚀坑发展十分迅速。

（3）去极化作用。氯离子不仅促成了钢筋表面的腐蚀电池，而且加速了电池的作用。氯离子将阳极产物及时地搬运走，使阳极过程顺利进行。

（4）导电作用。腐蚀电池的要素之一是要有离子通路，混凝土中氯离子的存在，强化了离子通路，降低了阴阳极之间的欧姆电阻，提高了腐蚀电池的效率，从而加速了电化学腐蚀过程。

50

腐蚀过程的主要反应式如下：

（1）钢筋表面的钝化膜破坏，导致钢筋锈蚀，其化学反应式为：

$$Fe \rightarrow Fe^{2+} + 2e^- \tag{3.26}$$

$$Fe^{2+} + 2Cl^- + 4H_2O \rightarrow FeCl_2 \cdot 4H_2O \tag{3.27}$$

（2）阳极表面二次化学过程：

$$FeCl_2 \cdot 4H_2O \rightarrow Fe(OH)_2 \downarrow + 2Cl^- + 2H^+ + 2H_2O \tag{3.28}$$

$$4Fe(OH)_2 + O_2 + 2H_2O \rightarrow 4Fe(OH)_3 \downarrow \tag{3.29}$$

从以上反应可以看出，氯离子本身虽然并不构成腐蚀产物，在腐蚀中也不消耗，但对整个腐蚀过程的进行起到了加速催化作用。

氯离子侵蚀将导致钢筋的腐蚀以及混凝土的开裂，构件裂缝的形式一般是沿主受力钢筋的直线方向。在严重的情况下，还将导致混凝土保护层脱落。而混凝土的开裂将会进一步加剧钢筋的腐蚀，从而形成一个恶性循环，最终导致结构破坏。

2. 氯离子在混凝土中的扩散

通常情况下，影响氯离子扩散的因素主要为混凝土材料本身（如水胶比、水泥品种、骨料级配、外加剂种类和掺量、养护条件、暴露时间、环境温度、湿度等）和环境因素（如周围的相对湿度、温度和氯离子的浓度等）。这些因素的存在，使得氯离子在混凝土中的迁移成为一个极为复杂的过程。在许多情况下，扩散仍然被认为是一个最主要的传输方式之一。

氯离子在混凝土中的渗透过程被视为扩散过程，扩散模型沿用典型的 Fick 第二扩散定律来描述，如式（3.30）所示。

$$\frac{\partial C_{Cl}}{\partial t} = \frac{\partial}{\partial x}\left(D_{Cl}\frac{\partial C_{Cl}}{\partial x}\right) \tag{3.30}$$

式中，C_{Cl} 为氯离子浓度（%），一般以氯离子占水泥或混凝土的重量百分比表示；t 为时间（a）；x 为位置（cm）；D_{Cl} 为扩散系数。其解取决于问题的边界条件。

假定：①氯离子在混凝土中的扩散遵循 Fick 第二扩散定律；②氯离子在混凝土中的扩散为一维扩散；③混凝土为均质材料，氯离子在混凝土中的扩散系数为常数；④混凝土表面氯离子浓度为常数。可得出解为：

$$C_x = (C_s - C_0)\left[1 - erf\left(\frac{x}{2\sqrt{Dt}}\right)\right] + C_0 \tag{3.31}$$

式中，x 为距混凝土表面的距离；C_x 为 t 时刻 x 处的浓度；C_s 为混凝土暴露表面处的浓度；C_0 为混凝土内初始氯离子浓度；D 为扩散系数；erf() 为误差函数，其表达式为：$erf(Z) = \frac{2}{\sqrt{\pi}} \int_0^Z e^{-u^2} du$。

通常情况下，在氯离子侵蚀环境下，当选用不含有氯离子成分的原材料，即 $C_0 = 0$ 时，氯离子侵蚀引起深度 x 处钢筋锈蚀的初始时间 t_0 为：

$$t_0 = \frac{x^2}{4D}\left[erf^{-1}\left(1 - \frac{C_{Cr}}{C_s}\right)\right]^{-2} \tag{3.32}$$

混凝土结构中钢筋锈蚀的初始时间 t_0 是研究混凝土结构耐久使用寿命的第

一个关键时刻点。基于 Fick 第二扩散定律，t_0 的确定主要取决于 C_s、C_0、C_{cr}、D 及 x 等相关参数。

混凝土结构中氯离子的扩散是一个相当复杂的过程，对于实际工程而言，上述 C_s、C_0、C_{cr}、D 及 x 等相关参数的确定受诸多因素影响，在不同程度上均为随服役时间、结构材料、环境条件以及施工质量等的变化而变化的随机变量。因此，在某一时刻 t_1 （$t_1 < t_0$）所预测的钢筋锈蚀初始时间 t_0 应是具有一定概率分布特征的综合随机变量，受混凝土水胶比、保护层厚度、外界环境温度、相对湿度、表面介质浓度、施工质量、服役时间以及接触条件等多个随机变量的影响，即：

$$t_0 = X\{x_1(t_1), x_2(t_1), \cdots, x_i(t_1)\} \tag{3.33}$$

式中，x_i 分别代表混凝土水胶比、保护层厚度、外界环境温度、相对湿度、表面介质浓度、施工质量、服役时间以及接触条件等随机变量。

由于结构材料、混凝土本身质量的随机性和环境条件等的变异性，随着结构服役时间的推移，在某一时刻 t_1 （$t_1 < t_0$），氯离子在混凝土中的侵蚀深度 x 也应是具有一定概率分布特征的综合随机变量，受混凝土水胶比、保护层厚度、外界环境温度、相对湿度、介质浓度、施工质量、服役时间以及接触条件等多个随机变量的影响，即：

$$x(t_1) = y\{y_1(t_1), y_2(t_1), \cdots, y_i(t_1)\} \tag{3.34}$$

式中，y_i 分别代表混凝土水胶比、保护层厚度、外界环境温度、相对湿度、介质浓度、施工质量、服役时间以及接触条件等随机变量。

根据数理统计的中心极限定理，在缺乏相关实测统计数据的情况下，可以从理论上近似假定氯离子在混凝土中的渗透深度 x 在 t_1 时刻服从正态分布：

$$f(x(t_1)) = \frac{1}{\sqrt{2\pi}\sigma(x(t_1))} \cdot e^{-\frac{(x(t_1)-\mu(x(t_1)))^2}{2\sigma(x(t_1))^2}} \tag{3.35}$$

式中，$\sigma(x(t_1))$、$\mu(x(t_1))$ 分别为 t_1 时刻氯离子在混凝土中的渗透深度 x 的方差和均值。

3. 混凝土中氯离子含量的临界值

由于种种原因，氯离子含量在钢筋周围达到某一临界值时，钢筋的钝化膜开始破裂，丧失对钢筋的保护作用，从而引起钢筋锈蚀。混凝土中氯离子主要由两部分组成：一部分是由拌合水、水泥、细骨料、粗骨料、矿物掺合料以及各种外加剂等材料带进混凝土的氯离子，一部分是通过混凝土保护层由外界环境渗透进入混凝土内部的氯离子。因此，为保证混凝土的耐久性，应根据混凝土种类、环境条件等对混凝土拌合物中氯化物总量加以限制。

氯离子引起钢筋锈蚀的阀值（氯离子临界浓度）与环境湿度、温度、混凝土胶凝材料种类和数量、混凝土水胶比以及混凝土碳化程度等许多因素有关，较难提出确定的数值；目前看法并不一致，研究所用的材料、规定的试验条件的不同，其结果也有一定差异，但一般占水泥重量的 $0.35\% \sim 1\%$。

各国标准中限定的混凝土中氯离子临界浓度，一般只是保守地规定一个数值。英国结构协会将水泥重量的 0.4％ 作为导致钢筋锈蚀的极限容许量。氯离子的含量包括混凝土中可溶及不可溶的部分。BS 5400 以 95％ 的可信度将 0.35％ 作为容许含量，并且无一例实验的结果超过 0.5％。然而，有报道说在氯离子已经通过硬化混凝土到达钢筋表面，并且氧气充分的条件下，0.15％ 的氯离子也将导致钢筋腐蚀。欧洲其他各国的标准多规定普通钢筋混凝土内的氯离子限量在非氯盐环境下为 0.4％；美国 ACI 318 规范规定非氯盐环境下为 0.3％，氯盐环境下为 0.15％，干燥条件下为 1.0％，潮湿环境或氯盐环境均为 0.15％，既无潮湿又无氯盐或为其他环境时为 1.0％（美国 ACI 318 规范中均为水溶值）。设计人员可根据工程对象的不同特点，在合理范围内变动氯离子临界浓度。

《水运工程结构防腐蚀施工规范》JTS/T 209—2020 针对预应力混凝土和钢筋混凝土，规定了混凝土拌合物中氯离子含量的最高限值（以水泥质量百分率计）分别为 0.06％ 和 0.1％，见表 3.1。

混凝土拌合物中氯离子的最高限值（按水泥质量百分率计）　　表 3.1

预应力混凝土	钢筋混凝土
0.06％	0.10％

针对混凝土拌合物中氯离子含量的最高限值，国外的规定也不尽相同。其中，日本混凝土标准规范（1986）规定：

（1）对于一般钢筋混凝土和后张预应力混凝土，混凝土中的氯离子总量定为 $0.6kg/m^3$ 以下。

（2）对耐久性要求特别高的钢筋混凝土和后张预应力混凝土，在可能发生盐害和电腐蚀的场合以及采用先张预应力混凝土的场合，混凝土中氯离子的总量定为 $0.3kg/m^3$ 以下。

（3）针对预拌混凝土（JLSA 5308—1986），混凝土中的氯化物含量，在卸货地点，氯离子必须在 $0.3kg/m^3$ 以下。但在得到业主认可时，可在 $0.6kg/m^3$ 以下。

"FIP 海工混凝土结构的设计与施工建议"（1986）考虑了气候的影响，对混凝土拌合物中氯离子含量的最高限值（按水泥质量的百分率）做出了相应规定，见表 3.2。

FIP 氯离子含量的最高限值（％）　　表 3.2

环境条件	钢筋混凝土	预应力混凝土
热带气候	0.1	0.06
温带气候	0.4	0.06
极冷地区	0.6	0.06

表 3.3 列出了美国混凝土学会（ACI）的相关规定。

表 3.4 列出了英国 BS 6235—1982 和 BS 8110—1985 考虑不同水泥类型，对混凝土拌合物中氯离子含量限值的相关规定。

我国各行业规程、规范对氯盐含量最高限值的规定差异较大，其中，GB

50010—2010 考虑不同环境类别，对最大氯离子含量、最大水胶比等耐久性相关因素做出了相应规定。

ACI 混凝土中允许的氯离子含量最高限值（水泥质量百分比，%） 表 3.3

类型		ACI_{201}	ACI_{318}	ACI_{222}
预应力混凝土		0.06	0.06	0.08
普通混凝土	湿环境、有氯盐	0.10	0.15	0.20
	一般环境、无氯盐	0.15	0.30	0.20
	干燥环境或有外防护层	—	1.0	0.20

BS 混凝土中氯离子含量的最高限值（水泥质量百分比，%） 表 3.4

结构种类	水泥品种	BS 6235—1982	BS 8110—1985
钢筋混凝土	符合 BS 12 的水泥或相当水泥	0.35	0.40
	符合 BS 4207 的水泥或相当水泥	0.60	0.20
预应力	各种水泥	0.06	0.10

《混凝土结构耐久性设计标准》GB/T 50476—2019 对各类环境中配筋混凝土中氯离子的最大含量（用单位体积混凝土中氯离子与胶凝材料的重量比表示）也做出了相应规定，见表 3.5。

混凝土中氯离子的最大含量（水溶值） 表 3.5

环境作用等级	构件类型	
	钢筋混凝土	预应力混凝土
I-A	0.3%	0.06%
I-B	0.2%	
I-C	0.15%	
III-C、III-D、III-E、III-F	0.1%	
IV-C、IV-D、IV-E	0.1%	
V-C、V-D、V-E	0.15%	

注：设计使用年限 50 年以上的钢筋混凝土构件，其混凝土氯离子含量在各种环境下均不应超过 0.08%。

4. 氯离子侵蚀对混凝土碳化的影响

混凝土中含有氯盐时，约占水泥质量 0.4% 的氯离子与 C_3A 反应生成 Friedel 盐。它在混凝土中是不稳定的，当二氧化碳通过扩散作用达到混凝土内部与 Friedel 盐反应时生成氯盐并溶解于孔溶液中，其反应式如下：

$$C_3A + 2Cl^- + Ca(OH)_2 + 10H_2O \rightarrow C_3A \cdot CaCl_2 \cdot 10H_2O + 2OH^-$$
（3.36）

$$C_3A \cdot CaCl_2 \cdot 10H_2O + 3CO_2 \rightarrow 3CaCO_3 + 2Al(OH)_3 + CaCl_2 + 7H_2O$$
（3.37）

由反应式可以看出，一定氯离子含量范围内单位水泥用量越多，砂浆孔溶液 OH^- 浓度越高。碳化前，Friedel 盐均匀分布于砂浆内部。当二氧化碳扩散到混凝土表面发生碳化反应时，Friedel 盐分解后产生氯离子溶解于孔溶液中，通过浓度扩散作用迁移到未碳化区，并在该区域重新形成 Friedel 盐，二氧化碳扩散到该区域发生碳化作用时又发生分解作用，这样随着碳化和盐生成的循环过程，碳化锋面逐渐向混凝土内部发展。

3.2.4 冻融作用

混凝土在饱水状态下因冻融循环产生的破坏作用称为冻融破坏，混凝土的抗冻耐久性（简称抗冻性）是指饱水混凝土抵抗冻融循环作用的性能。混凝土处于饱水状态和冻融循环交替作用是发生混凝土冻融破坏的必要条件。因此，混凝土的冻融破坏一般发生于寒冷地区经常与水接触的混凝土结构物，如水位变化区的海工、水工混凝土结构物、水池、发电站冷却塔以及与水接触部位的道路、建筑物勒脚、阳台等。混凝土的抗冻性是混凝土耐久性中最重要的问题之一。

混凝土的冻害机理研究始于 20 世纪 30 年代，有静水压假说、渗透压假说等，这两个假说综合在一起，成功地解释了混凝土冻融破坏的机理，奠定了混凝土抗冻性研究的理论基础。但由于混凝土结构冻害的复杂性，至今尚无公认的、完全反映混凝土冻害机理的理论。相关研究成果表明：混凝土是由水泥砂浆和粗骨料组成的毛细孔多孔体，在拌制混凝土时，为了得到必要的和易性，加入的拌合水总要多于水泥的水化水，这部分多余的水便以游离水的形式滞留于混凝土中形成连通的毛细孔，并占有一定的体积。这种毛细孔的自由水就是混凝土遭受冻害的主要因素，因为水遇冷冻结冰会发生体积膨胀，引起混凝土内部结构的破坏。

应该指出的是，在正常情况下，毛细孔中的水结冰并不至于使混凝土内部结构遭到严重破坏。因为混凝土中除毛细孔之外，还有一些水泥水化后形成的胶凝孔和其他原因形成的非毛细孔，这些孔隙中常混有空气。因此，当毛细孔中的水结冰膨胀时，这些气孔起缓冲作用能将一部分未结冰的水挤入胶凝孔中，从而减小膨胀压力，避免混凝土内部结构破坏。但当处于饱和水状态时，情况就完全不同了，此时毛细孔中水结冰，胶凝孔中的水处于过冷状态，因为混凝土孔隙中水的冰点随孔径的减小而降低，胶凝孔中形成冰核的温度在 $-78℃$ 以下，胶凝孔中处于过冷状态的水分子因其蒸汽压高于同温度下冰的蒸汽压而向压力毛细孔中冰的界面处渗透，于是在毛细孔中又产生一种渗透压力。此外胶凝水向毛细孔渗透使毛细孔中冰的体积进一步膨胀。由此可见，处于饱和状态的混凝土受冻时，其毛细孔壁同时承受膨胀压和渗透压，当这两种压力超过混凝土的抗拉强度时混凝土就开裂了。在反复冻融循环后，混凝土中的裂缝互相贯通，其强度也会逐渐降低，最后完全丧失，使混凝土由表及里破坏。

关于混凝土早期受冻问题，归纳起来主要是以下两种情况：

（1）混凝土凝固前受冻

当拌合水尚未参与水化反应时，混凝土的冰冻作用类似于饱和黏土冻胀的情况，即拌合水结冰使混凝土体积膨胀。混凝土的凝结过程因拌合水结冰而中断，直到温度上升混凝土拌合水融化为止。假如又重新振捣密实，则混凝土照常凝结硬化，对其强度的增长就不会产生不利的影响；但如不重新振捣密实，则混凝土

55

中就会因留下的水结冰而形成大量孔隙，造成混凝土强度降低。重新振捣是不得已时才采用的，一般情况下还是要注意早期养护，尽量避免混凝土过早受冻。

（2）混凝土凝结后但未达到足够强度时受冻

此时受冻混凝土强度损失最大，因为与毛细孔水结冰相关的膨胀将使混凝土内部结构严重受损，造成不可恢复的强度损失。混凝土所取得的强度越低，其抗冻能力就越差，因为此时水泥尚未充分水化，起缓冲调节作用的胶凝孔尚未完全形成，所以这种早期冻害对混凝土及钢筋混凝土结构的危害最大，必须尽量避免。各国的混凝土施工规范中对冬期施工混凝土有特殊的规定。

混凝土的抗冻性与其内部孔结构、水饱和程度、受冻龄期、混凝土的强度等许多因素有关，其中最主要的因素是它的孔结构。而混凝土的孔结构及强度又取决于混凝土的水胶比、有无外加剂和养护方法等。混凝土结构中的孔隙有胶凝孔、毛细孔和非毛细孔等。混凝土冻融循环产生的破坏作用主要有冻胀开裂和表面剥蚀两个方面。水在混凝土毛细孔中结冰造成的冻胀开裂使混凝土的弹性模量、抗压强度、抗拉强度等力学性能严重下降，危害结构物的安全性。一般混凝土的冻融破坏，在其表面都可看到裂缝和剥落。而当使用除冰盐时，混凝土表面出现鳞片状剥落。一般认为，混凝土的冻融和盐冻破坏是一个物理作用的过程。

3.2.5　硫酸盐侵蚀

硫酸盐在自然界分布广泛，天然水中硫酸盐的浓度可从几毫克/升至数千毫克/升。地表水和地下水中硫酸盐来源于岩石土壤中矿物组分的风化和淋溶，金属硫化物氧化也会使硫酸盐含量增大，海水中也含有大量的硫酸根离子。近年来世界上很多地区都遭受硫酸盐型酸雨的侵蚀，硫酸盐侵蚀现象也经常发生。硫酸盐侵蚀使混凝土膨胀产生裂缝，混凝土一般构件从棱角处开始脱落破坏。

1. 硫酸盐侵蚀机理

硫酸盐对混凝土的化学腐蚀是两种化学反应的结果：一是与混凝土中的水化铝酸钙反应形成硫铝酸钙即钙矾石，硫酸钠与水化铝酸钙的化学反应如式（3.38）所示；二是与混凝土中氢氧化钙结合形成硫酸钙（石膏），如式（3.39）所示。两种反应均会造成体积膨胀，使混凝土开裂。

$$2(3CaO \cdot Al_2O_3 \cdot 12H_2O)+3(Na_2SO_4 \cdot 10H_2O) \rightarrow$$

$$3CaO \cdot Al_2O_3 \cdot 3CaSO_4 \cdot 3H_2O+2Al(OH)_3+6NaOH+17H_2O \quad (3.38)$$

$$Ca(OH)_2+Na_2SO_4 \cdot 10H_2O \rightarrow CaSO_4 \cdot 2H_2O+2NaOH +8H_2O$$

$$(3.39)$$

当介质中含有镁离子时，同时还能和氢氧化钙反应，生成疏松而无胶凝性的氢氧化镁，这会降低混凝土的密实性和强度并加剧腐蚀。硫酸盐对混凝土的化学腐蚀过程一般较为缓慢，通常要持续多年，开始时混凝土表面泛白，随后开裂、剥落破坏。当土中构件暴露于流动的地下水时，硫酸盐得以不断补充，腐蚀的产物也被带走，材料的损坏非常严重。相反，在渗透性很低的黏土中，当表面浅层混凝土遭硫酸盐腐蚀后，由于硫酸盐得不到补充，腐蚀反应很难进行。

地下水、土中的硫酸盐可以渗入混凝土内部，并在一定条件下使得混凝土毛细孔隙水溶液中的硫酸盐浓度不断积累，当超过饱和浓度时就会析出盐结晶而产生很大的压力，导致混凝土开裂破坏，这一过程是纯粹的物理作用。

2. 影响硫酸盐侵蚀的因素

一般来讲，影响混凝土硫酸盐侵蚀的因素可以分为内因与外因。混凝土本身的性能是影响混凝土抗硫酸盐侵蚀的内因，它不仅包括混凝土水泥品种、矿物组成、混合材的掺量，而且还包括混凝土的水胶比、强度、外加剂以及密实性等。影响混凝土抗硫酸盐侵蚀的外因主要有：侵蚀溶液中 SO_4^{2-} 的浓度及温度、其他离子的浓度、pH 以及环境条件如水分蒸发、干湿交替和冻融循环等。

3. 钙矾石延迟生成

混凝土钙矾石延迟生成也是混凝土内部成分之间发生的化学反应。混凝土中的钙矾石是硫酸盐、铝酸钙与水反应后的产物，正常情况下应该在混凝土拌合后水泥水化初期形成。如果混凝土硬化后内部仍然剩有较多的硫酸盐和铝酸三钙，则在混凝土的使用中如与水接触可能会再起反应，延迟生成钙矾石。钙矾石在生成过程中体积会膨胀，导致混凝土开裂。混凝土早期蒸养过度或内部温度较高会延迟生成钙矾石。延迟生成钙矾石反应的主要途径是降低养护温度、限制水泥的硫酸盐和铝酸三钙含量，以避免混凝土在使用阶段与水分接触。

3.2.6　碱-骨料反应

1. 混凝土碱-骨料反应的基本机理

混凝土的碱-骨料反应（Alkali Aggregate Reaction，缩写为 AAR），是混凝土内部成分之间进一步化学反应的一种。混凝土原材料中的水泥、外加剂、混合材和裂隙水中的碱（Na_2O 和 K_2O）与骨料中的活性成分反应，在混凝土浇筑成型后若干年（数年至 20、30 年）逐渐反应，反应生成物吸水膨胀使混凝土产生内部应力，膨胀开裂。由于活性骨料经搅拌后在混凝土内部大体均匀分布，所以一旦发生碱-骨料反应，混凝土内各部分均产生膨胀应力，使混凝土开裂。而混凝土的开裂往往又会加剧混凝土中钢筋的锈蚀、冻融破坏、碳化和侵蚀等多种物理化学腐蚀作用，并相互促进，导致混凝土结构耐久性迅速下降。针对混凝土的碱-骨料反应问题，目前尚无有效的阻止和修复方法，因此被称为"混凝土的癌症"。

混凝土结构发生碱-骨料反应需要具有三个条件：首先是混凝土的原材料水泥、混合材、外加剂和水等含碱量高；第二是骨料中有相当数量的活性成分；第三是潮湿环境，有充分的水分或湿润空气供给。

2. 碱-骨料反应的分类和机理

（1）碱-硅酸反应

1940 年美国加利福尼亚州公路局的斯坦敦，首先发现了混凝土的碱-骨料反应问题，引起了工程界的广泛重视，这种反应就是碱-硅酸反应。碱-硅酸反应是水泥中的碱与骨料中的活性氧化硅成分反应产生碱硅酸盐凝胶（简称碱硅凝胶）。碱硅凝胶固体体积大于反应前的体积，且具有强烈的吸水性，吸水膨胀后引起混凝土内部膨胀应力，碱硅凝胶吸水后将进一步促进碱-骨料反应，并最终导致混凝土的开裂或崩溃。

能与碱发生反应的活性氧化硅矿物主要有蛋白石、玉髓、鳞石英、方英石、火山玻璃及结晶有欠缺的石英以及微晶、隐晶石英等。这些活性矿物广泛存在于多种岩石中，因此世界各国发生的碱-骨料反应绝大多数为碱-硅酸反应。

（2）碱-碳酸盐反应

1955 年加拿大金斯敦城人行路面发生大面积开裂，对骨料采用美国 ASTM 标准的砂浆棒法和化学法检验，属非活性。据此，斯文森于 1957 年提出了与碱-硅酸反应不同的碱-骨料反应，即碱-碳酸盐反应。

碱-碳酸盐反应的机理与碱-硅酸反应完全不同，在泥质、石灰质白云石中含黏土和方解石较多，碱与这种碳酸盐反应时，将其中的白云石转化为水镁石，水镁石晶体排列的压力和黏土吸水膨胀，引起混凝土内部膨胀应力，导致混凝土开裂。

（3）碱-硅酸盐反应

1965 年基洛特加对加拿大斯科提亚地区的结构混凝土膨胀开裂进行研究并提出了不同于碱-硅酸反应的碱-硅酸盐反应。虽然对该种反应的定义有不同的看法，但由于这类反应膨胀进程较为缓慢，采用常规检验碱-硅酸反应的方法无法判断其活性，因此在进行膨胀检验时，还应与一般碱-硅酸反应类型有所区别。

3.3　混凝土中钢筋的腐蚀机理

混凝土是一种省能、经济并被广泛使用的耐久性人工材料。但是，处于腐蚀性环境或其他一些特殊环境下（如冲刷、磨损、干湿、冷热等）的混凝土结构，由于设计、施工、所处环境以及不合理使用等原因，通常需要在结构达到其设计使用寿命之前，对结构进行必要的检测诊断及维修养护。

在腐蚀环境下，环境中的有害介质、离子将会对混凝土结构进行侵蚀，造成钢筋截面损失、坑蚀、表面污染、混凝土开裂或脱落等，结构的安全性和可靠性将会大幅度降低，并导致结构在其预期的设计使用寿命之前就已经破坏，影响结构的正常使用。

针对混凝土结构中钢筋及混凝土的腐蚀机理，各方学者已经做了大量的工作，证明钢筋的腐蚀是一种电化学过程，包括在金属表面形成阳极（腐蚀）和阴极（钝化）区域以及不同区域间的电位差等。

在坚实的混凝土内部，由于其孔隙液体中含有易溶性的氢氧化钾和氢氧化钠以及大量的微溶氢氧化钙，其 pH 在 12～14 之间。钢筋在这种高碱性溶液中，在初始的电化学腐蚀作用下，会形成一层非常致密的铁氧化物薄膜，这层膜牢牢吸附在钢筋表面。从电化动力学来看，活态变钝态。这层膜就是保护钢筋的钝化膜，它能使钢筋的锈蚀率陡然下降。当钝化层完整时，腐蚀就不会发生，如式（3.40）所示：

$$2Fe + 6OH^- \rightarrow Fe_2O_3 + 3H_2O + 6e^- \tag{3.40}$$

但是，由于种种原因（如氯离子侵蚀或混凝土碳化），钢筋表面的钝化膜将会遭到破坏，并导致钢筋的锈蚀，化学反应式为：

$$Fe \rightarrow Fe^{2+} + 2e^- \tag{3.41}$$

$$O_2 + 2H_2O + 4e^- \rightarrow 4OH^- \tag{3.42}$$

阳极表面二次化学过程为：

$$Fe^{2+} + 2OH^- \rightarrow Fe(OH)_2 \tag{3.43}$$

$$4Fe(OH)_2 + O_2 + 2H_2O \rightarrow 4Fe(OH)_3 \tag{3.44}$$

在此，阳极反应产生的多余电子通过钢筋送往阴极参与阴极反应，阴极产生的氢氧根离子通过混凝土的孔隙以及钢筋表面与混凝土间空隙的电解质被送往阳极，从而形成一个腐蚀电流的闭合回路，使电化学过程得以实现。环境中腐蚀性介质及构件种类的不同，将使钢筋去钝方式和电极面积有较大差别，但其基本腐蚀机理是相同的，如图 3.7 所示。

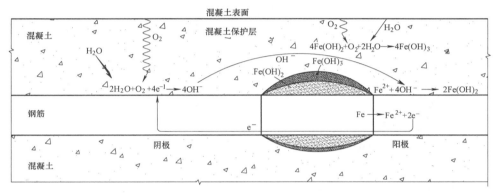

图 3.7　钢筋锈蚀的基本机理

思考题

1. 硬化水泥混凝土的组成结构包括哪几个部分？其对混凝土材料性能有哪些影响？

2. 混凝土材料腐蚀的主要因素有哪些？

3. 结构混凝土中钢筋锈蚀的基本机理是什么？

4. 氯离子对钢筋的腐蚀作用主要体现在哪几个方面？外部环境中的氯离子侵入混凝土的方式主要有哪几种？

5. 碱-骨料反应的基本机理是什么？碱-骨料反应发生的基本条件有哪些？

6. 硫酸盐侵蚀的特点是什么？影响硫酸盐侵蚀的主要因素有哪些？

第4章　混凝土结构耐久性检测与试验方法

4.1　环境调查

4.1.1　气象环境调查

混凝土材料的耐久性劣化机理分析和工程实践表明，环境湿度、温度以及风向、风速都对混凝土碳化、钢筋锈蚀、碱-骨料反应、冻融破坏等耐久性问题的发生与发展有显著影响，因此有必要通过当地气象部门了解结构所在地区的气象资料，主要包括：

(1) 年平均气温、年平均最高和最低气温；

(2) 年平均空气相对湿度、年平均最高、最低湿度；

(3) 年降雨量及雨季时间；

(4) 年降雪量及冰冻、积雪时间；

(5) 结构所处位置的常年风向。

4.1.2　工作环境调查

混凝土结构所处的工作环境可分为一般大气环境、工业建筑环境和海洋环境三大类。前两种环境又可以分为室内环境和室外环境。室外构件又可以分为室外淋雨或渗漏构件、室外不淋雨构件、室外靠近建筑物通风口构件等。一般大气环境下工作环境的检测内容，主要有周围环境中 CO_2 气体的浓度、环境内有无有害气体、结构物所处环境的温湿度和干湿交替情况等。随着工业的高速发展，特别是化学工业的发展，混凝土结构所处的工业建筑工作环境日趋复杂，工作环境检测时应着重向使用人员或工艺设计人员了解主要的侵蚀性物质成分、浓度及其影响范围。国家标准《工业建筑防腐蚀设计标准》GB/T 50046—2018 给出了化工、冶金、机械、医药、农药、化纤、印染、造纸、食品等各行业厂房不同生产部位主要的侵蚀性介质（包括气态介质、液态介质、固态介质）及其浓度。海洋环境下要求明确水位变化规律及海水中各种侵蚀物质的含量。低温环境下，还需掌握所处环境温度变化规律，水流或气流环境下还需了解混凝土构件表面承受的冲刷、磨耗、空蚀、扫流等作用。因此，根据结构实际所处环境的不同，工作环境的调查与检测主要包括以下内容：

(1) 侵蚀性气体：CO_2、SO_2、H_2S、HCl、酸雾等百分比含量和扩散范围。如碳酸钙生产车间的碳化工段、过滤工段和煅烧工段的 CO_2 气体浓度往往超过 $2000mg/m^3$；硫酸生产车间的净化工段和吸收工段、铝或铝合金阳极氧化厂房和铝件化学铣切车间及镁合金铸造厂房的融化部位和造型浇铸部位主要侵蚀性气体为 SO_2，且其含量一般在 $10\sim200mg/m^3$；皮革制造的鞣制车间、镁合金铸造厂房的造型浇铸部位主要侵蚀性气体为 H_2S，且其含量一般在 $5\sim100mg/m^3$；镁生产车间的电解工段、铝件化学铣切工段以及氯霉素生产的反应釜部位主要侵蚀性气体为 HCl，且其含量一般在 $1\sim15mg/m^3$；铜、锌、钴、铅等有色金属的电解厂房酸雾主要为硫酸酸雾。

（2）侵蚀性液体：天然水中的 pH、氯化物、硫酸盐、硫化物等，油类、各种酸、碱、盐、有机酸、工业废液的成分、浓度、流经路线或影响范围。

（3）侵蚀性固体：硫酸盐（如 Na_2SO_4、$CaSO_4$、$MgSO_4$、$ZnSO_4$）、氯盐、硝酸盐以及有侵蚀性灰尘成分及影响范围。

（4）工作环境的平均温度、相对湿度以及受干湿交替影响情况。环境相对湿度宜采用地区年平均相对湿度或构件所处部位的实际相对湿度；室外构件环境相对湿度的取值，可根据地区降水情况确定，一般比年平均相对湿度稍高。不可避免结露的部位和经常处于潮湿状态的部位，其环境相对湿度一般大于75％。

（5）受冻融交替影响情况。

（6）承受冲刷情况。

4.2　结构混凝土耐久性检测与试验方法

4.2.1　混凝土强度检测

结构混凝土强度的现场检测可分为三种：

一种为非破损检测，它是以某些物理量与混凝土标准强度之间的相关性为基本依据，在不破坏结构混凝土的前提下，测出混凝土的某些物理特性，并按相关关系推算出混凝土的特征强度作为检测结果。回弹法和回弹-超声综合法已被广泛用于工程检测，其主要依据的标准为《回弹法检测混凝土抗压强度技术规程》JGJ/T 23—2011。

第二种为半破损检测，它是在不影响结构物承载能力的前提下，在结构物上直接进行局部的破损性试验，或直接取样，将试验所得的值换算成特征强度，作为检测结果。目前，在工程中应用较多的半破损检测方法是钻芯法试验，主要依据的标准为《钻芯法检测混凝土强度技术规程》JGJ/T 384—2016。

第三种方法是半破损法与非破损法的结合使用。两者的合理综合可同时提高检测效率和检测精度，因而受到广泛重视。

以下简要介绍两种常用的现场检测方法。

1. 回弹法

回弹法是国内进行现场检测混凝土实体强度时较多使用的一种非破损检测方法。它利用一个弹簧驱动的重锤，通过弹击杆（传力杆）弹击混凝土表面，并测出重锤被反弹回来的距离，以回弹值（反弹距离与弹簧初始长度之比）作为与强度相关的指标，来推定混凝土强度。

结构或构件混凝土强度检测，首先应具有以下主要资料：结构或构件名称、外形尺寸、数量；水泥品种、配合比、混凝土强度等级；施工时材料计量情况、模板浇筑养护情况、成型日期；检测原因等。

其次，在回弹测量过程中应注意：

（1）测区的分布应选择有代表性的区域，充分考虑风化程度较大的区域。测区的面积不宜大于 0.04m^2，测点宜在测区范围内均匀分布，相邻两测点的净距不宜小于 20mm，实际操作中采用网格法确保测区的大小和测点的均布性。

（2）在构件的表面选定测区后，用粉笔在测区外画 $200\text{mm} \times 200\text{mm}$ 的方框，然后将方框纵横均分 4 份，形成 16 个小方格，每个方格的中心点就是一个测点的位置。

（3）每一个测区记取 16 个回弹值。读取回弹值时，除按回弹仪的一般操作规定操作之外，尤其是要注意使回弹仪的轴线始终垂直于测试表面，并在施压时缓慢均匀。

（4）在进行回弹值的计算时，应除每一个测区 3 个最大值和 3 个最小值的回弹值，对剩余的 10 个回弹值取平均值：

$$R_{\text{m}} = \frac{\sum_{i=1}^{10} R_i}{10} \tag{4.1}$$

式中，R_{m} 为测区平均回弹值，精确至 0.1；R_i 为第 i 个测点的回弹值。

检测时，当回弹仪为非水平方向且测试面为非混凝土的浇筑侧面时，应对回弹值进行角度修正后再进行浇筑面修正。

其三，混凝土强度的计算应注意：

结构或构件的测区混凝土强度平均值，可根据各测区的混凝土强度换算值计算。构件的每一测区的混凝土强度换算值是由每一测区的平均回弹值及平均碳化深度值按统一测强曲线查出，如有地区测强曲线或专用测强曲线则应使用相应测强曲线。当测区数为 10 个及以上时应计算强度标准差平均值 $m_{f_{\text{cu}}^{\text{c}}}$ 及标准差 $s_{f_{\text{cu}}^{\text{c}}}$。

当该结构或构件测区数不少于 10 个或按批量检测时，应按式（4.2）计算结构或构件的混凝土强度推定值 $f_{\text{cu,e}}$：

$$f_{\text{cu,e}} = m_{f_{\text{cu}}^{\text{c}}} - 1.645 s_{f_{\text{cu}}^{\text{c}}} \tag{4.2}$$

式中，$m_{f_{\text{cu}}^{\text{c}}}$ 为结构或构件测区混凝土强度换算值的平均值（MPa），$m_{f_{\text{cu}}^{\text{c}}} = \dfrac{\sum_{i=1}^{n} f_{\text{cu},i}^{\text{c}}}{n}$，精确至 0.1MPa；$n$ 为对于单个检测的构件取一个构件的测区数，对批量检测的构件取被抽检构件测区数之和；$s_{f_{\text{cu}}^{\text{c}}}$ 为结构或构件测区混凝土强度换算值的标准差（MPa），$s_{f_{\text{cu}}^{\text{c}}} = \sqrt{\dfrac{\sum (f_{\text{cu},i}^{i})^2 - n(m_{f_{\text{cu}}^{\text{c}}})^2}{n-1}}$，精确至 0.01MPa。

2. 钻芯法

钻芯法试验是使用专用钻机直接从结构上钻芯取样，并根据芯样的抗压强度推定结构混凝土立方抗压强度的一种半破损现场检测方法。由于钻芯法的测定值就是圆柱状芯样的抗压强度及参考强度或现场强度，它与立方体试件抗压强度之间除了需要进行必要的形状修正之外，无需进行某物理量与强度之间的换算。

（1）现场取样

按单个结构检测时，工地现场钻取芯样的数量不应少于 3 个；对于较小构件，有效芯样试件的数量不得少于 2 个。钻取的芯样应为标准芯样试件，即公称直径为 100mm，且不宜小于骨料最大粒径的 3 倍；当采用小直径芯样试件时，其公称直径不应小于 70mm，且不得小于骨料最大粒径的 2 倍。

为了避免钻芯给结构带来影响，在采用钻芯法检测混凝土强度时，对芯样尺寸需根据构件的实际情况，灵活控制。

（2）芯样的加工及养护

1）在芯样加工时，应测量芯样直径、高度、端面平整度，这是芯样的重要指标，其高径比（H/d）宜为 1.00。

2）芯样端面处理，一般采用环氧胶泥或聚合物水泥砂浆补平。补平时，应先将芯样清洗干净，然后进行补平。

3）芯样在补平后，应在室内静放 12h 后送入养护室进行养护，养护时间为 3～4d。

（3）芯样试件的试验和抗压强度值的计算

为了使芯样试件在与被检测结构混凝土所处的环境和温度基本一致的条件下进行试验，《钻芯法检测混凝土强度技术规程》JGJ/T 384—2016 规定了芯样试压的两种状态：若检测结构混凝土工作条件比较干燥，芯样试件应以自然干燥状态进行试验，即芯样试件在受压前应在室内自然干燥 3d；当结构工作条件比较潮湿，需要确定潮湿状态下混凝土的强度时，芯样试件宜在 20±5℃的清水中浸泡 40～48h，从水中取出后立即进行试验。

芯样的抗压强度可按下式计算：

$$f_{cu,cor} = \frac{F_c}{A} \tag{4.3}$$

式中，$f_{cu,cor}$ 为芯样试件的混凝土抗压强度值（MPa），精确至 0.1MPa；F_c 为芯样试件的抗压试验测得的最大压力（N）；A 为芯样试件抗压截面面积（mm^2）。

（4）钻芯确定混凝土强度推定值

检验批的混凝土强度推定值应计算推定区间，推定区间的上限值和下限值应按下列公式计算：

上限值：$f_{cu,e1} = f_{cu,cor,m} - k_1 S_{cor}$

下限值：$f_{cu,e2} = f_{cu,cor,m} - k_2 S_{cor}$

平均值：$f_{cu,cor,m} = \dfrac{\sum\limits_{i=1}^{n} f_{cu,cor,i}}{n}$

标准差：$S_{cor} = \sqrt{\dfrac{\sum\limits_{i=1}^{n}(f_{cu,cor,i} - f_{cu,cor,m})^2}{n-1}}$

式中，$f_{cu,cor,m}$ 为芯样试件的混凝土抗压强度平均值（MPa），精确至 0.1MPa；$f_{cu,cor,i}$ 为单个芯样试件的混凝土抗压强度值（MPa），精确至 0.1MPa；$f_{cu,e1}$

为混凝土抗压强度上限值（MPa），精确至 0.1MPa；$f_{cu,e2}$ 为混凝土抗压强度下限值（MPa），精确至 0.1MPa；k_1、k_2 为推定区间上限值系数和下限值系数；S_{cor} 为芯样试件强度样本的标准差（MPa），精确至 0.1MPa。

$f_{cu,e1}$ 和 $f_{cu,e2}$ 所构成推定区间的置信度宜为 0.85，$f_{cu,e1}$ 与 $f_{cu,e2}$ 之间的差值不宜大于 5.0MPa 和 $0.1f_{cu,cor,m}$ 两者的较大值。宜以 $f_{cu,e1}$ 作为检验批混凝土强度的推定值。

对间接测强方法进行钻芯修正时，宜采用修正量的方法，也可采用其他形式的修正方法。钻芯修正后的换算强度可按以下公式计算：

$$f_{cu,i0}^{c} = f_{cu,i}^{c} + \Delta f \tag{4.4}$$

式中，Δf 为修正值，$\Delta f = f_{cu,cor,m} - f_{cu,mj}^{c}$；$f_{cu,i0}^{c}$ 为修正后的换算强度；$f_{cu,i}^{c}$ 为修正前的换算强度；$f_{cu,mj}^{c}$ 为所用间接检测方法对应芯样测区的换算强度的算术平均值。

由钻芯修正方法确定检验批的混凝土强度推定值时，应采用修正后的样本算术平均值和标准差。

3. 回弹法与钻芯法的对比

回弹法与钻芯法各有其优缺点。回弹法具有操作简单灵活、适用范围广及费用低廉等优点，但其是通过测量混凝土构件的表面硬度而推算抗压强度，且本地区没专用测强曲线等，其检测结果的误差可能较大；钻芯法直观可靠，精确度高，但其成本较高，而且会造成结构或构件的局部破坏，因此不能在整个结构上普遍使用。

回弹-钻芯综合法则能弥补以上两种方法的缺点。在用回弹法对结构或构件的混凝土强度进行普查的基础上，针对个别有疑义或不合格的构件，用钻芯法进行复核和修正，有效避免了对混凝土强度的误判，大大提高了检测精确度，回弹-钻芯综合法是混凝土强度检测的一个发展趋势。

4.2.2　混凝土保护层厚度检测

混凝土保护层为钢筋提供了良好的保护作用，必要的保护层厚度不仅能够推迟环境中的水气、有害离子等扩散到钢筋表面的时间，而且还能够延迟钢筋开始锈蚀的时间。钢筋混凝土保护层厚度及其分布状况的无损检测方法有：电磁检测法、雷达探测法等。

用于检测钢筋位置和混凝土保护层厚度的仪器设备的工作原理多为电磁感应原理或雷达波法。如某 GBH-1 型混凝土保护层厚度测定仪，将两个线圈的 U 形磁铁作为探头，给一个线圈通交流电，然后用检流计测量另一线圈中的感应电流，若线圈与混凝土中的钢筋靠近时，感应电流将增大，探头输出的电信号增强，该信号经放大处理后，由电表直接指示检测结果。测区表面应清洁、平整，并避开接缝处、预埋件及钢筋交叉处。

1. 构件类型和数量

《混凝土结构工程施工质量验收规范》GB 50204—2015 附录第 E.0.1、E.0.2 条规定，对非悬挑梁板类构件，应各抽取构件数量的 2% 且不少于 5 个构件进行检验。对悬挑梁，应抽取构件数量的 5% 且不少于 10 个构件进行检验。

对悬挑板，应抽取构件数量的 10％且不少于 20 个构件进行检验。对于梁，检查全部纵向受力钢筋（箍筋、构造筋不查）；对于板，抽查 6 根纵向受力钢筋（不查分布筋）。具体抽查的结构部位，应尽量选择重要、有代表性、容易发生问题的部位，使检查能够起到监督施工质量、保证结构安全的作用。

2. 检查方法

钢筋保护层厚度可采用非破损或局部破损的方法进行检测，也可采用非破损方法，并用局部破损的方法进行校准，要求的检测误差不应大于 1mm。《混凝土中钢筋检测技术标准》JGJ/T 152—2019 指出：当检测精度满足要求时，雷达法也可用于钢筋的混凝土保护层厚度检测。

（1）局部破损方法

剔凿混凝土保护层直至露出钢筋，然后直接量测混凝土表面到钢筋外边缘的距离。这种方法是最直接、最准确的，同时，也能满足现行《混凝土结构工程施工质量验收规范》GB 50204 要求的精确度。当有争议时，该方法应作为最终裁决的手段。

（2）非破损方法

非破损方法是采用钢筋保护层厚度测定仪量测。其原理是检测仪器发射电磁波，利用钢筋的电磁感应确定钢筋的位置。这种方法的优点是方便、快捷，但仪器的价格昂贵，不易普及，同时量测具有一定的误差。仪器虽然在单筋试验时可以达到很高的精确度，但问题在于实际结构中很少单筋配置，箍筋、分布筋以及纵向钢筋密集配置时，由于电磁场干扰，量测精度大受影响，甚至发生很大的偏差。现行《混凝土结构工程施工质量验收规范》GB 50204 要求，采用此种方法时，还必须用更准确的局部破损方法加以校准，即用对比量测的结果，对仪表量测加以修正。

现行《混凝土结构工程施工质量验收规范》GB 50204 规定了钢筋保护层厚度实体检验的验收界限。首先，梁类构件和板类构件分别检验，不混合计算合格点率。前者的允许偏差为＋10、−7mm；后者为＋8、−5mm。这实际是钢筋分项工程检验中保护层厚度允许尺寸偏差适当扩大的结果。考虑施工扰动的特点，正向偏差增加的范围更大一些。对于一般正常施工情况，上述要求并不算苛求，但对保证构件的结构性能，却是十分必要的。

4.2.3 混凝土碳化深度检测

混凝土碳化深度的检测可采用酚酞指示剂、热分析法、X 射线物相分析、电子探针显微分析法、$CaCO_3$ 晶体的偏光镜观察法、C-S-H 的定量分析法、C-S-H 碳化时含水二氧化硅（$SiO_2 \cdot H_2O$）的测定等方法。

以下简要介绍常用混凝土碳化的测定方法并加以对比分析，见表 4.1。

碳化检测方法的比较　　　　　　　　　　表 4.1

试验方法	酚酞溶液喷洒法	热分析法	X 射线物相分析法	电子探针显微分析法
目的	简便和迅速测定碳化深度	评价水化物的碳化程度	测定碳化前后的矿物种类	测定微区碳化状态

续表

试验方法	酚酞溶液喷洒法	热分析法	X射线物相分析法	电子探针显微分析法
特点	1. 通过测定 pH，间接反映碳化程度； 2. 方法简单、方便	1. 直接反映水化矿物的碳化程度； 2. 可评价未完全碳化区碳化程度	1. 直接反映水化矿物的碳化程度； 2. 可评价未完全碳化区碳化程度	1. 用彩图表示碳元素的分布状态； 2. 可测定微区碳化状态
存在的问题	不能确定混凝土中性化原因	1. 不能评价 C-S-H 的碳化； 2. 难以确定 $CaCO_3$ 含量	定量精度差	1. 适用于截面尺寸小于5cm的样品； 2. 应考虑树脂中碳元素的含量

1. 酚酞指示剂法

利用酚酞指示剂测定混凝土的碳化深度属于化学试剂法，它是判定混凝土碳化深度最简便和目前工程界较为常用的方法，可结合肉眼观察结果判定。酚酞指示剂常用1‰酚酞乙醚（或酒精）溶液。它以 pH＝9 为界线，将酚酞溶液喷洒到混凝土劈裂面时未碳化区因碱性呈粉红色，碳化区呈中性不变色。混凝土表面到呈色界线的平均距离为碳化深度。

2. 热分析方法

按一定升温速度加热混凝土时，混凝土中的水化产物在不同温度范围内发生物理化学反应，造成混凝土重量的变化，并伴随着吸热与放热现象。通常，失重是由于吸附水、层间水、结构水或其他组分的分解所引起，增重则是由于在加热过程中的氧化、氧化物的还原。混凝土的 $Ca(OH)_2$ 和 $CaCO_3$ 在一定温度下发生如下热分解反应：

$$Ca(OH)_2 \xrightarrow{400\sim500℃} CaO + H_2O \uparrow$$

$$CaCO_3 \xrightarrow{650\sim900℃} CaO + CO_2 \uparrow$$

此时记录混凝土重量与时间或温度关系以及混凝土和标准物质间的温差与温度（或时间）关系，联合使用差热分析和热重分析，可以获得有关碳化更完整的数据和资料。

3. X射线物相分析方法

根据晶体对波长为 λ 的 X 射线的衍射特征 $2d\sin\theta = n\lambda$（n 为整数），对晶体物质进行定性定量分析的方法称为粉末 X 射线物相分析法。混凝土水化与碳化过程中通过 X 射线物相分析，可准确判定碳化深度，并可确定酚酞指示剂呈无色的碳化深度和 $Ca(OH)_2 \sim CaCO_3$ 浓度分布。

4. 电子探针显微分析仪

电子探针显微分析仪（Elect ron Probe Micro Analyzer：EPMA）的工作原理是：通过试样表面照射电子束时的 2 次电子和反射电子来观察试样表面状态，并利用此时所产生的特有 X 射线来获取微区表面状态、化学元素的浓度及其空间分布。混凝土碳化时，EPMA 可以使微区元素分布的面分析结果以彩图形式表示，从而清楚地反映 C、S、Na、K、Cl、Ca 等各种元素在混凝土碳化时的存在和迁移行为。

一般构件表面都有粉刷层或装修层,当碳化测区同时又是回弹或超声的测区时,按规定应将面层敲除。对于仅测碳化的测区,不需大面积敲除面层,在测定碳化深度(含粉刷层厚度)的同时,用卡尺测量一下面层的厚度并扣除即可。

4.2.4 混凝土渗透性的检测

混凝土渗透性是反映混凝土耐久性的重要指标。混凝土渗透性检测广泛应用于混凝土工程结构耐久性设计、混凝土配合比设计、施工质量波动控制与验收、钢筋腐蚀寿命预测等领域,是有抗渗要求的混凝土,如水工、港工、路桥工程、地下结构工程等的必检项目。

目前混凝土渗透性快速检测技术主要有渗水法(包括渗水高度法、渗水标号法及渗水系数法等)、渗油法、表面透气法(氧气、氮气等)、表面吸水法、电通量法(ASTM C1202 方法及其改良方法等)、电导率法(包括直流和交流电法等)、氯离子扩散系数法(包括自然浸泡法、电化学分析法、电迁移法(Nernst-Planck 方程)及饱盐电导率法(NEL 法)、RCM 非稳态电迁移法、NT BUILD492 非稳态迁移试验方法等)以及极限电压法等。目前常见的几种检测混凝土渗透性的方法,在测试指标、适用混凝土、测量时间及试验过程上各有不同,各类测试方法的对比见表 4.2。

各类混凝土渗透性测试方法的特点　　　　表 4.2

评价方法		测试指标	适用混凝土	测量时间	优缺点
渗透法	渗水法	抗渗等级	小于 C30	1~14d	此标准对于 C30 以下的混凝土是有效的,对于现代混凝土,特别是高性能混凝土,已不适用
浸泡法	自然浸泡法 欧洲 NT Build443	氯离子扩散系数	大于 C20	90d	1. 测试时间过长,需要 90d; 2. 有很大的切片误差、滴定误差、拟合误差; 3. 全部过程需手工进行
电测法	电通量法 美国 ASTMC1202	电量	C30~C50	饱水后 6h	1. 夹具电极每次实验须更换; 2. 试样夹具安装过程繁琐; 3. 此方法在混凝土试样两侧施加 60V 直流电压,通过测量 6h 内流过的电量大小来评价混凝土的渗透性,高电压会导致一些副效应,造成测量误差
	电通量法 美国 ASTMC1202 改进	电量	C30~C50	饱水后 6h	1. 避免了过去一次一更换铜网的问题; 2. 灵巧试样夹具,安装简便; 3. 自动数据采集和数据处理,使测试结果更准确

续表

评价方法		测试指标	适用混凝土	测量时间	优缺点
电测法	电迁移法（非稳态）	欧洲 NT Build492	氯离子扩散系数	C50～C70	饱水后6～96h	1. 对于低强度混凝土会产生高估现象,对于高强度混凝土会产生低估现象; 2. 检测过程需手工进行
		RCM	氯离子扩散系数	C50～C70	4～168h	1. 检测时间长; 2. 实验结果可用于钢筋锈蚀寿命预测
	电导率法	清华大学NEL 法	氯离子扩散系数	C20～C100	饱盐后5～8min	1. 可准确检测 $10^{-11}\sim10^{-7}\,\mathrm{cm^2/s}$ 的氯离子扩散系数; 2. 饱盐后5～8min 得出结果,使测试时间大大缩短; 3. 不仅适用于普通混凝土,也适用于高性能混凝土; 4. 检测到的氯离子扩散系数可用于钢筋腐蚀寿命预测
	极限电压法	清华大学击穿电压法	极限电压	C20～C100	烘干后5～8min	1. 利用混凝土的击穿电压可以确认混凝土中最薄弱的环节; 2. 对微裂缝和含气量十分敏感

1. 电通量法（ASTM C1202）

列于《水运工程结构防腐蚀施工规范》JTS/T 209—2020 和《普通混凝土长期性能和耐久性能试验方法标准》GB/T 50082—2009 中的电通量法适用于测定以通过混凝土试件的电通量为指标来确定混凝土抗氯离子渗透性能,不适用于掺有亚硝酸盐和钢纤维等良导电材料的混凝土抗氯离子渗透试验。该试验方法是根据美国材料试验协会（ASTM）推荐的混凝土抗氯离子渗透性试验方法 ASTM C1202 修改而成,也可称为直流电量法（或库仑电量法、导电量法）。

该试验方法是将直径 100mm 厚度 50mm 的混凝土标准试样,经过真空饱水后,在标准夹具下,通过 0.3mol/L NaOH 溶液和 3% 质量百分比的 NaCl 溶液给混凝土试样施加 60V 直流电压,通电 6h,记录流过的电量。

其试验的基本原理是:在直流电压的作用下,氯离子能通过混凝土试件向正极方向移动,以测量流过混凝土的电荷量来反映渗透混凝土的氯离子量。试验装置如图 4.1 所示。

该试验方法用于表面经过处理的混凝土时,例如采用渗入型密封剂处理的混凝土,应谨慎分析试验结果。因为该试验方法测试某些该类混凝土具有较低抗氯离子渗透性能,而采用90d 氯离子浸泡试验方法测试对比混凝土板,却表现出较高抗氯离子渗透性能。

当混凝土中掺加亚硝酸钙时,该试验方法可能会导致错误结果。用该方法对掺加亚硝酸钙的混凝土和未掺加亚硝酸钙的混凝土进行对比试验。结果表明:掺加亚硝酸钙的混凝土有更高库仑值,即具有更低的抗氯离子渗透性能。然而,长期

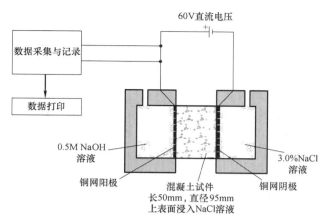

图 4.1　电通量法试验装置示意图

氯离子浸泡试验表明掺加亚硝酸钙混凝土的抗氯离子渗透性能高于一般混凝土。

　　该试验方法未规定制作试件时允许使用的最大骨料粒径，研究表明，骨料的最大粒径在工程常用的范围内（5～31.5mm），用同一批次混凝土制作的试样，其试验结果具有很好的可重复性。

　　试件在运输和搬动过程中应防止受冻或者损坏。试件的表面受到改动处理，比如做过粗糙处理、用过密封剂、养护剂或者别的表面处理等，必须经过特殊处理使试验结果不受这些改动的影响，可切除改动部分，以消除表面影响。

　　由于试验结果是试样电阻的函数，试件中的钢筋和植入的导电材料对试验结果有很大影响，要注意试件中是否含有这种导电材料。当试件中存在纵向钢筋时，因为在试件的两个端头搭接了一个连续的电路通道，可能损坏试验装置，这样的试验结果应作废。

　　影响混凝土抗氯离子渗透性的因素有水胶比、外加剂、龄期、骨料种类、水化程度和养护方法等，采用该方法试验结果进行比较时，应注意这些因素的影响。

　　《铁路混凝土结构耐久性设计规范》TB 10005—2010 依据混凝土强度等级及设计使用年限的不同，规定了不同强度等级混凝土的电通量要求，见表 4.3。

不同强度等级混凝土的电通量（C）　　　　　　　　　　　　　表 4.3

混凝土强度等级	设计使用年限		
	100 年	60 年	30 年
＜C30	＜1500	＜2000	＜2500
C30～C45	＜1200	＜1500	＜2000
≥C50	＜1000	＜1200	＜1500

　　依据《混凝土耐久性检验评定标准》JGJ/T 193—2009，当采用电通量划分混凝土抗氯离子渗透性能等级时，应符合表 4.4 的规定，且混凝土测试龄期宜为28d。当混凝土中水泥混合材料与矿物掺合料之和超过胶凝材料用量的 50％时，测试龄期可为 56d。

混凝土抗氯离子渗透性能的等级划分（电通量法）　　　表 4.4

等级	Q-Ⅰ	Q-Ⅱ	Q-Ⅲ	Q-Ⅳ	Q-Ⅴ
电通量 Q_s(C)	$Q_s \geq 4000$	$2000 \leq Q_s < 4000$	$1000 \leq Q_s < 2000$	$500 \leq Q_s < 1000$	$Q_s < 500$

2. 非稳态迁移试验方法（NT Build 492）

氯离子迁移系数快速测定的试验原理和方法最早由唐路平等人在瑞典高校 CTH 提出，称 CTH 法（NT Build 492-1999.11）。《普通混凝土长期性能和耐久性能试验方法标准》GB/T 50082—2009 中所列快速氯离子迁移系数法则以 NT Build 492-1999.11 "非稳态迁移试验得到的氯离子扩散系数法" 的方法为蓝本进行了适当的修改，基本上为等同采用。

该方法将直径 100mm、厚度 50mm 的混凝土标准试样，经过真空饱水后，在标准夹具下，在轴向施加外部电势，迫使外边的氯离子向试样中迁移。在试验一定时间后，将试样沿轴向劈开，在一个新鲜的劈开试件表面上立即喷涂 0.1mol/L AgNO₃ 溶液。可在约 15min 后观察到白色 AgCl 沉淀。若在劈开的试件表面喷涂显色指示剂，表面稍干后喷 0.1mol/L AgNO₃ 溶液。喷 AgNO₃ 溶液的试件约一天，含氯离子的部分将变成紫罗兰色。测量显色分界线离底面的距离，将显色深度代入 Nernst-Planck 方程，即得到混凝土氯离子扩散系数。

采用该试验方法时，混凝土的非稳态氯离子迁移系数可表达为：

$$D_{RCM} = \frac{0.0239 \times (273+T)L}{(U-2)t}\left(X_d - 0.0238\sqrt{\frac{(273+T)LX_d}{U-2}}\right) \qquad (4.5)$$

式中，D_{RCM} 为混凝土的非稳态氯离子迁移系数，精确到 $0.1 \times 10^{-12}\text{m}^2/\text{s}$；$U$ 为所用电压的绝对值（V）；T 为阳极溶液的初始温度和结束温度的平均值（℃）；L 为试件厚度（mm），精确到 0.1mm；X_d 为氯离子渗透深度的平均值（mm），精确到 0.1mm；t 为试验持续时间（h）。

该方法所测定的氯离子迁移系数是对所检测材料抗氯离子侵入性的一种测量。此标准适用于欧洲硅灰混凝土渗透性测量，对 C50～C70 的混凝土比较适合，其中测试 C60 的混凝土比较准确。这种非稳态迁移系数不能与非稳态浸泡试验或稳态迁移试验等其他方法得出的氯离子扩散系数进行比较。

《铁路混凝土结构耐久性设计规范》TB 10005—2010 依据环境作用等级及设计使用年限的不同，规定了氯盐环境下混凝土的抗氯离子渗透性能指标，见表 4.5。

氯盐环境下混凝土抗氯离子渗透性能　　　表 4.5

评价指标	环境作用等级	设计使用年限	
		100 年	60 年
氯离子扩散系数(56d) $D_{RCM}(\times 10^{-12}\text{m}^2/\text{s})$	L1	≤7	≤10
	L2	≤5	≤8
	L3	≤3	≤4

3. 非稳态迁移试验方法（RCM 法）

该方法为根据 NT Build 492 非稳态电迁移试验方法原理，由德国亚琛工业大学土木工程研究所对 CTH 法中一些细节进行了改动，如试件在试验前用超声浴而不用原来的饱和石灰水作真空饱水预处理，试件置于试验槽内的倾角为 32° 而不是原来的 22°，且试验时采用的阴、阳极电解溶液也有所不同。这些差异对试验结果的影响尚待进一步研究，但国内外已有的对比试验认为，改动后的方法对试验结果的影响并不明显。

该方法可定量评价混凝土抵抗氯离子扩散的能力，为氯离子侵蚀环境中的混凝土结构耐久性设计以及使用寿命的评估与预测提供基本参数。这种非稳态迁移方法测量得到的氯离子迁移（扩散）系数不能直接与别的方法（如非稳态浸泡试验和稳态迁移试验方法）测量得到的氯离子扩散系数进行比较。

本试验方法适用于骨料最大粒径不大于 25mm（一般不宜大于 20mm）的实验室制作的或者从实体结构取芯获得的混凝土试件，标准试件尺寸为 $\phi 100 \pm 1mm$，$h = 50 \pm 2mm$。试验数据可以用于氯离子侵蚀环境下耐久混凝土的配合比设计和作为混凝土结构质量检验评定的依据。进行抗氯离子渗透试验的龄期一般为 28d，由于多数矿物掺合料都可以提高混凝土抗氯离子渗透能力，其试验龄期也可为 56d、84d，或者设计要求规定的期限。其试验仪器原理如图 4.2 所示。

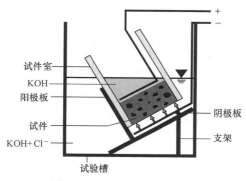

图 4.2　RCM 法测定仪原理

混凝土氯离子扩散系数按下式计算：

$$D_{RCM,0} = 2.872 \times 10^{-6} \frac{T \cdot h(x_d - \alpha \sqrt{x_d})}{t} \tag{4.6}$$

式中，$\alpha = 3.338 \times 10^{-3} \sqrt{Th}$；$D_{RCM,0}$ 为 RCM 法测定的混凝土氯离子扩散系数（m^2/s）；T、h、x_d、t 分别为温度（K）、试件高度（m）、氯离子扩散深度（m）、通电试验时间（s）。

本试验数据可作为氯离子侵蚀环境耐久混凝土的配合比设计和混凝土质量检验的评定依据，也可以用 DuraCrete 提出的方法评估结构使用寿命。该方法在国内广泛使用，并作为《公路工程混凝土结构耐久性设计规范》JTG/T 3310—2019、《混凝土结构耐久性设计标准》GB/T 50476—2019 的试验检测标准。

《公路工程混凝土结构耐久性设计规范》JTG/T 3310—2019 基于环境作用

等级及结构设计基准期的不同，规定了氯盐环境下混凝土 28 天龄期氯离子扩散系数 D_{RCM} 值，见表 4.6。

混凝土中的氯离子扩散系数 D_{RCM}（28d 龄期，$10^{-12} m^2/s$）　　表 4.6

环境作用等级 结构设计基准期	D	E	F
100 年	<8	<5	<4
50 年	<10	<7	<5

注：表中的 D_{RCM} 值，是标准养护条件下 28d 龄期混凝土试件的测定值，仅适用于氯盐环境下，建议采用较大掺量和大掺量矿物掺合料的混凝土。对于其他组分的混凝土以及更长龄期的混凝土，应采用更低的 D_{RCM} 值作为抗氯离子侵入性能的评定依据。

《混凝土结构耐久性设计标准》GB/T 50476—2019 同样基于环境作用等级及结构设计使用年限的不同，规定了混凝土的抗氯离子侵入性指标，见表 4.7。

混凝土的抗氯离子侵入性指标　　　　　　　　　　表 4.7

设计使用年限	100 年		50 年	
作用等级 侵入性指标	D	E	D	E
28d 龄期氯离子扩散系数 D_{RCM} （$10^{-12} m^2/s$）	≤7	≤4	≤10	≤6

依据《混凝土耐久性检验评定标准》JGJ/T 193—2009，当采用氯离子迁移系数（RCM 法）划分混凝土抗氯离子渗透性能等级时，应符合表 4.8 的规定，且混凝土的测试龄期应为 84d。

混凝土抗氯离子渗透性能的等级划分（RCM 法）　　表 4.8

等级	RCM-Ⅰ	RCM-Ⅱ	RCM-Ⅲ	RCM-Ⅳ	RCM-Ⅴ
氯离子迁移系数 D_{RCM}（RCM 法）（$10^{-12} m^2/s$）	$D_{RCM} \geqslant 4.5$	$3.5 \leqslant D_{RCM} < 4.5$	$2.5 \leqslant D_{RCM} < 3.5$	$1.5 \leqslant D_{RCM} < 2.5$	$D_{RCM} < 1.5$

4. 混凝土氯离子扩散系数快速检测的 NEL 法

NEL 法是利用 Nernst-Einstein 方程建立的，是通过快速测定混凝土中氯离子扩散系数来评价混凝土渗透性的新方法，既适用于普通混凝土，也适用于高性能混凝土。运用此方法可快速测定 C20～C100 的混凝土氯离子扩散系数。NEL 法已在众多的科研、质检、施工单位广泛使用，并列入 2004 中国土木工程学会标准《混凝土结构耐久性设计与施工指南》CCES 01-2004（2005 年修订版）。

5. 纤维混凝土抗氯离子渗透对比试验

由于钢纤维的存在，钢纤维混凝土的导电性较普通混凝土显著提高，使抗氯离子渗透的电迁移法快速试验所得结果误差较大，不能真实反映钢纤维混凝土抗氯离子渗透能力，而采用氯盐溶液浸泡-加热干燥循环的测试方法较为合理。

《纤维混凝土试验方法标准》CECS 13：2009 建议的试验方法适用于钢纤维

混凝土抗氯离子渗透性能的测定，主要用以比较钢纤维混凝土与参照混凝土抗氯离子渗透能力的差异。

该试验采用 100mm×100mm×200mm 试件。一组纤维混凝土制作 3 个试件，一组对比混凝土制作 3 个试件。对比混凝土试件应与纤维混凝土具有相同的原材料、水胶比和砂率，略高的稠度，当稠度相差较大时可适当调整减水剂用量或单位用水量。将两组试件放入标准养护室养护 28d 后进行试验。

试验步骤主要为：

（1）将试件在 80±5℃的温度下烘 24h，再冷却至室温。

（2）将试件放入塑料箱中，用浓度为 3.5%的氯化钠溶液浸泡，试件顶面朝上，两侧面应充分接触溶液。24h 后取出，再放入烘箱，在 60±2℃的温度下烘 45h。由烘箱中取出冷却 3h，进行下一次循环。

（3）从开始泡盐水至烘毕共历时 72h，此为 1 个循环，以后按此循环不断往复，直到 10 个循环终止。

（4）在循环过程中应经常检查塑料箱中的氯化钠溶液浓度，保持溶液浓度衡定。

循环完成后，在试件两侧面分段沿不同深度钻取混凝土粉末，每个试件的每个深度粉末试样不宜少于 6g。用高效磁铁吸取粉末试样中的铁屑，测定除去铁屑的试样中可溶性氯离子含量。应采用化学滴定法分析各试样中可溶性氯离子含量（氯离子重量占粉末重量的百分数），分析方法可参照《水运工程混凝土试验检测技术规范》JTS/T 236—2019。专门研究渗透性时最好选用砂浆试件，这样可以避免钻取含氯离子粉末试样时由于粗骨料的影响而导致试验结果的离散性。

计算每组试件每个深度的氯离子含量，取 3 个试件测试结果的平均值。试验结果采用图表形式给出了纤维混凝土和对比混凝土不同深度氯离子含量的测试结果。

4.2.5 混凝土氯离子含量检测

氯离子是诱发钢筋锈蚀的重要因素，为了避免钢筋过早锈蚀，对混凝土原材料中氯离子含量的控制相当严格。我国部分规范明确要求混凝土在选配砂子、骨料、水泥、外加剂、拌合水等混凝土原材料的时候，必须进行氯离子含量的测试，从根本上避免将过量氯离子带入混凝土中。结构混凝土中氯离子含量的测试，对于结构安全性的评估起到很大的作用，同时为旧结构的改造和修补提供极具参考价值的依据。

对氯离子侵蚀环境下的混凝土结构，在现场检测中，为分析混凝土结构中钢筋的腐蚀发展情况，需要测定结构混凝土中氯离子的含量。一般常采用硝酸银滴定法、BS1881Pt.6 Nolhardt 容量滴定分析法、Quan-tab 氯离子滴定试纸、快速氯离子检验法以及 X 光谱测定法、离子选择电极法（ISE 法）等。应该注意的是，在上述方法中，都需要从结构中提取样品。其中，《建筑结构检测技术标准》GB/T 50344—2019 明确提出，应先将混凝土试样（芯样）破碎，剔除石子，再进行研磨以测定混凝土中氯离子的含量。

以下简要介绍工程实践中常用的两种方法：硝酸银滴定法与离子选择电极法（ISE 法）。

1. 硝酸银滴定法

该试验方法基本原理是在混凝土试样的硝酸溶液中加入过量的硝酸银标准溶液，使氯离子完全沉淀以最终获得氯离子含量。氯离子含量可按下式计算：

$$W_{Cl^-} = \frac{C_{(AgNO_3)}(V_1 - V_2) \times 0.03545}{m_s \times 50.00/250.0} \times 100 \qquad (4.7)$$

式中，W_{Cl^-} 为混凝土中氯离子质量百分数；$C_{(AgNO_3)}$ 为硝酸银标准溶液物质的量浓度（mol/L），$C_{(AgNO_3)} = \frac{m_{(NaCl)} \times 25.00/1000.00}{(V_1 - V_2)0.05844}$；$V_1$ 为硝酸银标准溶液用量（mL）；V_2 为空白试验硝酸银标准溶液用量（mL）；0.03545 为氯离子的毫摩尔质量（g/mmoL）；0.05844 为氯化钠的毫摩尔质量（g/mmoL）；m_s 为混凝土试样的质量（g）。

氯离子含量的测试结果以 3 次试验的平均值表示，计算精确至 0.001%。测试结果可提供氯离子含量占试样质量的百分比，也可根据混凝土配合比将上述氯离子含量的测试结果换算成占水泥质量的百分比或氯离子含量占混凝土质量的百分比。

2. 离子选择电极法（ISE 法）

该方法通过配备专业软件，在室温下快速测定水溶液中氯离子含量。其适用于水溶液（包括污水）、混凝土及其外加剂、砂、石子、土壤等其他物质中的水溶性氯化物的氯离子含量测定。

《混凝土结构耐久性设计标准》GB/T 50476—2019 建议了各种材料中氯离子含量的测定方法及参照规范、标准，见表 4.9。

氯离子含量测定方法　　　　　　　　　　　　　　　　　　　　表 4.9

测试对象	试验方法	测试内容	参照规范/标准
新拌混凝土	硝酸银滴定水溶氯离子,1L 新拌混凝土溶于 1L 水中,搅拌 3min,取上部 50mL 溶液	氯离子百分含量	JGJ/T 322
硬化混凝土	硝酸银滴定水溶氯离子,5g 粉末溶于 100mL 蒸馏水,磁力搅拌 2h,取 50mL 溶液	氯离子百分含量	JGJ/T 322
砂	硝酸银滴定水溶氯离子,水砂比 2:1,10mL 澄清溶液稀释至 100mL	氯离子百分含量	JGJ 52
外加剂	电位滴定法测水溶氯离子,固体外加剂 5g 溶于 200mL 水中;液体外加剂 10mL 稀释至 100mL	氯离子百分含量	GB/T 8077

74

4.2.6 混凝土硫酸盐含量检测

目前硫酸根的化学分析检测方法主要有：硫酸钡重量法，EDTA 容量法，茜素红法，比浊法，比色法等。后两种方法因要借助于专门的仪器和标准比色溶液，误差比较大；采用茜素红法检测时若溶液中含有 Ca^{2+}、Na^+ 或 Cl^-，会对测定产生干扰。因此，混凝土中硫酸根离子的检测可以选用硫酸钡重量法和 EDTA 容重法。

《混凝土结构耐久性设计标准》GB/T 50476—2019 建议了混凝土及各类环境中硫酸根离子含量的测定方法，见表 4.10。

硫酸根离子含量测定方法 表 4.10

测试对象	试验方法	测试内容	参照规范/标准
硬化混凝土	重量法测量硫酸根含量，5g 粉末溶于 100mL 蒸馏水	硫酸根百分含量	GB/T 11899
水	重量法测量硫酸根含量	硫酸根离子浓度,mg/L	
土	重量法测量硫酸根含量	硫酸根含量,mg/kg	LY/T 1251

4.2.7 混凝土碳化试验

混凝土抗碳化能力是耐久性的一个重要指标，尤其在评定（大气环境条件下）混凝土对钢筋的保护作用（混凝土的护筋性能）时起着关键作用。《普通混凝土长期性能和耐久性能试验方法标准》GB/T 50082—2009 采用的混凝土快速碳化试验方法适用于测定在一定浓度的二氧化碳气体介质中混凝土试件的碳化程度，反映混凝土的抗碳化能力。

碳化快速试验所用试件宜采用棱柱体混凝土试件，以 3 块为 1 组。棱柱体的长宽比不宜小于 3。

试件一般应在 28d 龄期进行碳化，但是掺粉煤灰等掺合料的混凝土水化比较慢，特别是大掺量掺合料混凝土水化更慢，如在 28d 就进行强制碳化，则混凝土掺合料后期的水化效果在很大程度上被排除，影响了对粉煤灰等掺合料的正确评价，在这种情况下，碳化试验宜在较长的养护期后进行。

试验用碳化箱应符合现行行业标准《混凝土碳化试验箱》JG/T 247—2009 的规定，并应采用带有密封盖的密闭容器，容器的容积应至少为预定进行试验的试件体积的 2 倍。

采用在 20%±3% 浓度的二氧化碳介质中进行快速碳化试验。其理由是：

（1）在 20%±3% 浓度下混凝土的碳化速度，基本上与自然碳化相同，即 $x = \alpha\sqrt{t}$ 的关系。如浓度过高（如达到 50%）则早期碳化速度很快，7d 后速度明显减慢，碳化达到稳定。如浓度过低，如国外采用 1%～4% 左右的浓度，这种情况与实际比较接近，但是碳化速度太慢，试验效率低。

（2）在 20%±3% 浓度下碳化 28d，大致相当于在自然环境中 50 年的碳化深度，与一般耐久性的要求相符合。

碳化试验时，湿度对碳化速度有直接影响。湿度太高，混凝土中部分毛细孔被自由水所充满，二氧化碳不易渗入，因此试验中采用比较低的湿度条件。但

75

是，混凝土的碳化过程是一个析湿的过程，尤其在碳化的前几天，析出的水分较多。因此要求试件在进入碳化箱前应在 60℃下烘干 48h，以利于前几天箱内湿度控制。

快速碳化试验的温度条件为 20±2℃，比原标准规定的 20±5℃严格。由于温度对混凝土碳化速度有很大影响，温度高，碳化速度快。目前的碳化试验设备可以满足该温度要求。

碳化试验结果常用两个指标来表示，即平均碳化深度和碳化速度系数。碳化速度系数实际上只代表在该试验条件下的碳化速度与时间的平方根关系式中的系数，从数量上等于 1d 的碳化深度，由于这个系数实际使用价值不高，而且计算准确性也差，因此不如直接用 28d 的碳化深度来表示直观。

以碳化进行到 28d 的碳化深度结果作为比较基准。以 3 个试件碳化深度平均值作为该组混凝土试件碳化深度的测定值，用以对比各种混凝土的抗碳化能力以及对钢筋的保护作用。应按照不同龄期的碳化深度绘制碳化深度与时间的关系曲线，用于反映碳化的发展规律。

系统的试验研究表明，在快速碳化试验中，碳化深度小于 20mm 的混凝土，其抗碳化性能较好，一般认为可满足大气环境下 50 年的耐久性要求。在工程实际中，碳化的发展规律基本与此相似。在其他腐蚀介质的共同侵蚀下，混凝土的碳化会发展地更快。一般认为，碳化深度小于 10mm 的混凝土，其抗碳化性能良好。

依据《混凝土耐久性检验评定标准》JGJ/T 193—2009，混凝土的抗碳化性能的等级划分应符合表 4.11 的规定。

混凝土抗碳化性能的等级划分　　　　　　　　　　　　表 4.11

等级	T-Ⅰ	T-Ⅱ	T-Ⅲ	T-Ⅳ	T-Ⅴ
碳化深度 d(mm)	$d \geqslant 30$	$20 \leqslant d < 30$	$10 \leqslant d < 20$	$0.1 \leqslant d < 10$	$d < 0.1$

4.2.8　混凝土抗冻试验

混凝土的抗冻性评价可用多种指标表示，如试件经历冻融循环后的动弹性模型损失、质量损失、伸长量或体积膨胀等。多数标准都采用动弹性模量损失或同时考虑质量损失来确定抗冻级别，但上述指标通常只用来比较混凝土材料的相对抗冻性能，不能直接用来进行结构使用年限的预测。

《普通混凝土长期性能和耐久性能试验方法标准》GB/T 50082—2009 的抗冻试验采用了慢冻法、快冻法和单面冻融法（盐冻法）。

1. 慢冻法

慢冻法适用于测定混凝土试件在气冻水融条件下的抗冻性能，以经受的冻融循环次数来表示混凝土抗冻性能。

慢冻法抗冻性能指标以抗冻标号来表示，是我国一直沿用的抗冻性能指标，目前在建工、水工碾压混凝土以及抗冻性要求较低的工程中还在广泛使用。

慢冻法采用的试验条件是气冻水融，该条件对于并非长期与水接触或者不是直接浸泡在水中的工程，或对抗冻要求不太高的工业和民用建筑，更为适用，其试验条件与该类工程的实际使用条件比较相符。目前，慢冻试验设备也有了相应的产品标准，即《混凝土抗冻试验设备》JG/T 243—2009。

慢冻法试验需成型三种试件：测定28d强度所需要的试件、冻融试件以及对比试件，该标准将抗冻标号按照：D25、D50、D100、D150、D200、D250、D300、D300以上8种情况规定了相应的试件数量。

慢冻法试验对于设计抗冻标号在D50以上的，通常只需要两组冻融试件，一组在达到规定的抗冻标号时测试，另一组在与规定的抗冻标号少50次时进行测试。抗冻标号在D300以上的，在300次和设计规定的次数进行测试。再高等级可按照50次递增，增加相应的试件数量。

慢冻法抗冻试验结束的条件有三个：规定的冻融次数（如设计规定的抗冻标号）、抗压强度损失率达到25%、质量损失率达到5%。三个指标只要有一个超出，即可停止试验。

苏联（独联体）标准ГОСТ10060.2-95规定的冻融结束条件为抗压强度损失超过15%或质量损失超过3%。我国水工标准SD105-82和国家标准GBJ 82-85分别规定抗压强度损失达到25%或质量损失达到5%时停止试验。我国水工、公路、港口和建工的快冻法均规定质量损失达到5%时即停止试验，考虑到我国的实际情况和标准的连续性，修订后的该标准仍然采用质量损失达到5%或强度损失达到25%作为结束试验的条件。

慢冻试验结果得到三个指标：强度损失率、质量损失率和抗冻等级。以混凝土试件所能经受的最大冻融循环次数，作为慢冻法试验时混凝土抗冻性的性能指标，该指标称为混凝土抗冻等级，用符号D表示。

2. 快冻法

快冻法适用于测定混凝土试件在水冻水融条件下的抗冻性能，以经受的快速冻融循环次数来表示混凝土抗冻性能。

快冻法采用的是水冻水融的试验方法，这与慢冻法的气冻水融方法有显著区别。该试验方法是在GBJ 82—85中快冻法的基础上，参照美国ASTM C666—2003和日本JIS A 1148—2001等标准修订而来，试验采用的参数、方法、步骤及对仪器设备的要求与美国ASTM C666基本相同。该方法在美国、日本、加拿大及我国有着广泛的应用。在我国的铁路、水工、港工等行业，该方法已成为检验混凝土抗冻性的唯一方法。由于水工、港工等工程对混凝土抗冻要求高，其冻融循环次数高达200～300次，如以慢冻法检验所耗费的时间长及劳动量较大，故一般采用以水冻水融为基础的快速试验方法，以提高试验效率。ASTM C666—2003中混凝土抗冻性试验方法有A法和B法两种。A法要求试件全部浸泡在清水（或NaCl盐溶液）中快速冻融，B法要求试件在空气中冻结，水中溶解，但最终两方法均依靠测量试件的动弹性模量变化来实现对试件抗冻性的评定。虽然ASTM C666中存在两种方法，但在实际应用中，人们习惯于采用A法来评价混凝土的抗冻性。GBJ 82—85中快冻法主要参考了A法编制。另外，日本规范JIS A 1148—2001中也是包含类似ASTM C666—2003中A法的部分。

我国公路行业标准《公路工程水泥及水泥混凝土试验规程》JTG E30—2005、电力行业标准《水工混凝土试验规程》DL/T 5150—2017以及水利行业

77

标准《水工混凝土试验规程》SL 352—2006 等标准均规定试件冻结和融化终了时试件中心温度分别为 $-18\pm2℃$ 和 $-5\pm2℃$。这与美国 ASTM C666 标准规定的温度一致。为了使各行业的试验结果具有可比性，该标准将抗冻试验最高、最低温度进行了统一，与新修订的 ASTM C666 和公路、水工等标准规定的温度一致。

快冻法抗冻试验结束的条件有 3 个：规定的冻融次数（如设计规定的抗冻等级）、动弹性模量下降到初始值的 60%、质量损失率达到 5%。3 个指标只要有 1 个达到，即可停止试验。

对于快冻法停止冻融循环试验的条件，《普通混凝土长期性能和耐久性能试验方法标准》GB/T 50082—2009 参照 JIS A 1148—2001，规定为冻融循环已达到规定的次数、相对动弹性模量已降到 60% 以下或质量损失率达 5% 时停止试验。而 ASTM C666 标准规定的停止试验条件为冻融已达 300 次循环、相对动弹性模量已降到 60% 以下即可停止，同时将试件长度增长达到 0.1% 作为可选的停止条件，考虑到测长比称量质量的操作要复杂，该标准采用质量变化作为可选的停止试验条件。

抗冻等级确定有 3 个条件：一是相对动弹性模量下降到初始值的 60%；二是质量损失率达到 5%；三是冻融循环达到规定的次数。3 个指标任何 1 个达到，则可停止试验，以此时的冻融循环次数作为抗冻等级。当以 300 次作为停止试验条件时，抗冻等级大于等于 F300。

《混凝土结构耐久性设计标准》GB/T 50476—2019 建议基于设计使用年限，以抗冻耐久性指数来表征混凝土的抗冻性能，见表 4.12。

混凝土抗冻耐久性指数 *DF*（%）　　　　　　　　　　　表 4.12

设计使用年限	100 年			50 年			30 年		
环境条件	高度饱水	中度饱水	盐或化学腐蚀下冻融	高度饱水	中度饱水	盐或化学腐蚀下冻融	高度饱水	中度饱水	盐或化学腐蚀下冻融
严寒地区	80	70	85	70	60	80	65	50	75
寒冷地区	70	60	80	60	50	70	60	45	65
微冻地区	60	60	70	50	45	60	50	40	55

注：1. 抗冻耐久性指数为混凝土试件经 300 次快速冻融循环后混凝土的动弹性模量 E_1 与其初始值 E_0 的比值，$DF=E_1/E_0$；如在达到 300 次循环之前 E_1 已降至初始值的 60% 或试件重量损失已达到 5%，以此时的循环次数 N 计算 DF 值，$DF=0.6\times N/300$。

2. 对于厚度小于 150mm 的薄壁混凝土构件，其 DF 值宜增加 5%。

《铁路混凝土结构耐久性设计规范》TB 10005—2010 依据环境作用等级和设计使用年限的不同，规定了冻融破坏环境下混凝土的抗冻性能指标，见表 4.13。

3. 单面冻融法（或称盐冻法）

盐冻法适用于测定混凝土试件在大气环境中与盐接触的条件下的抗冻性能，以能够经受的冻融循环次数或者表面剥落质量或超声波相对动弹性模量来表示混凝土抗冻性能。

冻融破坏环境下混凝土抗冻性能指标　　　　　　　表 4.13

评价指标	环境作用等级	设计使用年限		
		100 年	60 年	30 年
抗冻等级(56d)	D1	≥F300	≥F250	≥F200
	D2	≥F350	≥F300	≥F250
	D3	≥F400	≥F350	≥F300
	D4	≥F450	≥F400	≥F350

GBJ 82—85 中原有的混凝土抗冻性试验方法（快冻法）源自 ASTM C666，较适宜用于评价长期浸泡在水中并处于饱水状态下的混凝土抗冻性。在我国北方地区，冬季大量使用除冰盐对道路进行除冰，此时的混凝土道路及周边附属建筑物遭受的冻融往往不是饱水状态下水的冻融循环，而是干湿交替及盐溶液存在状态下的冻融循环；冬季海港及海水建筑物，水位变动区附近的混凝土也并不是在饱水状态下遭受水的冻融。对于上述情况下混凝土的抗冻性，用原有的混凝土抗冻性试验方法可能无法进行准确评估。

1995 年，德国 Essen 大学建筑物理研究中心的 M. J. Setzer 教授提出了较为成熟的评价混凝土抗冻性的试验方法 RILEM TC 117-FDC，其中包括 CDF (CF) test（全名为 Capillary Suction of Deicing Chemicals and Freeze-thaw test）。2002 年，在进一步研究的基础上，又提出了 RILEM TC 117-IDC，在对 CDF (CF) test 的标准偏差和离散值进行了补充后提出了改进后的 CIF (CF) test（全名为 Capillary Suction, Internal Damage and Freeze Thaw test，毛细吸收、内部破坏和冻融试验）。

CIF (CF) test 可以对处于不饱水盐溶液冻融情况下的混凝土抗冻性进行评价。该试验方法参考了 RILEM TC 117-IDC 2002 中的 CIF (CF) test。由于该试验中试件只有一个面接触冻融介质，故将其称为单面冻融法。

试验测试中，每组试件的数量不应少于 5 个，且总的测试面积不得少于 0.08m²。试件的密封很重要。只有对所有侧面密封，才能保证试件处于单面吸水状态，这是单面冻融试验方法名称的由来。注意试件的侧面必须密封，否则在冻融的过程中有可能因为侧面的剥蚀而对试验结果产生影响。

每 4 个冻融循环应对试件的剥落物、吸水率、超声波相对传播时间和超声波相对动弹性模量进行一次测量。如果测量过程被打断，应将试件保存在盛有试验液体的试验容器中。

单面冻融试验停止的条件有 3 个：达到 28 次冻融循环；试件表面剥落量大于 1500g/m²；试件的超声波相对动弹性模量降到初始值的 80%。满足 3 个条件中的任何 1 个，即可停止试验。

吸水率、超声波相对传播时间和超声波相对动弹性模量等参数与试件的内部损伤有大概的对应关系，见表 4.14。

吸水率、超声波相对传播时间和超声波相对动弹性模量
等参数与试件的内部损伤的对应关系　　　　表 4.14

混凝土损伤	轻微损伤	中等损伤	严重损伤
超声波相对传播时间(%)	＞95	95～80	80～60
超声波相对动弹性模量(%)	＞90	90～60	＜60
混凝土吸水率(%)	0～0.5	0.5～1.5	＞1.5

4.2.9　混凝土抗硫酸盐侵蚀试验

混凝土在硫酸盐环境中，在实际环境中经常同时耦合干湿循环条件，硫酸盐侵蚀再耦合干湿循环条件使混凝土的损伤速度更快。《普通混凝土长期性能和耐久性能试验方法标准》GB/T 50082—2009 采用的抗硫酸盐侵蚀试验方法适用于处于干湿循环环境中遭受硫酸盐侵蚀的混凝土抗硫酸盐侵蚀试验，尤其适用于强度等级较高的混凝土抗硫酸盐侵蚀试验。混凝土抗硫酸盐侵蚀性能指标以能够经受的最大干湿循环次数（即抗硫酸盐等级）来表示，符号为 KS。

可以用尺寸为 100mm×100mm×100mm 的立方体混凝土试件来测量抗压强度指标，而尺寸为 100mm×100mm×400mm 的棱柱体试件则可以用来测量抗折强度指标。虽然在硫酸盐侵蚀试验中，抗折强度指标比抗压强度指标敏感，但抗压强度指标对结构受力计算和设计更有意义，且抗折强度试验结果离散性大，试验误差大，设备要求较高，操作不便，故在进行抗硫酸盐侵蚀试验时，采用尺寸为 100mm×100mm×100mm 的立方体混凝土试件。

在进行抗硫酸盐侵蚀试验时，除制作抗硫酸盐侵蚀试验用试件外，还应按照同样方法，同时制作抗压强度对比用试件。试件数量应符合表 4.15 的要求。

抗硫酸盐侵蚀试验所需的试件组数　　　　表 4.15

设计抗硫酸盐等级	KS15	KS30	KS60	KS90	KS120	KS150	KS150 以上
检查强度所需干湿循环次数	15	15 及 30	30 及 60	60 及 90	90 及 120	120 及 150	150 及设计次数
鉴定 28d 强度所需试件组数	1	1	1	1	1	1	1
干湿循环试件组数	1	2	2	2	2	2	2
对比试件组数	1	2	2	2	2	2	2
总计试件组数	3	5	5	5	5	5	5

干湿循环试验装置：宜采用能使试件静置不动，浸泡、烘干及冷却等过程自动进行的自动干湿循环装置。设备的控制系统应能够对干湿循环设备进行自动控制、数据实时显示，并具备断电记忆、试验数据自动存储的功能。

抗硫酸盐侵蚀试验的龄期规定为 28d。设计另有要求时按照设计规定进行。由于混凝土掺入粉煤灰等掺合料后，混凝土抗硫酸盐侵蚀能力一般都会有所提高，而掺合料发挥作用通常需要较长龄期，因此对于掺入较大量掺合料的混凝土，其抗硫酸盐侵蚀试验的龄期为 56d。

大量试验研究结果表明，当抗压强度耐蚀系数低于 75％，混凝土遭受硫酸盐侵蚀损伤就比较严重了。当干湿循环次数达到 150 次时，如果各种指标均表明混凝土抗硫酸盐侵蚀能力较好，则可以停止试验。验证试验表明：混凝土在硫酸盐溶液中进行干湿循环试验时，多数情况下试件的质量是增加的，即使质量减少，也很难达到 5％的质量损失率要求。因此，当干湿循环试验出现下列三种情况之一时，可停止试验：

（1）当抗压强度耐蚀系数达到 75％时；

（2）当干湿循环次数达到 150 次；

（3）达到设计抗硫酸盐等级相应的干湿循环次数。

混凝土抗压强度耐蚀系数可表达为：

$$K_f = \frac{f_{cn}}{f_{c0}} \times 100 \tag{4.8}$$

式中，K_f 为抗压强度耐蚀系数（％）；f_{cn} 为 n 次干湿循环后受硫酸盐腐蚀的一组混凝土试件的抗压强度测定值（MPa），精确至 0.1MPa；f_{c0} 为与受硫酸盐腐蚀试件同龄期的标准养护的一组对比混凝土试件的抗压强度测定值（MPa），精确至 0.1MPa。

混凝土抗硫酸盐等级应以混凝土抗压强度耐蚀系数下降到不低于 75％时的最大干湿循环次数来确定。

《铁路混凝土结构耐久性设计规范》TB 10005—2010 依据环境作用等级和设计使用年限的不同，规定了盐类结晶破坏环境下，混凝土的抗硫酸盐结晶破坏性能指标见表 4.16。

盐类结晶破坏环境下混凝土抗硫酸盐结晶破坏性能　　　　　表 4.16

评价指标	环境作用等级	设计使用年限		
		100 年	60 年	30 年
抗硫酸盐结晶破坏等级（56d）	Y1	≥KS90	≥KS60	≥KS60
	Y2	≥KS120	≥KS90	≥KS90
	Y3	≥KS150	≥KS120	≥KS120
	Y4	≥KS150	≥KS120	≥KS120

4.2.10 混凝土碱-骨料反应试验

基于碱-骨料反应的特点，骨料是否具有碱活性是混凝土发生碱-骨料反应的先决条件，对结构混凝土是否采取预防措施及采取何种预防措施，必须在掌握骨料是否具有碱活性之后才能确定。因此，骨料碱活性评定方法的研究便成为碱-骨料反应研究的重要方面。目前国际上常用的骨料碱活性的检验方法主要有岩相法、化学法、砂浆棒法、混凝土法、压蒸法和岩石柱法等。

岩相法是指通过肉眼并借助光学显微镜鉴定骨料的岩石种类、矿物组成及各组分含量，并依此判断骨料的碱活性。岩相鉴定结果对其后选择合适的检测方法有重要指导作用，该方法的优点是速度快，缺点是只能定性而不能定量评估含碱活性的骨料在混凝土中可能引起破坏的程度，且需要相当熟练的操作技术。

化学法（ASTM C289）是传统的、曾经被广泛使用的骨料碱活性检测方法，主要与砂浆棒法配合使用。化学法的缺点首先在于非 SiO_2 物质对结果的干扰。大量实践指出，化学法能够成功鉴定高碱条件下快速膨胀的骨料，但不能鉴定由于微晶石英或变形石英而导致的众多慢膨胀骨料，因为这些骨料的 SiO_2 溶出量和碱度降低值都很低。另外，化学法存在判据不确定的问题，这是由于不同的允许溶出 SiO_2 极限值的确定存在操作困难。化学法曾被广泛应用，但国内外大量的实践证明该方法在实际应用中存在一定的问题。

砂浆棒法最早是 1950 年制定的 ASTM C227 法，该方法以砂浆棒的膨胀率大小作为骨料碱活性的判据。砂浆棒法是鉴定骨料碱活性的经典方法，后来发展的快速砂浆棒法也依此为基础。砂浆棒法存在的问题主要表现在以下几个方面：

（1）结果受养护条件的影响，即湿度控制精度的影响；

（2）水泥碱含量的规定不科学；

（3）水胶比不确定，用水量靠控制流动度确定，易导致相反的结论。

另外，由于砂浆棒法试验周期长，不能满足大多数情况下工程的实际需要，而且存在漏判错判实例，尤其是不能鉴定出许多慢膨胀骨料的碱活性。各国研究者围绕快速、可靠、方便、可重复性好等目标进行研究改进，发展了高温、高碱条件下的快速砂浆棒法，但其仍存在一定的问题。

混凝土棱柱体法本是用来检验碳酸盐的碱活性，后发现该方法也适用于硅质骨料。该方法可直接用于粗骨料，因而接近混凝土实际，但膨胀结果受水泥细度、水胶比、养护条件及配合比（粗细骨料之比）的影响，试验周期长。

压蒸法是在高压的条件下，通过高温、高碱加速集料中的活性组分与碱反应，进一步缩短评定时间，可分为压蒸砂浆试体法和压蒸混凝土试体法。

岩石柱试验法用于专门检验碳酸盐岩石骨料的碱活性。

《普通混凝土长期性能和耐久性能试验方法标准》GB/T 50082—2009 的碱-骨料试验方法主要参考了加拿大《CAN/CSA-A23.2-14A：Test Method for Potential Expansive of Cement-Aggregate Combination（Concrete Prism Expansion Method）》的方法，也参考了欧洲材料与试验联合会（RILEM）下属的碱-骨料反应与预防委员会（TC 191 ARP）提出的混凝土棱柱体试验法（AAR-3），适用于检测骨料的碱活性。试验中把混凝土棱柱体在温暖潮湿的环境中养护 12 个月，以此种严酷条件激发骨料潜在的 AAR 活性。我国《水工混凝土试验规程》SL 352—2006 中的碱-骨料反应（混凝土棱柱体法）也是根据相同的加拿大标准来制定的。

该碱-骨料试验方法主要通过检测在规定的时间、湿度和温度条件下，混凝土棱柱体由于碱-骨料反应引起的长度变化，该法可用来评价粗骨料、细骨料或者粗细混合骨料的潜在膨胀活性，也可以用来评价辅助胶凝材料（即掺合料）或含锂掺合料对碱-硅反应的抑制效果。

使用该试验方法时，应注意区分碱-骨料反应所引起的膨胀和其他原因引起的膨胀，这些原因可能有以下几种：

（1）如果骨料中存在黄铁矿、磁黄铁矿和白铁矿等，这些矿物可能会氧化并水化后伴随发生膨胀，或者同时产生硫酸盐，引发硫酸盐对水泥浆体或者混凝土的破坏。

（2）骨料中存在诸如石膏的硫酸盐，引发硫酸盐对水泥浆体或者混凝土的破坏。

（3）水泥或者骨料中存在游离氧化钙或者氧化镁，其可能不断水化或者碳化伴随发生膨胀，导致水泥浆或者混凝土破坏。钢渣中存在游离氧化钙和氧化镁，其他骨料中也可能存在。

使用该方法判断骨料具有碱活性时，应进行其他补充试验以确定膨胀确实由碱-骨料反应所致。补充试验可以在试验完毕后通过对混凝土试件进行岩相分析检测，以确定是否有已知的活性组分存在。

《铁路混凝土结构耐久性设计规范》TB 10005—2010 建议了相应的试验方法，以用于评定矿物掺合料及外加剂抑制碱-硅酸反应的有效性。

4.2.11 纤维混凝土氯离子渗透试验

《纤维混凝土试验方法标准》CECS 13：2009 参照《水运工程混凝土试验规程》JTJ 270—98 规定的混凝土中钢筋快速腐蚀试验方法，选用氯盐溶液干湿循环的试验方法。其基本原理为模拟海水（含盐水）环境干湿交替，并且采用适当提高温度的方法，加速腐蚀速度。该方法适用于测定氯盐侵蚀环境下的纤维混凝土防止钢筋腐蚀的性能。

试验采用 100mm×100mm×200mm 的棱柱体试件。1 组纤维混凝土制作 4 个试件，1 组对比混凝土试件为 8～10 个。对比混凝土试件应与纤维混凝土具有相同的原材料、水胶比和砂率，略高或相近的稠度，当稠度相差较大时可适当调整减水剂用量或单位用水量。

试件的制作应采用拌好的纤维混凝土拌合物浇筑 100mm×100mm×100mm 的中间段。浇筑时两头采用端头板和木楔固定钢筋，以保证试件各表面到钢筋表面的距离相等。纤维混凝土装入试模后，放在振动台上振动至出浆；卸去木楔和端头板，在试件两头浇筑水胶比小于中间纤维混凝土的富水泥砂浆，长度不小于 50mm，振捣密实。在标准养护室养护 28d 后进行试验。

试验步骤主要为：

（1）将试件放入烘箱，在 80±5℃的温度下烘 4d。

（2）试件冷却后放入塑料箱中，用浓度为 3.5% 的氯化钠溶液浸泡 24h 后取出，再放入烘箱，在 60±2℃的温度下烘 13d。

（3）从开始泡盐水至烘完共历时 14d，为 1 次循环，以后照此循环不断往复。

（4）在循环过程中应经常检查塑料箱中的氯化钠溶液浓度并保持溶液浓度衡定。

（5）经过一定循环次数（4～5 次）后，劈开一块对比试件观察钢筋锈蚀情况，若未生锈，继续进行浸烘循环；若已生锈（锈积率大于 15%），则对试件进行锈蚀检查试验。

（6）沿钢筋方向劈开试件，测量钢筋两端的纤维混凝土保护层厚度（精确至

83

1mm），取其平均值作为该试件的纤维混凝土保护层厚度值。若纤维混凝土保护层厚度小于原设计试件保护层厚度的 80％，该试件作废。

取出试件中钢筋，用玻璃纸描绘钢筋表面的锈蚀面积，然后复印在坐标纸上，计算钢筋锈蚀面积。钢筋锈积率按下式计算：

$$p = \frac{S_n}{S_0} \times 100\% \tag{4.9}$$

式中，p 为钢筋锈积率（％）；S_n 为 n 次循环后钢筋锈蚀面积（mm^2）；S_0 为未锈蚀钢筋表面积（mm^2）。

试件中钢筋应经过酸洗，以把锈蚀产物洗掉。酸洗时，洗液中放入两根尺寸相同的同类无锈钢筋作空白校正。

钢筋失重率按下式计算：

$$m_L = \frac{m_0 - m - \frac{(m_{01} - m_1) + (m_{02} - m_2)}{2}}{m_0} \times 100\% \tag{4.10}$$

式中，m_L 为钢筋质量损失率（％）；m_{01}、m_{02} 分别为两根空白校正用的钢筋的初始质量（g）；m_1、m_2 分别为两根空白校正用的钢筋酸洗后相应的质量（g）；m_0 为试验钢筋初始质量（g）；m 为试验后钢筋质量（g）。

根据试验所得同组 4 个试件的钢筋锈积率平均值和失重率平均值，比较纤维混凝土试件组与混凝土对比试件组的防止钢筋锈蚀的性能。

4.3　结构钢筋锈蚀检测与试验方法

目前，检测混凝土结构内部钢筋锈蚀状态除了传统的破损检测方法之外，还有无损钢筋锈蚀检测技术。混凝土中钢筋锈蚀的非破损检测方法主要有分析法、物理法、电化学法及光电化学法等。但是，并非所有适用于实验室试验的方法都能有效地应用于实际工程现场检测。其中，电化学方法是最适宜检测混凝土结构中钢筋锈蚀情况的非破损检测方法。

电化学方法通过测定钢筋混凝土腐蚀体系的电化学特性来确定混凝土中钢筋锈蚀程度或速度。混凝土中钢筋锈蚀是一个电化学过程，电化学测量是反映其过程本质的有力手段。与分析法、物理法比较，电化学方法还有测试速度快、灵敏度高、可连续跟踪和原位测试等优点，因此电化学检测得到了重视与发展。该类方法在实验室已经成功地用于检测混凝土试样中钢筋的锈蚀状况和锈蚀速度，并已开始在现场检测中试用。电化学检测方法主要有半电池电位法、混凝土电阻率法、直流线性极化电阻法、交流阻抗谱法、恒电量法、电化学噪声法和谐波法等。

根据现场的实际应用情况，最常用的方法有半电池电位法、混凝土电阻率法、直流线性极化电阻法以及交流阻抗谱法等。

4.3.1　半电池电位法

多年来，钢筋电位的测量一直被用来评定混凝土中钢筋的锈蚀情况。其基本理论基础是：在阳极和阴极区之间一定存在着电位差以使电子流动并导致钢筋锈蚀。这种方法是通过量测钢筋和一个放在混凝土表面的参考电极（称作半电池，如铜/硫酸铜）之间的电位差来完成的，如图 4.3 所示。参考电极的电位必须是固定及稳定的。一般现场常用的参考电极是银/氯化银电极或铜/硫酸铜电极。

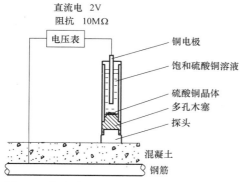

图 4.3　标准半电池电位法（铜/硫酸铜电极）

半电池电位法的基本理论是利用 "$Cu+CuSO_4$ 饱和溶液" 形成的半电池与 "钢筋+混凝土" 形成的半电池构成一个全电池系统。"$Cu+CuSO_4$ 饱和溶液" 的电位值相对恒定，而混凝土中钢筋因锈蚀产生的化学反应将引起全电池的变化。通过测定钢筋混凝土与混凝土表面上的参考电极之间的电位差，评定钢筋的锈蚀状态。

针对半电池电位法，不论从理论还是实践，各国学者都已经做了大量的工作，并且已经开发出了相应设备，可以在现场电位检测时进行相应数据采集。对电位检测方法的主要要求就是测量设备要与钢筋有一个良好的电接触以及一个高量度范围的电压表。另外，在实际检测中，钢筋的电位还受到以下因素影响：

（1）钢筋的类型及其金属特性；

（2）检测环境（如 pH、盐类以及有害介质含量等）；

（3）氧气含量；

（4）杂散电流的影响（直流或交流）；

（5）环境温度及混凝土表面情况。

美国 ASTM C876-91 标准对混凝土结构中钢筋的电位量测结果与发生腐蚀的可能性的关系给出了相应的解释，见表 4.17。需要指出的是，该标准是基于美国受化冰盐腐蚀的公路、桥板情况获得的，有其自身的局限性，在应用于不同环境下的不同结构时，应根据实际情况进行调整。《混凝土中钢筋检测技术标准》JGJ/T 152—2019 采用铜/硫酸铜电极，对半电池电位法检测结果的评判采用 ASTM C876-91 中的判据，给出了相应的评判标准，见表 4.18。

《建筑结构检测技术标准》GB/T 50344—2019 建议钢筋锈蚀状况的电化学测定方法和综合分析判定方法宜配合剔凿检测方法验证，并给出了相应的评判标准，见表 4.19。交通运输部公路科学研究院给出了不同的评定参考标准，见表 4.20。由此可以看出，钢筋腐蚀状态的判别标准不统一，存在地区、行业差异。

钢筋电位与钢筋腐蚀概率的关系（ASTM C876-91）　　　表 4.17

钢筋电位(Cu/CuSO$_4$)	发生腐蚀的可能性
＞－200mV	10％
－200mV～－350mV	50％
＜－350mV	90％

半电池电位值评价钢筋锈蚀状况的判据　　　表 4.18

电位水平(mV)	钢筋锈蚀性状
＞－200	不发生锈蚀的概率大于90％
－200～－350	锈蚀性状不确定
＜－350	发生锈蚀的概率大于90％

钢筋电位与钢筋锈蚀状况判别　　　表 4.19

钢筋电位状况(mV)	钢筋锈蚀状况判别
－350～－500	钢筋发生锈蚀的概率为95％
－200～－350	钢筋发生锈蚀的概率为50％,可能存在坑蚀现象
－200 或高于－200	无锈蚀活动性或锈蚀活动性不确定,锈蚀概率5％

电位水平与钢筋锈蚀状况关系　　　表 4.20

电位水平(mV)	钢筋状态	评定等级
0～－200	无锈蚀活动性或锈蚀活动性不确定	Ⅰ
－200～－300	有锈蚀活动性,但锈蚀状态不确定,可能有坑蚀	Ⅱ
－300～－400	有锈蚀活动,发生锈蚀概率大于90％	Ⅲ
－400～－500	有锈蚀活动,严重锈蚀可能性极大	Ⅳ
＜－500	构件存在锈蚀开裂区域	Ⅴ

注：1. 表中电位水平为采用铜-硫酸铜电极时的量测值。
　　2. 混凝土湿度对量测值有明显影响,量测时构件应为自然状态,否则不能使用此标准。

　　半电池电位法虽然广泛应用于确定钢筋腐蚀的区域,但其不足之处是不能提供有关钢筋腐蚀速度的定量信息。

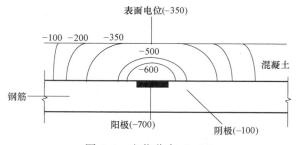

图 4.4　电位分布（mV）

　　对于常规的半电池电位法,若参考电极处于钢筋上方时,钢筋的实际腐蚀电位一般应为－700mV。但由于参考电极位于混凝土表面且在钢筋和混凝土表面之间存在一定的电阻，实际检测得到的电位为−350mV，如图4.4所示。因此，量测得到的电位值并非钢筋的实际腐蚀电位值。这一问题在已有的电位评定标准中已有考虑，并且如果在整个混凝土表面都进行电位检测，并获得了相应的等电位图，即使该值并非钢筋的实际腐蚀电位值，仍有如下两点结论成立：

（1）若在不同区域电位检测值差别较大，则钢筋从很大程度上已发生腐蚀；

（2）检测所得负值的绝对值最大的区域是钢筋最可能发生剧烈腐蚀的区域。

因此，在实际工程的现场检测中，可采用改进的半电池电位法（两个参考电极），以避免与结构中钢筋连接。

4.3.2 混凝土电阻率法

电位监控只能给出一些钢筋是否可能发生腐蚀的信息，而不能表明钢筋锈蚀的速率。因此，可以采用更先进的技术将电位量测及混凝土电阻率的量测联系起来。如果量测到的电位表明钢筋发生了剧烈腐蚀，就可以通过混凝土电阻率得到有关钢筋锈蚀速率的信息。

由于腐蚀是一个电化学的过程，它包括以离子形式流动于阳极与阴极反应区域之间混凝土的电流。混凝土电阻率能较好地反映与渗透性密切相关的混凝土密实度和孔结构，因此混凝土的电阻率越大，则离子电流越低，锈蚀速率越低。

如图4.5所示为量测混凝土电阻率的方法，称为Wenner方法。在混凝土表面放置4个等距探头，在最外边两个触头之间加1~20Hz的可变电流，这样就量测到了最里边两个触头之间的电位差。如果相邻触头之间的距离为a，则混凝土电阻率ρ可通过下式得出：

$$\rho = 2\pi a \frac{V}{I} \qquad (4.11)$$

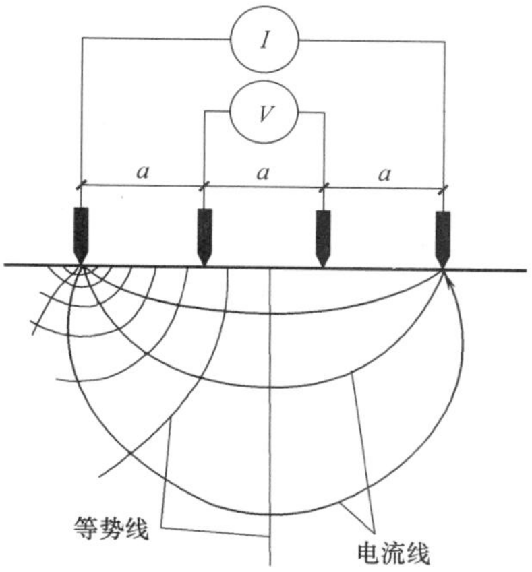

图4.5 混凝土电阻率检测（4探头）

另外，也可采用两探头的方法对混凝土的电阻率进行检测，其工作原理与Wenner法基本相同。

混凝土电阻率与钢筋腐蚀速率间的关系　　　表4.21

混凝土电阻率(kΩ·cm)	钢筋可能的腐蚀速率	混凝土电阻率(kΩ·cm)	钢筋可能的腐蚀速率
<5	很高	10~20	中等/低
5~10	高	>20	很低

国外研究人员在混凝土结构实际检测工作的基础上，给出了钢筋的可能腐蚀速率与混凝土电阻率之间的关系，见表4.21。《建筑结构检测技术标准》GB/T 50344—2019给出了混凝土电阻率与钢筋锈蚀状况的判别标准，见表4.22。

交通运输部公路科学研究院也给出了相应的参考标准，见表4.23。由此可以看出，腐蚀速率与混凝土电阻率之间的关系同样存在着评判标准的不统一和地区的差异性。

混凝土电阻率与钢筋锈蚀状态判别　　　　　　　表 4.22

混凝土电阻率(kΩ·cm)	钢筋锈蚀状态判别
>100	钢筋不会锈蚀
50～100	低锈蚀速率
10～50	钢筋活化时,可出现中高锈蚀速率
<10	电阻率不是锈蚀的控制因素

混凝土电阻率对钢筋锈蚀的影响　　　　　　　　表 4.23

序号	电阻率(kΩ·cm)	可能的锈蚀程度	评定等级
1	>20	很慢	Ⅰ
2	15～20	慢	Ⅱ
3	10～15	一般	Ⅲ
4	5～10	快	Ⅳ
5	<5	很快	Ⅴ

注:混凝土湿度对量测值有明显影响,量测构件应为自然状态,否则不能使用此评判标准。

在实际检测中,保证仪器和混凝土之间良好的电接触性是很重要的。这一般可采用一种可导性乳剂或冻胶来保证,有时还须采用在混凝土表面钻孔的方法。

为了最大程度地降低具有不同电阻率的混凝土面层对量测精确度的影响,触头之间的距离至少 4cm,触头之间的间距不应超过混凝土厚度的 1/4,这是为了排除盐分渗入或碳化作用产生的干扰。在下雨或其他情形下,当混凝土表面有水覆盖层时对其进行混凝土电阻率的量测,也会造成不精确的结果,应尽量避免。

4.3.3　直线线性极化电阻法

除了半电池电位法和混凝土电阻率法等定性检测技术,还可进一步采用定量检测技术来确定混凝土中钢筋的锈蚀速率,即对混凝土中钢筋加一个很小的电化学扰动并量测其反应,从量测到的反应可以得到受扰动钢筋的腐蚀速率。运用扰动来量测腐蚀速率的最常用方法是直线线性极化电阻法。当所加电位不超过 20mV 时,腐蚀电流 I_{corr} 可以通过下式得出:

$$I_{\text{corr}} = \beta_a \beta_c \times \frac{1}{2.3(\beta_a + \beta_c)} \cdot \frac{1}{R_P} = \frac{B}{R_P} \tag{4.12}$$

式中,β_a、β_c 分别为阳极和阴极的 Tafel 常数;B 为 Stern-Geary 常数,对混凝土中发生腐蚀的钢筋,B 一般可取 25mV,对钝化钢筋,一般可取 50mV。

这样就可以通过直线线性极化电阻量测得到的腐蚀电流密度来求得混凝土中钢筋的腐蚀速率,如下式所示:

$$P = \frac{M i_{\text{corr}} t}{\rho Z F} \tag{4.13}$$

式中,i_{corr} 为腐蚀电流密度;t 为时间;ρ 为钢筋的密度,取为 7.95g/cm^3;Z 为传递电子数,取为 2(如 Fe→Fe2$^+$+2e$^-$);M 为铁的原子量,取为 55.85g/mol;F 为法拉第常数,取为 96500coulomb/mol=96500A·sec/mol。

　　直线线性极化电阻的量测可采用三种不同的方法，即 Potentiostatic 法、Galvanostatic 法和 Potentiodynamic 法，其工作原理分别如图 4.6～图 4.8 所示。

　　直线线性极化电阻检测方法的优点在于它能够直接给出钢筋在检测时的腐蚀速率，目前已经开发出了一些便携式的 LPR 检测设备以用于现场数据量测和腐蚀度计算。在采用这些设备进行现场量测时，仍存在着一些实际的困难，尽管针对这一方面已经做了大量的试验工作，但并未很好地解决一些问题。

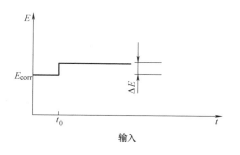 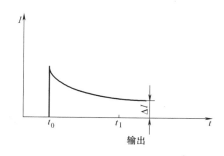

图 4.6　Potentiostatic 法检测原理

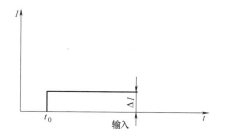 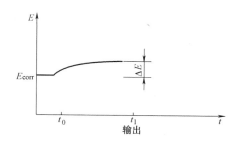

图 4.7　Galvanostatic 法检测原理

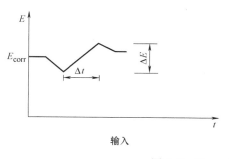 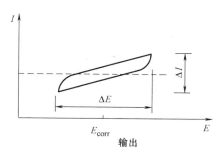

图 4.8　Potentiodynamic 法检测原理

　　其中首要的问题是极化电阻的量测值并非钢筋-混凝土接触面真正的量测值。这是由于混凝土形成的所谓"溶液电阻" R_s 所造成的，如图 4.9 所示。实际极化电阻 R_p 应为：

$$R_p = \frac{\Delta E}{\Delta I} - R_s \qquad (4.14)$$

89

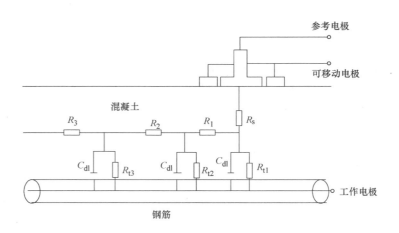

图 4.9　误差原理图

在钢筋-混凝土接触面，有一个与接触面电阻平行的电容。这个电容被称为双层电容，是由于接触面上分子的双极排列所造成的。当 300Hz 交流电通过时，该电容将发生短路，从而量测到混凝土的 R_s 电阻。把这个电阻值从量测到的线性极化电阻中减去，就可以得到钢筋-混凝土接触面电阻的真实值。

由于双层电容的存在，在直线线性极化电阻的量测过程中，电流对电位的变化并非保持为一常数。因此，必须确定电流的量测时刻，这是造成不精确的另一个原因。

这种方法产生的另一种误差是受扰动钢筋面积的不确定所造成的，真正量测时涉及的钢筋面积需要定量化。由于电流是沿着钢筋向外发散扩展，对一些大型结构是非常困难的。因此，需要采用一些办法来克服这一问题。如可采用直径 40~50mm 的相对较大的辅助电极；在辅助电极两边加保护环，以减少通过辅助电极电流的扩张，来确定钢筋的面积；预埋控制杆等方法。

4.3.4　交流阻抗谱法

交流阻抗谱法是一种暂态频谱分析技术，施加的交流信号对腐蚀体系的影响较小。它不仅可确定电极过程的各种电化学参数，而且可以确定电化学反应的控制步骤。通过交流阻抗谱随时间的变化也可以研究电极过程的变化规律。

这种方法的基本原理是基于钢筋-混凝土简化模型，通过在不同频率上（频率范围一般为 1kHz~10MHz）外加振幅为 20mV 左右的正弦波，来对钢筋的腐蚀情况进行量测。其中，在高频段的量测中，可获得混凝土的"溶液电阻"；在中频段，则可获得钢筋表面的双层电容 C_{dl}；在低频段，可获得 $R_{ct}+R_s$ 值。其中，R_{ct} 为控制钢筋腐蚀速率的实际极化电阻。该方法的工作原理如图 4.10 所示。

交流阻抗谱法可以提供钢筋-混凝土界面反应动力学的有关信息，包括反应阻抗、双电层电容和扩散过程特征等，并可采用等效电路解析腐蚀体系的电化学交流阻抗数据，定量描述腐蚀反应机理及动力学过程。

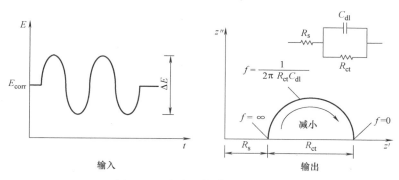

图 4.10 交流阻抗谱法工作原理

在浓差极化可以忽略的情况下，腐蚀体系通常可以简化为电阻电容串联的 Randle 模型电路，如图 4.11 所示。通过对该电路施加一个正弦交流电压信号 $I = A\sin(\omega t)$，在保证不改变电极体系性质的情况下，可以计算出等效电路的阻抗：

$$Z = \left[R_\Omega + \frac{R_p}{1 + \omega^2 C_{dl}^2 R_p^2}\right] - i\ \frac{\omega C_{dl} R_p^2}{1 + \omega^2 C_{dl}^2 R_p^2} \tag{4.15}$$

式中，R_p 为钢筋混凝土界面的极化电阻；R_Ω 为辅助电极与钢筋之间混凝土的欧姆电阻；C_{dl} 为钢筋混凝土界面的双电层电容。

以上式的实部为 X 轴，虚部为 Y 轴作图，可得电路的阻抗谱图（Nyquist 图）。并由此可以直接解出 R_p、R_Ω、C_{dl}，从而可以对研究对象的腐蚀状态作出评价。

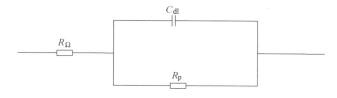

图 4.11 Randle 模型电路

交流阻抗谱法一般仅能测量某一固定时刻的钢筋锈蚀速率。实际中，混凝土钢筋的锈蚀速率在时间和空间的分布都是不均匀的：在初始阶段，由于钢筋表面存在钝化膜，因此钢筋锈蚀速率非常小；随着锈蚀时间的延长，钝化膜渐渐损坏，钢筋表面的局部腐蚀逐步扩大；由于钢筋表面的不均匀性，钢筋锈蚀往往仅在某些局部区域发生，而在发生这些点蚀的地方，钢筋锈蚀速率（即腐蚀电流密度）往往很大。

4.3.5 常用电化学检测方法的比较

综合以上各类电化学方法，表 4.24 给出电化学方法在应用情况、检测速度、测量参数、干扰程度、适用性等方面的比较。

91

常用电化学检测方法的比较　　　　　　　　表 4.24

	半电池电位法	混凝土电阻率法	直流线性极化电阻法	交流阻抗谱法	恒电量法	电化学噪声法	谐波法
应用情况	最广泛	一般	广泛	一般	较少	较少	较少
检测速度	快	较慢	较快	慢	快	较慢	较慢
定性/定量	定性	定性	定量	定量	定量	半定量	定量
干扰程度	无	小	小	较小	微小	无	较小
测定参数	电位差	腐蚀电流密度	腐蚀电流密度	腐蚀电流密度	腐蚀电流密度	腐蚀电流密度	腐蚀电流密度

4.3.6　钢筋锈蚀试验

《普通混凝土长期性能和耐久性能试验方法标准》GB/T 50082—2009 所采用的混凝土中钢筋锈蚀试验法，通过快速碳化试验对比不同混凝土对钢筋的保护作用，因此适合于大气条件下钢筋的锈蚀试验，不适用于氯离子环境条件下钢筋锈蚀试验。

该试验采用 100mm×100mm×300mm 的棱柱体试件，每组 3 块。适用于骨料最大粒径不超过 31.5mm 的混凝土。试件中埋置的钢筋应采用直径 6.5mm 的普通低碳钢热扎（Q235）盘条调直截断制成，其表面不得有锈坑及其他严重缺陷。试件成型前应将套有定位板的钢筋放入试模，定位板应紧贴试模的两个端板，为防止试模上的隔离剂沾污钢筋，安放完毕后应使用丙酮擦净钢筋表面。钢筋定位板示意如图 4.12 所示。

我国常用的钢筋锈蚀测量方法有两种，一是直接测量被检钢筋的锈蚀面积及失重情况，另一种是测量钢筋在电化学过程中的极化程度，并根据所测量得到的极化曲线来判别钢筋有无锈蚀情况。后者只适用于溶液及水泥砂浆（未硬化或已硬化）中钢筋锈蚀的定性检验。混凝土中钢筋锈蚀的极化试验尚需要进一步完善和改进，故采用破型直接检验钢筋质量损失的试验方法。

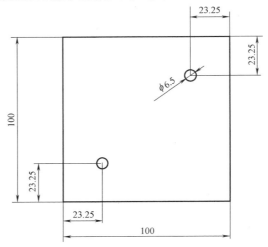

图 4.12　钢筋定位板示意图（mm）

钢筋锈蚀面积表达法在锈蚀不大时很难分清锈蚀和未锈蚀的界限，而锈蚀严重时，却又不能反映它们在锈蚀程度上的差别。因此，可采用钢筋的锈蚀失重率作为评价指标。

由于测量钢筋锈蚀程度采用酸洗的方法，而酸对未锈蚀的钢筋也会有一定破坏，为了避免酸洗本身带来的影响，应用相同材质的未锈蚀钢筋作为基准来校正。钢筋锈蚀失重率应按下式计算：

$$L_W = \frac{w_0 - w - \dfrac{(w_{01} - w_1) + (w_{02} - w_2)}{2}}{w_0} \times 100 \qquad (4.16)$$

式中，L_W 为钢筋锈蚀失重率（%），精确至 0.01；w_0 为钢筋未锈前质量（g）；w 为锈蚀钢筋经过酸洗处理后的质量（g）；w_{01}、w_{02} 分别为两根基准校正用的钢筋的初始质量（g）；w_1、w_2 分别为两根基准校正用的钢筋酸洗后的质量（g）。

4.4 工程实例

4.4.1 某工业建筑混凝土结构

某化肥厂一因腐蚀损伤而废弃的结构在使用 19 年后于 1989 年废弃。在废弃前，该结构主要用于基于"侯式制碱法"的氯化铵和碳酸钠的生产，其反应方程如下所示：

$$NaCl + NH_3 + CO_2 + H_2O \rightarrow NaHCO_3 + NH_4Cl \qquad (4.17)$$
$$2NaHCO_3 \rightarrow Na_2CO_3 + H_2O \uparrow + CO_2 \uparrow \qquad (4.18)$$

所检测的结构为一个三层双向立体框架，用于放置生产工艺中氯化铵的冷却及结晶容器。

1. 外观检查及取样

整个结构处于严重的腐蚀破坏状态，混凝土柱外观呈棕色，混凝土沿纵向钢筋方向有较深的裂缝。通过查阅图纸，混凝土柱纵向钢筋设计直径为 20mm，混凝土保护层厚度为 20mm 左右（包括 5~9mm 的水泥砂浆层）。大部分区域的水泥砂浆层已经完全剥落，在一些部位，混凝土保护层也有剥落情况，并露出纵向钢筋，钢筋表面均有较厚的铁锈。

在混凝土柱表面每间隔 1cm，用冲击钻（直径 13cm）对混凝土进行钻孔取样；另外，对钢筋铁锈及混凝土骨料进行取样。

2. 电化学检测

主要采用钢筋电位法（将饱和铜/硫酸铜电极作为参考电极在混凝土表面沿网格点移动量测，检测设备另一端与钢筋连接，并保持良好的电接触）及混凝土电阻率法对结构进行检测。

对某根钢筋混凝土柱的两侧面分别进行钢筋电位检测。在检测中，相对于标准饱和铜/硫酸铜参考电极，钢筋的电位处于 $-450 \sim -550$mV 的范围，见表 4.25 和表 4.26，表明结构中钢筋处于快速腐蚀状态。

在混凝土电阻的检测中，混凝土的电阻率处于 $0.1 \sim 1.0$k$\Omega \cdot$cm 的范围，也

93

表明结构中钢筋处于严重腐蚀状态。

在对废弃结构进行检测时，周围环境温度约为30℃，相对湿度约为80%，空气中有较强烈的氨气的味道。

钢筋电位检测结果（一） 表 4.25

钢筋电位图表 A
（单位：mV 相对于标准饱和铜/硫酸铜参考电极） 5×7 网格 10cm×10cm

−452	−459	−458	−481	−481
−460	−471	−472	−492	−491
−473	−482	−482	−499	−498
−484	−493	−500	−507	−508
−494	−510	−519	−518	−518
−509	−523	−528	−530	−529
−533	−541	−543	−541	−545

钢筋电位检测结果（二） 表 4.26

钢筋电位图表 B
（单位：mV 相对于标准饱和铜/硫酸铜参考电极） 7×7 网格 10cm×10cm

−457	−456	−465	−459	−458	−461	−472
−470	−471	−475	−469	−469	−471	−470
−484	−482	−486	−482	−480	−479	−481
−494	−492	−490	−489	−486	−483	−484
−504	−501	−499	−496	−491	−490	−491
−521	−515	−509	−506	−501	−497	−503
−531	−528	−525	−521	−514	−510	−515

3. 混凝土样品的化学分析

在现场采用酚酞试剂对部分混凝土样品进行检测。检测结果表明，混凝土柱从表面到6cm左右的深度呈酸性，即混凝土的中性化深度大于6cm。

另外，在实验室将混凝土、骨料及铁锈样品溶于1N硝酸溶液，并采用无水碳酸钠进行中和滴定的方法，测量样品中氯离子及硫酸根离子的含量。检测结果见表 4.27～表 4.29。

从检测结果可以看出，在各个深度，硫酸根及氯离子含量均非常高。氯离子的出现说明反应过程中氯化钠或氯化氨泄漏并侵入混凝土。在混凝土表面氯离子浓度较低是结构废弃后雨水冲刷造成的。

高浓度硫酸根离子的出现应与混凝土在拌制时的成分有关。在将混凝土样品溶于硝酸时，有硫化氢产生，经分析判明在拌制混凝土时所采用的骨料中含有硫化物，并在结构的使用过程中逐渐氧化为硫酸根离子。

不同深度的氯离子含量 表 4.27

混凝土深度（cm）	氯离子含量（混凝土质量的百分比）（%）	氯离子含量（水泥质量的百分比）（%）
表面水泥砂浆层（5～9mm）	0.77	5.5
0～1	0.80	5.6
1～2	0.61	4.3
2～3	1.02	7.2
3～4	1.06	7.5
4～5	1.91	13.6
5～6	1.80	12.8
6～8	1.60	11.3
6～10.5	1.48	10.5

不同深度的硫酸根离子含量 表 4.28

混凝土深度（cm）	硫酸根离子含量（混凝土质量百分比）（%）	是否碳化
表面水泥砂浆层（5～9mm）	1.8～2.4	是
0～1	1.8～2.4	是
1～2	1.6～2.4	是
2～3	1.6～2.4	是
3～4	约2.4	是
4～5	1.6～2.4	是
5～6	约1.8	是
6～8	2.0～2.4	否
6～10.5	1.5～1.9	否

铁锈及骨料样品中氯离子与硫酸根离子含量的比值分别为 2：1 和 1：4。因此可以认为氯离子（其含量大大超过水泥质量的 0.4%）是造成钢筋锈蚀的主要原因。当然，高浓度硫酸根离子的出现以及混凝土的酸性化也大大加速了钢筋锈蚀。

铁锈及骨料样品中氯离子和硫酸根离子的含量 表 4.29

项目	氯离子的质量百分比含量（%）	硫酸根离子的质量百分比含量（%）
骨料	1.884	6～8
铁锈	1.818	0.55～1.1

氯离子及硫酸根离子的浓度在超出混凝土酸性化深度的部位含量仍然很高，因此混凝土的酸性化主要是反应容器附近高浓度的二氧化碳所造成的，而氯离子或硫酸根离子的作用相对较小。

4.4.2　旧桥预应力混凝土空心板

试验检测用空心板为某高速公路维修养护中更换下的基本使用 10 年的旧桥预应力混凝土空心板。空心板截面尺寸和配筋如图 4.13 和图 4.14 所示。该空心板按照《公路钢筋混凝土及预应力混凝土桥涵设计规范》JTG 3362—2018 设计，预应力钢筋采用直径 5mm 的碳素钢丝，普通钢筋采用 Ⅰ 级钢筋，混凝土强度等级为 C40，空心板跨径为 10m。

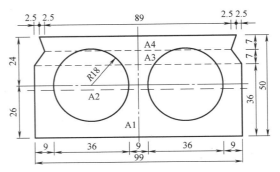

图 4.13　空心板截面（单位：cm）

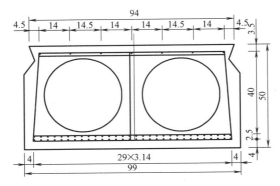

图 4.14　空心板配筋图（单位：cm）

基于表观检查，该试验板外观基本完好，裂缝发展轻微。其中试验板的板底和板东侧面未发现裂缝，试验板西侧面存在 4 条竖向和弯曲斜裂缝，最大裂缝宽度 0.06mm。

试验板板体表面各处存在不同程度的损伤，其中，企口缝处存在混凝土剥落、破坏的情况，空心板端头也存在一定程度的混凝土损伤情况，板体侧面表面混凝土有部分损伤，空心板顶板底面及板体表面部分钢筋外露且存在一定腐蚀。

1. 表面碳化

对试验板底面及侧面碳化深度分别进行测试，测试结果见图 4.15～图 4.17 和表 4.30。

试验板的侧面和底面混凝土碳化深度统计参数（单位：mm）　　表 4.30

测试位置	平均值	标准差
西侧面	2.96	0.27
东侧面	3.15	0.84
底面	6.11	1.49

由检测结果可以看出，试验板的底面碳化较侧面严重，较符合工程实际。

2. 半电池电位

对预应力混凝土空心板结构而言，上部结构的主要受力钢筋采用预应力钢丝（钢绞线），而预应力钢丝（钢绞线）一般均处于高应力状态，因此预应力钢丝（钢绞线）的腐蚀情况是影响结构耐久性和安全性的重要因素。

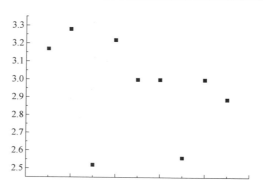

图 4.15　试验板西侧面碳化深度（mm）

选择试验板 1/4 跨、1/2 跨、3/4 跨处底板混凝土表面作为测点布置的主要区域。测试前梁体表面用钢丝刷、砂纸打磨后，将表面润湿，并将端头预应力钢丝进行必要的电连接，如图 4.18 所示。

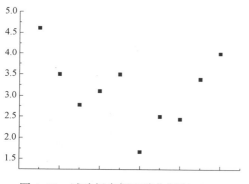

图 4.16　试验板东侧面碳化深度（mm）

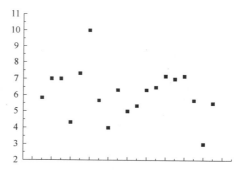

图 4.17　试验板底面碳化深度（mm）

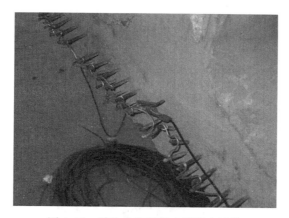

图 4.18　端头先张预应力钢丝电连接

在测区上布置测试网格，网格节点为测点，网格间距为 10cm×10cm。各测区混凝土表面基本完好。各测区预应力钢丝锈蚀电位检测结果如图 4.19～图 4.21 所示。

　　根据钢筋锈蚀电位评判标准，可以看出试验板 1/4 跨、1/2 跨和 3/4 跨处的预应力钢丝锈蚀电位均大于 −200mV，表明此处无锈蚀活动性或锈蚀活动性不确定。进一步的腐蚀状态判定有待于在对混凝土电阻率和混凝土中氯离子含量进行测定后综合给出。

　　3. 混凝土电阻率

　　为进一步确定试验板中结构钢丝的锈蚀状态，并验证各类检测方法的可靠性，对试验板结构混凝土的电阻率进行测试，测试结果见表 4.31、图 4.22 和图 4.23。

试验板结构混凝土电阻率检测结果统计参数（单位：kΩ·cm）　　表 4.31

测点位置	平均值	标准差
试验板西侧	51.36	12.21
试验板东侧	49.40	6.78

注：测试时环境条件相对湿度 65%，温度 15℃。

　　依据相关判别标准可以看出，试验板中结构预应力钢丝的锈蚀概率较低。

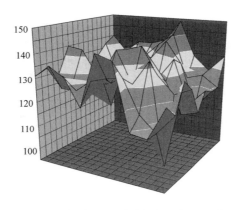

图 4.19　试验板 1/4 跨底板钢丝锈蚀电位
（单位：−mV）

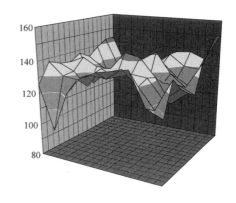

图 4.20　试验板 1/2 跨底板钢丝锈蚀电位
（单位：−mV）

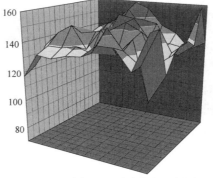

图 4.21　试验板 3/4 跨底板钢丝锈蚀电位
（单位：−mV）

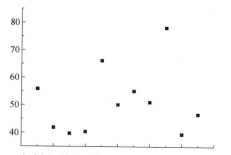

图 4.22　试验板西侧面混凝土电阻率（单位：kΩ·cm）

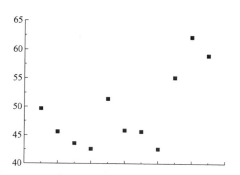

图 4.23　试验板东侧面混凝土电阻率（单位：kΩ·cm）

4. 氯离子含量

对试验板结构混凝土中的游离氯离子及总氯离子含量进行测定，测试结果见图 4.24、图 4.25、表 4.32 和表 4.33。

结构混凝土中游离氯离子含量的测定统计参数（%）　表 4.32

平均值	标准差
0.069	0.0066

结构混凝土中总氯离子含量的测定统计参数（%）　表 4.33

平均值	标准差
0.082	0.0043

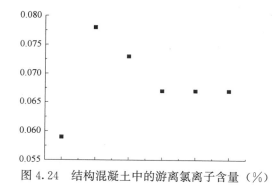

图 4.24　结构混凝土中的游离氯离子含量（%）

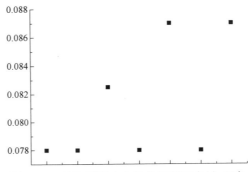

图 4.25　结构混凝土中的总氯离子含量（%）

由检测结果可知，结构混凝土中氯离子诱发结构钢丝（钢筋）锈蚀的可能性很小。

5. 结论和建议

在完成试验板相关破坏荷载试验后，对试验板进行人工凿除，并取出结构钢丝（钢筋），钢丝（钢筋）表面均无明显锈蚀现象，基本仍处于钝化状态。这表明各类检测结果均能较准确地定性反映试验板的实际状态。

试验板在服役一段时间（约 10 年）后，其耐久性依然能够满足正常使用的要求。但试验板板体的裂缝、损伤，将对试验板的耐久性产生不利影响。因此，应采取封闭裂缝、防止预应力筋锈蚀等的措施，以提高其耐久性。

《公路桥涵设计通用规范》JTG D 60—2015 中第 1.0.3 条明确规定："公路桥涵结构的设计基准期为 100 年"。因此，对于新建结构应采取适当加大保护层、提高结构混凝土密实性等必要措施以提高结构的耐久性，保证结构在设计寿命期内的正常使用。

思考题

1. 结构混凝土强度的现场检测方法有哪些？各自的特点是什么？

2. 混凝土保护层厚度测试时，如何考虑非破损方法和局部破损方法的综合运用？

3. 混凝土抗氯离子渗透的试验检测方法有哪些？各自的特点是什么？

4. 骨料碱活性的测试方法有哪些？其适用范围是什么？

5. 混凝土抗冻性试验时，慢冻法、快冻法及盐冻法的特点和适用范围是什么？抗冻耐久性指数如何获得？

6. 在进行快速碳化试验时，平均碳化深度和碳化速度系数各代表什么意义？混凝土抗碳化性能等级如何划分？

7. 混凝土抗硫酸盐侵蚀性能是如何表达的？

8. 混凝土结构中钢筋锈蚀的检测方法有哪些？各自的特点和适用范围是什么？

第5章 既有混凝土结构的耐久性评估

混凝土结构耐久性方面的问题从宏观上主要包括两个部分：对未建混凝土结构进行耐久性设计和对服役混凝土结构进行耐久性评估。而对服役结构进行耐久性评估，则需在分析结构已服役期内大量反馈信息的基础上，根据结构在预定后续使用期内的荷载危险性分析，对其后续使用期内的耐久性能进行评估，并进一步总结归纳，为未建混凝土结构的耐久性设计提供经验和依据。

针对混凝土结构的耐久性评估，国内研究人员开展了大量的理论和试验研究工作，并先后发布了《民用建筑可靠性鉴定标准》GB 50292—2015、《公路桥涵养护规范》JTG H11—2004、《混凝土结构耐久性评定标准》CECS 220：2007以及《工业建筑可靠性鉴定标准》GB 50144—2019 等规范标准，但由于混凝土结构耐久性问题的复杂性和各行业间的差别等原因，其评估理论和方法目前尚未统一且有待进一步补充完善。

5.1 民用建筑的可靠性鉴定

《民用建筑可靠性鉴定标准》GB 50292—2015 根据民用建筑的特点和该标准制定时结构可靠度设计的发展水平，以概率理论为基础，以结构各种功能要求的极限状态为鉴定依据的可靠性鉴定方法，称为概率极限状态鉴定法。该方法的特点之一，是将已有建筑物的可靠性鉴定，划分为安全性鉴定与正常使用性鉴定，并分别从承载能力极限状态和正常使用极限状态出发，根据使用要求所建立的分级鉴定模式，具体确定了划分等级的尺度，并给出每一检查项目不同等级的评定界限，以作为对两类不同性质极限状态的问题进行鉴定的依据。

由于该标准制定时，适用性和耐久性功能的标志及其界限是综合给出的，因此该标准对正常使用性鉴定未再细分为适用性鉴定和耐久性鉴定，而统称为正常使用性鉴定。本书将主要介绍与正常使用性鉴定相关的内容。

1. 鉴定的工作内容

民用建筑可靠性鉴定的目的、范围和内容，应根据委托方提出的鉴定原因和要求，经初步调查后确定。

在下列情况下，可进行正常使用性鉴定：

（1）建筑物使用维护的常规检查；

（2）建筑物有较高舒适度要求。

初步调查宜包括下列基本工作内容：

（1）查阅图纸资料。其主要包括岩土工程勘察报告、设计计算书、设计变更记录、施工图、施工及施工变更记录、竣工图、竣工质检及验收文件（包括隐蔽

101

工程验收记录）、定点观测记录、事故处理报告、维修记录、历次加固改造图纸等。

（2）查询建筑物历史。如原始施工、历次修缮、加固、改造、用途变更、使用条件改变以及受灾等情况。

（3）考察现场。按资料核对实物现状：调查建筑物实际使用条件和内外环境、查看已发现的问题、听取有关人员的意见等。

（4）填写初步调查表。

（5）制定详细调查计划及检测、试验工作大纲并提出需由委托方完成的准备工作。

详细调查宜根据实际需要选择下列工作内容：

（1）结构体系基本情况勘查

其主要包括：结构布置及结构形式；圈梁、构造柱、拉结件、支撑（或其他抗侧力系统）的布置；结构支承或支座构造；构件及其连接构造；结构细部尺寸及其他有关的几何参数。

（2）结构使用条件调查核实

其主要包括：结构上的作用（荷载）；建筑物内外环境；使用史（含荷载史、灾害史）。

可靠性鉴定评级的层次、等级划分及工作内容　　　　表 5.1

层次		一	二	三
层名		构件	子单元	鉴定单元
安全性鉴定	等级	a_u、b_u、c_u、d_u	A_u、B_u、C_u、D_u	A_{su}、B_{su}、C_{su}、D_{su}
	地基基础	—	地基变形评级	
		按同类材料构件各检查项目评定单个基础等级	边坡场地稳定性评级	地基基础评级
			地基承载力评级	
	上部承重结构	按承载能力、构造、不适于继续承载的位移或损伤等检查项目评定单个构件等级	每种构件集评级	上部承重结构评级
			结构侧向位移评级	鉴定单元安全性评级
		—	按结构布置、支撑、圈梁、结构间连系等检查项目评定结构整体性等级	
	围护系统承重部分	按上部承重结构检查项目及步骤评定围护系统承重部分各层次安全性等级		
使用性鉴定	等级	a_s、b_s、c_s	A_s、B_s、C_s	A_{ss}、B_{ss}、C_{ss}
	地基基础	—	按上部承重结构和围护系统工作状态评估地基基础等级	鉴定单元正常使用性评级

续表

层次		一	二		三
层名		构件	子单元		鉴定单元
使用性鉴定	等级	a_s、b_s、c_s	A_s、B_s、C_s		A_{ss}、B_{ss}、C_{ss}
	上部承重结构	按位移、裂缝、风化、锈蚀等检查项目评定单个构件等级	每种构件集评级	上部承重结构评级	鉴定单元正常使用性评级
			结构侧向位移评级		
	围护系统功能	—	按屋面防水、吊顶、墙、门窗、地下防水及其他防护设施等检查项目评定围护系统功能等级	围护系统评级	
		按上部承重结构检查项目及步骤评定围护系统承重部分各层次使用性等级			
可靠性鉴定	等级	a、b、c、d	A、B、C、D		Ⅰ、Ⅱ、Ⅲ、Ⅳ
	地基基础	以同层次安全性和正常使用性评定结果并列表达，或按《民用建筑可靠性鉴定标准》GB 50292—2015规定的原则确定其可靠性等级			鉴定单元可靠性评级
	上部承重结构				
	围护系统				

（3）地基基础（包括桩基础）的调查与检测

其主要包括：场地类别与地基土，包括土层分布及下卧层情况；地基稳定性（斜坡）；地基变形及其在上部结构中的反应；地基承载力的近位测试及室内力学性能试验；基础和桩的工作状态评估，若条件许可，也可针对开裂、腐蚀或其他损坏等情况进行开挖检查；其他因素，如地下水抽降、地基浸水、水质恶化、土壤腐蚀等的影响或作用。

（4）材料性能检测分析：结构构件材料；连接材料；其他材料。

（5）承重结构检查

其主要包括：构件（含连接）的几何参数；构件及其连接的工作情况；结构支承或支座的工作情况；建筑物的裂缝及其他损伤的情况；结构的整体牢固性；建筑物侧向位移，包括上部结构倾斜、基础转动和局部变形；结构的动力特性。

（6）围护系统的安全状况和使用功能调查。

（7）易受结构位移、变形影响的管道系统调查。

安全性和正常使用性的鉴定评级，应按构件、子单元和鉴定单元各分三个层次。每一层次分为四个安全性等级和三个使用性等级，并应按表5.1规定的检查项目和步骤，从第一层开始，逐层进行：

（1）根据构件各检查项目评定结果，确定单个构件等级；

（2）根据子单元各检查项目及各构件集的评定结果，确定子单元等级；

（3）根据各子单元的评定结果，确定鉴定单元等级。

各层次可靠性鉴定评级，应以该层次安全性和使用性的评定结果为依据综合

103

确定。每一层次的可靠性等级分为四级。当仅要求鉴定某层次的安全性或正常使用性时，检查和评定工作可只进行到该层次相应程序规定的步骤。

民用建筑使用性鉴定评级的各层次分级标准，应按表5.2的规定采用。

使用性鉴定分级标准   表5.2

层次	鉴定对象	等级	分级标准	处理要求
一	单个构件或其检查项目	a_s	使用性符合本标准对 a_s 级的要求,具有正常的使用功能	不必采取措施
		b_s	使用性略低于本标准对 a_s 级的要求,尚不显著影响使用功能	可不采取措施
		c_s	使用性不符合本标准对 a_s 级的要求,显著影响使用功能	应采取措施
二	子单元或其中某种构件集	A_s	使用性符合本标准对 A_s 级的要求,不影响整体使用功能	可能有极少数一般构件应采取措施
		B_s	使用性略低于本标准对 A_s 级的要求,尚不显著影响整体使用功能	可能有极少数构件应采取措施
		C_s	使用性不符合本标准对 A_s 级的要求,显著影响整体使用功能	应采取措施
三	鉴定单元	A_{ss}	使用性符合本标准对 A_{ss} 级的要求,不影响整体使用功能	可能有极少数一般构件应采取措施
		B_{ss}	使用性略低于本标准对 A_{ss} 级的要求,尚不显著影响整体使用功能	可能有极少数构件应采取措施
		C_{ss}	使用性不符合本标准对 A_{ss} 级的要求,显著影响整体使用功能	应采取措施

注：表中本标准指《民用建筑可靠性鉴定标准》GB 50292—2015。

2. 构件使用性鉴定评级

使用性鉴定，应以现场的调查、检测结果为基本依据。当遇到下列情况之一时，结构的主要构件鉴定，尚应按正常使用极限状态的要求进行计算分析与验算：

（1）检测结果需与计算值进行比较；

（2）检测只能取得部分数据，需通过计算分析进行鉴定；

（3）为改变建筑物用途、使用条件或使用要求而进行的鉴定。

对被鉴定的结构构件进行计算和验算，除应符合现行设计规范和相关规定要求外，尚应遵守下列规定：

（1）构件材料的弹性模量、剪变模量和泊松比等物理性能指标，可根据鉴定确认的材料品种和强度等级，按现行设计规范规定的数值采用。

（2）验算结果应按现行标准、规范规定的限值进行评级。若验算合格，可根据其实际完好程度评为 a_s 级或 b_s 级；若验算不合格，应定为 c_s 级。

（3）若验算结果与观察不符，应进一步检查设计和施工方面可能存在的差错。

混凝土结构构件的使用性鉴定，应按位移（变形）、裂缝、缺陷和损伤四个检查项目，分别评定每一受检构件的等级，并取其中最低一级作为该构件使用性等级。混凝土结构构件碳化深度的测定结果，主要用于鉴定分析，不参与评级。但若构件主筋已处于碳化区内，则应在鉴定报告中指出，并应结合其他项目的检测结果提出处理建议。

当混凝土桁架和其他受弯构件的正常使用性按其挠度检测结果评定时，宜按下列规定评级：

（1）若检测值小于计算值及现行设计规范限值时，可评为 a_s 级；

（2）若检测值大于或等于计算值，但不大于现行设计规范限值时，可评为 b_s 级；

（3）若检测值大于现行设计规范限值时，应评为 c_s 级。

当混凝土柱的使用性需要按其柱顶水平位移（或倾斜）检测结果评定时，可按下列原则评级：

（1）若该位移的出现与整个结构有关，则应根据《民用建筑可靠性鉴定标准》GB 50292—2015 关于子单元正常使用性的鉴定评级结果，取与上部承重结构相同的级别作为该柱的水平位移等级。

（2）若该位移的出现只是孤立事件，则可根据其检测结果直接评级，评级所需的位移限值，可按《民用建筑可靠性鉴定标准》GB 50292—2015 中的相关规定执行。

当混凝土结构构件的使用性按其裂缝宽度检测结果评定时，应遵守下列规定：

（1）若检测值小于计算值及现行设计规范限值时，可评为 a_s 级；

（2）若检测值大于或等于计算值，但不大于现行设计规范限值时，可评为 b_s 级；

（3）若检测值大于现行设计规范限值时，应评为 c_s 级；

（4）若无计算值时，应按表 5.3 或表 5.4 的规定评级；

（5）对沿主筋方向出现的锈迹或细裂缝，应直接评为 c_s 级；

（6）若一根构件同时出现两种或以上的裂缝，应分别评级，并取其中最低一级作为该构件的裂缝等级。

钢筋混凝土构件裂缝宽度等级的评定				表 5.3		
检查项目	环境	构件类别		a_s 级	b_s 级	c_s 级
受力主筋处的弯曲裂缝或弯剪裂缝宽度（mm）	室内正常环境	主要构件	屋架、托架	≤0.15	≤0.20	>0.20
			主梁、托梁	≤0.20	≤0.30	>0.30
		一般构件		≤0.25	≤0.40	>0.40
	室内高湿环境、露天环境、干湿交替环境	任何构件		≤0.15	≤0.20	>0.20

注：1. 对拱架和屋面梁，应分别按屋架和主梁评定。
　　2. 裂缝宽度以表面量测的数值为准。

混凝土构件的缺陷和损伤项目应按表 5.5 的规定评级。

预应力混凝土构件裂缝宽度等级的评定　　　　　表 5.4

检查项目	环境	构件类别	评定标准		
			a_s 级	b_s 级	c_s 级
受力主筋处的弯曲裂缝或弯剪裂缝宽度(mm)	室内正常环境	主要构件	无裂缝(≤0.05)	≤0.05(≤0.10)	>0.05(>0.10)
		一般构件	≤0.02(≤0.15)	≤0.10(≤0.25)	>0.10(>0.25)
	室内高湿环境、露天环境、干湿交替环境	任何构件	无裂缝	≤0.02(≤0.05)	>0.02(>0.05)

注：1. 表中括号内限值仅适用于采用热轧钢筋配筋的预应力混凝土构件。
　　2. 当构件无裂缝时，评定结果取 a_s 或 b_s 级，可根据其混凝土外观质量的完好程度判定。

混凝土构件的缺陷和损伤等级的评定　　　　　表 5.5

检查项目	a_s 级	b_s 级	c_s 级
缺陷	无明显缺陷	局部有缺陷,但缺陷深度小于钢筋保护层厚度	有较大范围的缺陷,或局部的严重缺陷,且缺陷深度大于钢筋保护层厚度
钢筋锈蚀损伤	无锈蚀现象	探测表明有可能锈蚀	已出现沿主筋方向的锈蚀裂缝,或明显的锈迹
混凝土腐蚀损伤	无腐蚀损伤	表面有轻度腐蚀损伤	有明显腐蚀损伤

3. 子单元使用性鉴定评级

民用建筑使用性的第二层次鉴定评级，应按地基基础、上部承重结构和围护系统划分为三个子单元。当仅要求对某个子单元的使用性进行鉴定时，该子单元与其他相邻子单元之间的交叉部位，也应进行检查。

（1）地基基础

地基基础的使用性，可根据其上部承重结构或围护系统的工作状态进行评定。当评定地基基础的使用等级时，应按下列规定评级：

1）当上部承重结构和围护系统的使用性检查未发现问题，或所发现问题与地基基础无关时，可根据实际情况定为 A_s 级或 B_s 级。

2）当上部承重结构和围护系统所发现的问题与地基基础有关时，可根据上部承重结构和围护系统所评的等级，取其中较低一级作为地基基础使用性等级。

（2）上部承重结构

上部承重结构子单元的使用性鉴定评级，应根据其所含各种构件集的使用性等级和结构的侧向位移等级进行评定。当建筑物的使用要求对振动有限制时，还应评估振动（或颤动）的影响。

当评定一种构件集的使用性等级时，应按下列规定评级：

1）对单层房屋，以计算单元中每种构件集为评定对象；

2）对多层和高层房屋，允许随机抽取若干层为代表层进行评定；代表层的层数，应按 $\sqrt{m}$ 确定（m 为该鉴定单元的层数），若 $\sqrt{m}$ 为非整数时，应多取一层；随机抽取的 $\sqrt{m}$ 层中，若未包括底层、顶层和转换层，应另增这些层为代表层。

在计算单元或代表层中，评定一种构件集的使用性等级时，应根据该层该种构件中每一受检构件的评定结果，按表 5.6 规定评级。

构件集使用性等级的评定　　　　　　　　　　　　　表 5.6

等级	规定
A_s	在该构件集内，不含 c_s 级构件，可含 b_s 级构件，但含量不多于 25%～35%
B_s	在该构件集内，可含 c_s 级构件，但含量不多于 20%～25%
C_s	在该构件集内，c_s 级含量多于 b_s 级的规定数

注：每种构件集的评级，在确定各级百分比含量的限值时，对主要构件集取下限；对一般构件集取偏上限或上限，但应在检测前确定所采用的限值。

上部结构使用功能的等级，应根据计算单元或代表层所评的等级，按表 5.7 规定进行确定。

上部结构使用性等级的评定　　　　　　　　　　　　表 5.7

等级	规定
A_s	不含 C_s 级的计算单元或代表层；可含 B_s 级，但含量不宜多于 30%
B_s	可含 C_s 级的计算单元或代表层，但含量不多于 20%
C_s	在该计算单元或代表层中，C_s 级含量多于 B_s 级的规定值

当上部承重结构的使用性需考虑侧向（水平）位移的影响时，可采用检测或计算分析的方法进行鉴定，但应按下列规定进行评级：

1）对检测取得的主要是由综合因素（可含风和其他作用，以及施工偏差和地基不均匀沉降等，但不含地震作用）引起的侧向位移值，应按表 5.8 的规定评定每一测点的等级，并按下列原则分别确定结构顶点和层间的位移等级：对结构顶点，按各测点中占多数的等级确定；对层间，按各测点最低的等级确定。

根据以上两项评定结果，取其中较低等级作为上部承重结构侧向位移使用性等级。

2）当检测有困难时，允许在现场取得与结构有关参数的基础上，采用计算分析的方法进行鉴定。若计算的侧向位移不超过表 5.8 中 B_s 级界限，可根据该上部承重结构的完好程度评为 A_s 级或 B_s 级。若计算的侧向位移值已超出表 5.8 中 B_s 级的界限，应定为 C_s 级。

上部承重结构的使用性等级，应根据上述评定结果，按上部结构使用功能和结构侧移所评等级，取其中较低等级作为其使用性等级。

当遇到下列情况之一时，可直接将该上部结构使用性等级定为 C_s 级：

1）在楼层中，其楼面振动（或颤动）已使室内精密仪器不能正常工作，或已明显引起人体不适感；

2）在高层建筑的顶部几层，其风振效应已使用户感到不安；

3）振动引起的非结构构件或装饰层的开裂或其他损坏，已可通过目测判定。

107

结构侧向（水平）位移等级的评定　　　　　　　　表 5.8

检查项目	结构类型		位移限值		
			A_s 级	B_s 级	C_s 级
钢筋混凝土结构或钢结构的侧向位移	多层框架	层间	$\leqslant H_i/500$	$\leqslant H_i/400$	$> H_i/400$
		结构顶点	$\leqslant H/600$	$\leqslant H/500$	$> H/500$
	高层框架	层间	$\leqslant H_i/600$	$\leqslant H_i/500$	$> H_i/500$
		结构顶点	$\leqslant H/700$	$\leqslant H/600$	$> H/600$
	框架-剪力墙框架-筒体	层间	$\leqslant H_i/800$	$\leqslant H_i/700$	$> H_i/700$
		结构顶点	$\leqslant H/900$	$\leqslant H/800$	$> H/800$
	筒中筒剪力墙	层间	$\leqslant H_i/950$	$\leqslant H_i/850$	$> H_i/850$
		结构顶点	$\leqslant H/1100$	$\leqslant H/900$	$> H/900$
砌体结构的侧向位移	多层房屋（墙承重）	层间	$\leqslant H_i/550$	$\leqslant H_i/450$	$> H_i/450$
		结构顶点	$\leqslant H/650$	$\leqslant H/550$	$> H/550$
	多层房屋（柱承重）	层间	$\leqslant H_i/600$	$\leqslant H_i/500$	$> H_i/500$
		结构顶点	$\leqslant H/700$	$\leqslant H/600$	$> H/600$

注：表中 H 为结构顶点高度；H_i 为第 i 层的层间高度。

（3）围护系统

围护系统（子单元）的使用性鉴定评级，应根据该系统的使用功能及其承重部分的使用性等级进行评定。

当评定围护系统使用功能时，应按表 5.9 规定的检查项目及其评定标准逐项评级，并按下列原则确定围护系统的使用功能等级：

1）一般情况下，可取其中最低等级作为围护系统的使用功能等级。

2）当鉴定的房屋对表中各检查项目的要求有主次之分时，也可取主要项目中的最低等级作为围护系统使用功能等级。

3）当按上款主要项目所评的等级为 A_s 级或 B_s 级，但有多于一个次要项目为 C_s 级时，应将所评等级降为 C_s 级。

当评定围护系统承重部分的使用性时，应按上部承重结构的标准评定其每种构件的等级，并取其中最低等级，作为该系统承重部分使用性等级。

围护系统的使用性等级，应根据其使用功能和承重部分使用性的评定结果，按较低的等级确定。对围护系统使用功能有特殊要求的建筑物，除应按《民用建筑可靠性鉴定标准》GB 50292—2015 鉴定评级外，尚应按现行专门标准进行评定。若评定结果合格，可维持按《民用建筑可靠性鉴定标准》GB 50292—2015所评等级不变；若不合格，应将按本标准所评的等级降为 C_s 级。

4．鉴定单元的使用性评级

民用建筑鉴定单元的使用性鉴定评级，应根据地基基础、上部承重结构和围护系统的使用性等级，以及与整幢建筑有关的其他使用功能问题进行评定。

鉴定单元的使用性等级，应根据子单元的评定结果，按三个子单元中最低的等级确定。

当鉴定单元的使用性等级被评为 A_{ss} 级或 B_{ss} 级，但若遇到下列情况之一时，宜将所评等级降为 C_{ss} 级：

（1）房屋内外装修已大部分老化或残损。

（2）房屋管道、设备已需全部更新。

围护系统使用功能等级的评定

表 5.9

检查项目	A_s 级	B_s 级	C_s 级
屋面防水	防水构造及排水设施完好，无老化、渗漏及排水不畅的迹象	构造、设施基本完好，或略有老化迹象，但尚不渗漏或积水	构造、设施不当或已损坏，或有渗漏，或积水
吊顶（顶棚）	构造合理，外观完好，建筑功能符合设计要求	构造稍有缺陷，或有轻微变形或裂纹，或建筑功能略低于设计要求	构造不当或已损坏，或建筑功能不符合设计要求，或出现有碍外观的下垂
非承重内墙（含隔墙）	构造合理，与主体结构有可靠联系，无可见变形，面层完好，建筑功能符合设计要求	略低于 A_s 级要求，但尚不显著影响其使用功能	已开裂、变形，或已破损，或使用功能不符合设计要求
外墙（自承重墙或填充墙）	墙体及其面层外观完好，无开裂、变形；墙脚无潮湿迹象，墙厚符合节能要求	略低于 A_s 级要求，但尚不显著影响其使用功能	不符合 A_s 级要求，且已显著影响其使用功能
门窗	外观完好，密封性符合设计要求，无剪切变形迹象，开闭或推动自如	略低于 A_s 级要求，但尚不显著影响其使用功能	门窗构件或其连接已损坏，或密封性差，或有剪切变形，已显著影响使用功能
地下防水	完好，且防水功能符合设计要求	基本完好，局部可能有潮湿迹象，但尚不渗漏	有不同程度损坏或有渗漏
其他防护设施	完好，且防护功能符合设计要求	有轻微缺陷，但尚不显著影响其防护功能	有损坏，或防护功能不符合设计要求

注：其他防护设施系指隔热、保温、防尘、隔声、防湿、防腐、防灾等各种设施。

5.2 工业建筑的可靠性鉴定

工业建筑的可靠性鉴定，是对既有工业建筑的安全性、正常使用性（包括适用性和耐久性）所进行的调查、检测、分析验算和评定等一系列活动。本书主要介绍与正常使用性鉴定相关的内容。

《工业建筑可靠性鉴定标准》GB 50144—2019 指出：从分析大量工业建筑工程技术鉴定项目来看，其中 95% 以上的鉴定项目是以解决安全性（包括整体稳定性）问题为主并注重适用性和耐久性问题，包括工程事故处理或满足技术改造、增产增容的需要以及抗震加固，还有一部分为维持延长工作寿命，需要解决安全性和耐久性问题等，以确保工业生产的安全正常运行；只有不到 5% 的工程项目为解决结构的裂缝或变形等适用性问题进行鉴定。这个结果是由于工业生产的使用要求及工业建筑的荷载条件、使用环境、结构类型（以杆系结构居多）等条件决定的。实践表明：对既有工业建筑的可靠性鉴定，应统一进行以安全性为主并注重正常使用性的可靠性鉴定（即常规鉴定）；对于结构存在的某些方面的突出问题（包括结构剩余耐久年限评估问题等），可就这些问题采用专项鉴定（深化鉴定）来解决。

5.2.1　基本规定

1. 一般规定

工业建筑在下列情况下，应进行可靠性鉴定：

（1）达到设计使用年限拟继续使用时；

（2）使用用途或环境改变时；

（3）进行结构改造或扩建时；

（4）遭受灾害或事故后；

（5）存在较严重的质量缺陷或者出现较严重的腐蚀、损伤、变形时。

在下列情况下，宜进行可靠性鉴定：

（1）使用维护中需要进行常规检测鉴定时；

（2）需要进行较大规模维修时；

（3）其他需要掌握结构可靠性水平时。

在下列情况下，可进行专项鉴定：

（1）结构进行维修改造有专门要求时；

（2）结构存在耐久性损伤影响其耐久年限时；

（3）结构存在疲劳问题影响其疲劳寿命时；

（4）结构存在明显振动影响时；

（5）结构需要进行长期监测时。

鉴定对象可以是工业建筑整体或相对独立的鉴定单元，也可是结构系统或结构构件。

鉴定的目标使用年限，应根据工业建筑的使用历史、当前的技术状况和今后的维修使用计划，由委托方和鉴定方共同商定。对鉴定对象的不同鉴定单元，可确定不同的目标使用年限。

2. 工作内容

工业建筑可靠性鉴定的目的、范围和内容，应由委托方提出，并应与鉴定方协商后确定。

鉴定方案应根据鉴定目的、范围、内容及初步调查结果制定，应包括鉴定依据、详细调查、检测内容、检测方法、工作进度计划及需由委托方完成的准备工作、配合工作等。

可靠性分析应根据详细调查与检测结果，对建筑的结构构件、结构系统、鉴定单元进行结构分析与验算、评定。

工业建筑物的可靠性鉴定评级，宜划分为构件、结构系统、鉴定单元三个层次；其中结构系统和构件两个层次的鉴定评级，应包括安全性等级和使用性等级评定，需要时可由此综合评定其可靠性等级；安全性分四个等级，使用性分三个等级，各层次的可靠性分四个等级，并应按表 5.10 规定的评定项目分层次进行评定。可根据需要评定鉴定单元的可靠性等级，也可直接评定其安全性或使用性等级。

3. 正常使用性鉴定评级标准

工业建筑可靠性鉴定中的构件（包括构件本身及构件间的连接点），其使用性应按下列规定评定等级：

a 级：符合国家现行标准规范的正常使用要求，在目标使用年限内能正常使用，不必采取措施；

b 级：略低于国家现行标准规范的正常使用要求，在目标使用年限内尚不明显影响正常使用，可不采取措施；

c 级：不符合国家现行标准规范的正常使用要求，在目标使用年限内明显影响正常使用，应采取措施。

工业建筑可靠性鉴定评级的层次、等级划分及项目内容　　表 5.10

层次	Ⅰ	Ⅱ		Ⅲ
层名	鉴定单元	结构系统		构件
可靠性鉴定	一、二、三、四	A、B、C、D		a、b、c、d
	建筑物整体或某一区段	安全性评定	地基基础：地基变形、斜坡稳定性	承载能力构造和连接
			地基基础：承载功能	—
			上部承重结构：整体性	—
			上部承重结构：承载功能	承载能力构造和连接
			围护结构：承载功能 构造连接	—
		A、B、C		a、b、c
		使用性评定	地基基础：影响上部结构正常使用的地基变形	变形或偏差 裂缝缺陷和损伤、腐蚀、老化
			上部承重结构：使用状况 使用功能	
			上部承重结构：位移或变形	
			围护系统：使用状况 使用功能	

注：工业建筑结构整体或局部有明显不利影响的振动、耐久性损伤、腐蚀、变形时，应考虑其对上部承重结构安全性、使用性的影响进行评定。

工业建筑可靠性鉴定中的结构系统，其使用性应按下列规定评定等级：

A 级：符合国家现行标准规范的正常使用要求，在目标使用年限内不影响整体正常使用，不必采取措施或有个别次要构件宜采取适当措施；

B 级：略低于国家现行标准规范的正常使用要求，在目标使用年限内尚不明显影响整体正常使用，可能有少数构件应采取措施；

C 级：不符合国家现行标准规范的正常使用要求，在目标使用年限内明显影响整体正常使用，应采取措施。

工业建筑可靠性鉴定中的鉴定单元，其可靠性应按下列规定评定等级：

一级：符合国家现行标准规范的可靠性要求，不影响整体安全，在目标使用年限内不影响整体正常使用，可能有极少数次要构件宜采取适当措施；

二级：略低于国家现行标准规范的可靠性要求，仍能满足结构可靠性的下限水平要求，尚不明显影响整体安全，在目标使用年限内不影响或尚不明显影响整体正常使用，可能有极少数构件应采取措施，极个别次要构件必须立即采取措施；

三级：不符合国家现行标准规范的可靠性要求，影响整体安全，在目标使用年限内明显影响整体正常使用，应采取措施，且可能有极少数构件必须立即采取措施；

四级：极不符合国家现行标准规范的可靠性要求，已严重影响整体安全，必须立即采取措施。

5.2.2　调查检测与分析校核

1. 使用条件的调查和检测

使用条件的调查和检测应包括结构上的作用、使用环境和使用历史三个部分，调查中应考虑使用条件在目标使用年限内可能发生的变化。

工业建筑的使用环境应包括气象条件、地理环境和工作环境三项内容，可按表 5.11 所列的项目进行调查。

工业建筑使用环境调查　　　　　　　　表 5.11

项次	使用条件	调查项目
1	气象条件	大气温度、湿度、降水量、霜冻期、风向风速、土壤冻结等
2	地理环境	地形、地貌、工程地质；建筑方向、周围建筑等
3	工作环境	结构与构件所处的局部环境温度、湿度、构件表面温度、侵蚀介质种类与浓度、干湿交替、冷融交替情况等

工业建筑所处的环境类别和环境作用等级，可按表 5.12 的规定进行调查。

工业建筑所处环境类别和作用等级　　　　　　　　表 5.12

环境类别		作用等级	环境条件	说明和结构构件示例
Ⅰ	一般环境	A	室内正常干燥环境	室内正常环境、低湿度环境中的室内构件
		B	露天环境、室内潮湿环境	一般露天环境、室内潮湿环境
		C	干湿交替环境	频繁与水或冷凝水接触的室内、外构件
Ⅱ	冻融环境	C	轻度	微冻地区混凝土高度饱水；严寒和寒冷地区混凝土中度饱水，无盐环境
		D	中度	微冻地区盐冻；严寒和寒冷地区混凝土高度饱水，无盐环境；混凝土中度饱水，有盐环境
		E	重度	严寒和寒冷地区的盐冻环境；混凝土高度饱水，有盐环境

续表

环境类别		作用等级	环境条件	说明和结构构件示例
Ⅲ	海洋氯化物环境	C	水下区和土中区	桥墩、基础
		D	大气区（轻度盐雾）	涨潮岸线 100～300m 陆上室外靠海构件、桥梁上部构件
		E	大气区（重度盐雾）；非热带潮汐区、浪溅区	涨潮岸线 100m 以内陆上室外靠海构件、桥梁上部构件、桥墩、码头
		F	炎热地区潮汐区、浪溅区	桥墩、码头
Ⅳ	其他氯化物环境	C	轻度	受除冰盐雾轻度作用混凝土构件
		D	中度	受除冰盐水溶液轻度溅射作用混凝土构件
		E	重度	直接处在含氯离子的生产环境中或先天掺有超标氯盐的混凝土构件
Ⅴ	化学腐蚀环境	C	轻度（气体、液体、固体）	一般大气污染环境；汽车或机车废气；弱腐蚀液体、固体
		D	中度（气体、液体、固体）	酸雨 pH＞4.5；中度腐蚀气体、液体、固体
		E	重度（气体、液体、固体）	酸雨 pH≤4.5；强腐蚀气体、液体、固体

工业建筑的使用历史调查应包括工业建筑的设计、施工和验收情况；使用情况、用途变更；维修、加固、改扩建；灾害与事故；超载历史、动荷载作用历史等其他特殊使用情况。

2. 工业建筑的调查和检测

对工业建筑物的调查和检测应包括地基基础、上部承重结构和围护结构三部分。

当需对混凝土结构构件进行材料性能及耐久性检测时，除应满足该标准其他规定要求外，尚应符合下列要求：

（1）混凝土强度的检验宜采用取芯、回弹、超声回弹等方法综合确定。

（2）混凝土构件的老化可通过外观检查、混凝土中性化测试、钢筋锈蚀检测、劣化混凝土岩相与化学分析、混凝土表层渗透性测定等确定。

（3）对混凝土中钢筋的检验可从混凝土构件中截取钢筋进行力学性能和化学成分检验。

3. 结构分析与校核

结构或构件的校核应按承载能力极限状态和正常使用极限状态进行。

结构分析与校核应符合下列规定：

（1）结构或构件分析和校核方法，应符合国家现行设计规范的规定。

（2）结构分析所采用的计算模型，应符合结构的实际受力、构造状况和边界条件。

当材料的种类和性能符合原设计要求时，可按原设计标准值取值；当材料的种类和性能与原设计不符或材料性能已显著退化时，应根据实测数据按国家现行有关检测技术标准的规定取值。

结构或构件的几何参数应取实测值，并结合结构实际的变形、施工偏差以及裂缝、缺陷、损伤、腐蚀、老化等影响确定。

当需要通过结构构件载荷试验检验其承载性能和使用性能时，应按有关的现行国家标准规范执行。

5.2.3　构件的正常使用性鉴定评级

1. 一般规定

单个构件的鉴定评级，应对其安全性等级和使用性等级进行评定，需要评定其可靠性等级时，应根据安全性等级和使用性等级评定结果按下列原则确定：

（1）当构件的使用性等级为 a 级或 b 级时，应按安全性等级确定。

（2）当构件的使用性等级为 c 级，安全性等级不低于 b 级时，宜定为 c 级。

（3）位于生产工艺流程关键性部位的构件，可按安全性等级和使用性等级中的较低等级确定。

构件的安全性等级应通过承载能力项目的校核、构造和连接项目分析评定；构件的使用性等级应通过裂缝、变形或偏差、缺陷和损伤、腐蚀、老化等项目分析评定。当构件的状态或条件符合下列规定时，可直接评定其安全性等级或使用性等级：

（1）已确定构件处于危险状态时，构件的安全性等级应评定为 d 级；

（2）当构件按结构荷载试验评定其安全性和使用性等级时，应根据试验目的和检验结果、构件的实际状况和使用条件，按家现行有关检测技术标准的规定进行评定。

（3）当构件的变形过大、裂缝过宽、腐蚀以及缺陷和损伤严重时，应考虑其不利情况对构件安全性评级的影响，其使用性等级应评为 c 级。

当同时符合下列条件时，构件的使用性等级可根据实际使用状况评定为 a 级或 b 级：

（1）经详细检查未发现构件有明显的变形、缺陷、损伤、腐蚀、裂缝、老化，也没有累积损伤问题，构件状态良好或基本良好；

（2）在目标使用年限内，构件上的作用和环境条件与过去相比不会发生明显变化；构件有足够的耐久性，能满足正常使用要求。

2. 构件的正常使用性评定等级

混凝土构件的使用性等级应按裂缝、变形、缺陷和损伤、腐蚀四个项目评定，并取其中的最低等级作为构件的使用性等级。

混凝土构件的受力裂缝宽度评定等级见表 5.13～表 5.15。混凝土构件因钢筋锈蚀产生的沿筋裂缝在腐蚀项目中评定，其他非受力裂缝应查明原因，判定裂缝对结构的影响，可根据具体情况进行评定。

混凝土构件的缺陷和损伤评定等级，见表 5.16。

114

混凝土构件的变形评定等级，见表 5.17。

钢筋混凝土构件裂缝宽度评定等级　　　　表 5.13

环境类别与作用等级	构件种类与工作条件		裂缝宽度（mm）		
			a	b	c
I-A	室内正常环境	次要构件	≤0.3	>0.3,≤0.4	>0.4
		重要构件	≤0.2	>0.2,≤0.3	>0.3
I-B,I-C,II-C	露天或室内高湿度环境,干湿交替环境		≤0.2	>0.2,≤0.3	>0.3
II-D,II-E,III,IV,V	使用除冰盐环境,滨海室外环境		≤0.1	>0.1,≤0.2	>0.2

采用热轧钢筋配筋的预应力混凝土构件裂缝宽度评定等级　　　　表 5.14

环境类别与作用等级	构件种类与工作条件		裂缝宽度（mm）		
			a	b	c
I-A	室内正常环境	次要构件	≤0.20	>0.20,≤0.35	>0.35
		重要构件	≤0.05	>0.05,≤0.10	>0.10
I-B,I-C,II-C	露天或室内高湿度环境,干湿交替环境		无裂缝	≤0.05	>0.05
II-D,II-E,III,IV,V	使用除冰盐环境,滨海室外环境		无裂缝	≤0.02	>0.02

采用钢绞线、热处理钢筋、预应力钢丝配筋的预应力混凝土构件裂缝宽度评定等级

　　　　表 5.15

环境类别与作用等级	构件种类与工作条件		裂缝宽度（mm）		
			a	b	c
I-A	室内正常环境	次要构件	≤0.02	>0.02,≤0.10	>0.10
		重要构件	无裂缝	≤0.05	>0.05
I-B,I-C,II-C	露天或室内高湿度环境,干湿交替环境		无裂缝	≤0.02	>0.02
II-D,II-E,III,IV,V	使用除冰盐环境,滨海室外环境		无裂缝	—	有裂缝

混凝土构件缺陷和损伤评定等级　　　　表 5.16

a	b	c
完好	局部有缺陷和损伤,缺损深度小于保护层厚度	有较大范围的缺陷和损伤,或者局部有严重的缺陷和损伤,缺损深度大于保护层厚度

混凝土构件变形评定等级　　　　表 5.17

构件种类		a	b	c
单层厂房托架、屋架		≤$l_0/500$	>$l_0/500$,≤$l_0/450$	>$l_0/450$
多层框架主梁		≤$l_0/400$	>$l_0/400$,≤$l_0/350$	>$l_0/350$
屋盖、楼盖及楼梯构件	l_0>9m	≤$l_0/300$	>$l_0/300$,≤$l_0/250$	>$l_0/250$
	7m≤l_0≤9m	≤$l_0/250$	>$l_0/250$,≤$l_0/200$	>$l_0/200$
	l_0<7m	≤$l_0/200$	>$l_0/200$,≤$l_0/175$	>$l_0/175$

构件种类		a	b	c
吊车梁	电动吊车	$\leqslant l_0/600$	$> l_0/600, \leqslant l_0/500$	$> l_0/500$
	手动吊车	$\leqslant l_0/500$	$> l_0/500, \leqslant l_0/450$	$> l_0/450$

注：表中 l_0 为构件的计算跨度。

混凝土构件腐蚀包括钢筋锈蚀和混凝土腐蚀，其评定等级见表 5.18，混凝土的腐蚀评定等级应取钢筋锈蚀和混凝土腐蚀评定结果中的较低等级。

混凝土构件腐蚀评定等级 表 5.18

评定等级	a	b	c
钢筋锈蚀	无锈蚀现象	有锈蚀可能和轻微锈蚀现象	外观有沿筋裂缝或明显锈迹
混凝土腐蚀	无腐蚀现象	表面有轻度腐蚀损伤	表面有明显腐蚀损伤

注：对于墙板类和梁柱构件中的钢筋及箍筋，当钢筋锈蚀状况符合表中 b 级标准时，钢筋截面锈蚀损伤不应大于 5%，否则应评为 c 级。

5.2.4 结构系统的正常使用性鉴定评级

工业建筑鉴定第二层次结构系统的鉴定评级，应分别对地基基础、上部承重结构和围护结构三个结构系统的安全性等级和使用性等级进行评定。

结构系统的可靠性等级，应分别根据每个结构系统的安全性等级和使用性等级评定结果，按下列原则确定：

（1）当结构系统的使用系等级为 A 级或 B 级时，应按安全性等级确定。

（2）当结构系统的使用性等级为 C 级，安全性等级不低于 B 级时，宜评为 C 级。

（3）位于生产工艺流程重要区域的结构系统，可按安全性等级和使用性等级中的较低等级确定。

1. 地基基础

地基基础的使用性等级宜根据上部承重结构和围护结构使用状况评定。

根据上部承重结构和围护结构使用状况评定地基基础使用性等级时，应按下列规定执行：

A 级：上部承重结构和围护结构的使用状况良好，或所出现的问题与地基基础无关。

B 级：上部承重结构和围护结构的使用状况基本正常，结构或连接因地基基础变形有个别损伤。

C 级：上部承重结构和围护结构的使用状况不完全正常，结构或连接因地基变形有局部或大面积损伤。

2. 上部承重结构

上部承重结构的使用性等级应按上部承重结构使用状况和结构水平位移两个项目评定，并取其中较低的评定等级作为上部承重结构的使用性等级，尚应考虑振动对该结构系统或其中部分结构正常使用性的影响。

单层厂房上部承重结构使用状况的评定等级，可按屋盖系统、厂房柱、吊车梁三个子系统中的最低使用性等级确定；当厂房中采用轻级工作制吊车时，可按屋盖系统和厂房柱两个子系统的较低等级确定。子系统的使用性等级应根据其所含构件使用性等级的百分数确定：

A 级：子系统中不含 c 级构件，可含 b 级构件且少于 35%；

B 级：子系统中含 b 级构件不少于 35% 或含 c 级构件且不多于 25%；

C 级：子系统中含 c 级构件且含量多于 25%。

多层厂房上部承重结构使用状况的评定等级，可按《民用建筑可靠性鉴定标准》GB 50292—2015 规定的原则和方法划分若干单层子结构，单层子结构使用状况的等级可按单层厂房上部承重结构的相关规定评定，整个多层厂房上部承重结构使用状况的评定等级按下列规定评级：

A 级：不含 C 级子结构，含 B 级子结构且不多于 30%；

B 级：含 B 级子结构且多于 30% 或含 C 级子结构且不多于 20%；

C 级：含 C 级子结构且多于 20%。

当上部承重结构的使用性等级评定需考虑结构水平位移影响时，可采用检测或计算分析的方法，按表 5.19 的规定进行评定。当结构水平位移过大，并达到 C 级标准的严重情况时，应考虑水平位移引起的附加内力对结构承载能力的影响，并参与相关结构的承载功能等级评定。

结构侧向（水平）位移评定等级 表 5.19

结构类别		评定项目		位移或倾斜值(mm)		
				A 级	B 级	C 级
混凝土结构或钢结构	单层厂房	有吊车厂房柱位移	混凝土排架柱	$\leqslant H_c/1100$	>A 级限值，但不影响吊车运行	>A 级限值，影响吊车运行
			钢结构排架柱	$\leqslant H_c/1250$	>A 级限值，但不影响吊车运行	>A 级限值，影响吊车运行
		无吊车厂房柱倾斜	混凝土柱	$\leqslant H/1000$，$H>10m$ 时，$\leqslant 20$	$>H/1000$，$\leqslant H/750$；$H>10m$，时 >20，$\leqslant 30$	$>H/750$ 或 $H>10m$，时 >30
			钢柱	$\leqslant H/1000$，$H>10m$ 时，$\leqslant 25$	$>H/1000$，$\leqslant H/700$；$H>10m$ 时，>25，$\leqslant 35$	$>H/700$ 或 $H>10m$，时 >35
		有吊车门式刚架		$\leqslant h/60$（采用轻型墙板） $\leqslant h/100$（采用砌体墙）	>A 级限值，但不影响吊车运行	>A 级限值，影响吊车运行
		无吊车门式刚架		$\leqslant h/400$（吊车设有驾驶室） $\leqslant h/180$（吊车由地面控制）	>A 级限值，但不影响吊车运行	>A 级限值，影响吊车运行

续表

结构类别		评定项目		位移或倾斜值（mm）		
				A 级	B 级	C 级
混凝土结构或钢结构	多层厂房	层间位移		$\leqslant h/400$	$>h/400$，$\leqslant h/350$	$>h/350$
		顶点位移		$\leqslant H/500$	$>H/500$，$\leqslant H/450$	$>H/450$
		厂房结构垂直度	混凝土	$\leqslant H/1000$，且$\leqslant 30$	$>H/1000$，$\leqslant H/750$；且>30，$\leqslant 40$	$>H/750$ 或>40
			钢结构	$\leqslant 10+H/2500$，且$\leqslant 50$	$>10+H/2500$，$\leqslant 10+H/2250$；且>50，$\leqslant 60$	$>10+H/2250$ 或>60
砌体结构	单层厂房	有吊车厂房墙、柱位移		$\leqslant H_c/1250$	$>$A 级限值，但不影响吊车运行	$>$A 级限值，影响吊车运行
		无吊车厂房位移或倾斜	独立柱	$\leqslant 10$	>10，$\leqslant 15$ 和$1.5H/1000$ 中的较大值	>15 和$1.5H/1000$ 中的较大值
			墙	$\leqslant 10$	>10，$\leqslant 30$ 和$3H/1000$ 中的较大值	>30 和$3H/1000$ 中的较大值
	多层厂房	层间位移或倾斜		$\leqslant 5$	>5，$\leqslant 20$	>20
		顶点位移或倾斜		$\leqslant 15$	>15，$\leqslant 30$ 和$3H/1000$ 中的较大值	>30 和$3H/1000$ 中的较大值

注：1. 表中 H 为自基础顶面至柱顶高度；h 为层高；H_c 为基础顶面至吊车梁顶面的高度。
　　2. 表中有吊车厂房的水平位移 A 级限值，是在吊车水平荷载作用下按平面结构图形计算的厂房柱的横向位移。
　　3. 在砌体结构中，墙包括带壁柱墙，多层厂房是以墙为主要承重结构的厂房。
　　4. 多层厂房中，可取层间位移和结构顶点总位移中的较低等级作为结构侧移项目的评定等级。
　　5. 当结构安全性无问题，倾斜超过表中 B 级的规定值但不影响使用功能时，可对 B 级规定值适当放宽。

3. 围护结构系统

围护结构系统的使用性等级，应根据围护结构的使用状况、围护结构系统的使用功能两个项目评定，并取两个项目中较低评定等级作为该围护结构系统的使用性等级。

围护结构使用状况的评定等级，应根据其结构类别按相应构件和有关子系统的评级规定评定。

围护结构系统（包括非承重围护结构和建筑功能配件）使用功能的评定等级，宜根据表 5.20 中各项目对建筑物使用寿命和生产的影响程度确定主要项目和次要项目逐项评定，并按下列原则确定：

（1）一般情况下，围护结构系统的使用功能等级可取主要项目的最低等级。

（2）若主要项目为 A 级或 B 级，次要项目一个以上为 C 级，宜根据需要的维修量大小将使用功能等级降为 B 级或 C 级。

围护结构系统使用功能评定等级 表 5.20

项目		A 级	B 级	C 级
屋面系统	混凝土结构屋面	构造层、防水层完好，排水畅通	构造基本完好，防水层有个别老化、鼓泡、开裂或轻微损坏，排水有个别堵塞现象，但不漏水	构造层有损坏，防水层多处老化、鼓泡、开裂、腐蚀或局部损坏、穿孔，排水有局部严重堵塞或漏水现象
	金属围护结构屋面	抗风揭性能、防腐性能和防水性能均满足国家现行相关标准规定	抗风揭性能、防腐性能和防水性能至少有一项略低于国家现行相关标准规定尚不明显影响正常使用	抗风揭性能、防腐性能和防水性能至少有一项低于国家现行相关标准规定，对正常使用有明显影响
墙体		完好，无开裂、变形或渗水现象	轻微开裂、变形，局部破损或轻微渗水，但不明显影响使用功能	已开裂、变形、渗水，明显影响使用功能
门窗		完好	门窗完好，连接或玻璃等轻微损坏	连接局部破坏，已影响使用功能
地下防水		完好	基本完好，虽有较大潮湿现象，但无明显渗漏	局部损坏或有渗漏现象
其他防护设施		完好	有轻微损坏，但不影响防护功能	局部损坏已影响防护功能

注：1. 表中的墙体指非承重墙体。
2. 其他防护设施系指为了隔热、隔冷、隔尘、防湿、防腐、防撞、防爆和安全而设置的各种设施及爬梯、顶棚等。

5.2.5 工业建、构筑物的鉴定评级

1. 工业建筑物的综合鉴定评级

工业建筑物的可靠性综合鉴定评级，可按所划分的鉴定单元进行可靠性等级评定。鉴定单元的可靠性等级，应根据其地基基础、上部承重结构和围护结构系统的可靠性评级评定结果，以地基基础、上部承重结构为主，按下列原则确定：

（1）当围护结构系统与地基基础和上部承重结构的等级相差不大于一级时，可按地基基础和上部承重结构中的较低等级作为该鉴定单元的可靠性等级。

（2）当围护结构系统比地基基础和上部承重结构中的较低等级低二级时，可按地基基础和上部承重结构中的较低等级降一级作为该鉴定单元的可靠性等级。

（3）当围护结构系统比地基基础和上部承重结构中的较低等级低三级时，可根据第（2）条的原则和实际情况，按地基基础和上部承重结构中的较低等级降一级或降二级作为该鉴定单元的可靠性等级。

2. 工业构筑物的鉴定评级

工业构筑物应根据其结构布置及组成按构件、结构系统、鉴定单元，分层次进行可靠性等级评定。

工业构筑物鉴定单元的可靠性等级应按以下原则确定：

（1）当按主要结构系统评级时，以主要结构系统的最低评定等级确定；

（2）当有次要结构系统参与评级时，主要结构系统与次要结构系统的等级相差不大于一级时，应以主要结构系统的最低评定等级确定；当次要结构系统的最低评定等级低于主要结构系统的最低评定等级两级及以上时，应以主要结构系统的最低评定等级降低一级确定。

工业构筑物附属设施，应按表 5.21 的规定评定等级。

表 5.21

构筑物附属设施评定等级

评定等级	评定标准
A	完好；无损坏，工作性能良好
B	适合工作；轻微损坏，但不影响使用
C	部分适合工作；损坏较严重，影响使用
D	不适合工作；损坏严重，不能继续使用

（1）烟囱

烟囱的可靠性鉴定，应分为地基基础、筒壁及支撑结构、隔热层和内衬三个结构系统进行评定。

地基基础的安全性等级及使用性等级应按结构系统鉴定评级中的有关规定进行评定，其可靠性等级可按安全性等级和使用性等级中的较低等级确定。

筒壁及支撑结构的安全性等级应按承载能力项目的评定等级确定；使用性等级应按损伤、裂缝和倾斜三个项目的最低等级确定；可靠性等级可按安全性等级和使用性等级中的较低等级确定。

烟囱鉴定单元的可靠性鉴定评级，应按地基基础、筒壁及支撑结构、隔热层和内衬三个结构系统中可靠性等级的最低等级确定。

（2）钢筋混凝土冷却塔

钢筋混凝土冷却塔的可靠性鉴定，应分为地基基础、通风筒及支承结构、水槽及淋水构架三个结构系统进行评定。

地基基础的安全性等级及使用性等级应按结构系统鉴定评级中的有关规定进行评定，其可靠性等级可按安全性等级和使用性等级中的较低等级确定。

通风筒及支承结构、水槽及淋水构架结构的安全性等级应按承载能力项目的评定等级确定；使用性等级应按损伤、裂缝和倾斜三个项目的最低评定等级确定；可靠性等级可按安全性等级和使用性等级中的较低等级确定。

钢筋混凝土冷却塔鉴定单元的可靠性鉴定评级，应按地基基础、通风筒及支承结构的最低评定等级确定；当水槽及淋水构架的评定等级低于地基基础、通风筒及支承结构较低等级两级及以上时，冷却塔鉴定单元的可靠性等级可按地基基础、通风筒较低等级降低一级确定。

（3）贮仓

贮仓的可靠性鉴定，应分为地基基础、仓体与支承结构两个结构系统进行评定。

仓体与支承结构的安全性等级应按结构整体性和承载能力两个项目评定等级中的较低等级确定；使用性等级应按使用状况和整体倾斜变形两个项目评定等级中的较低等级确定；可靠性等级可按安全性等级和使用性等级中的较低等级确定。

贮仓鉴定单元的可靠性鉴定评级，应按地基基础、仓体与支承结构两个主要结构系统中可靠性等级的较低等级确定。

（4）通廊

通廊的可靠性鉴定，应分为地基基础、通廊承重结构、围护结构三个结构系统进行评定。

通廊鉴定单元的可靠性鉴定评级，应按地基基础、通廊承重结构两个结构系统中可靠性等级的较低等级确定；当围护结构的评定等级低于地基基础、通廊承重结构的较低等级两级及以上时，通廊鉴定单元的可靠性等级可按地基基础、通廊承重结构的较低等级降低一级确定。

（5）管道支架

管道支架的可靠性鉴定，应分为地基基础、管道支架承重结构两个结构系统进行评定。

当管道支架结构主要连接部位有严重变形开裂或高架斜管道支架两端连接部位出现滑移错动现象时，应根据潜在的危害程度安全性等级评定为 C 级或 D 级。

管道支架鉴定单元的可靠性鉴定评级，应按地基基础、管道支架承重结构两个结构系统中可靠性等级的较低等级确定。

（6）水池

水池的可靠性鉴定，应分为地基基础、池体两个结构系统进行评定。

池体结构的安全性等级应按承载能力项目的评定等级确定，使用性等级应按损漏项目的评定等级确定，可靠性等级可按安全性等级和使用性等级中的较低等级确定。

池体损漏应对浸水与不浸水部分分别评定等级，池体损漏等级按浸水及不浸水部分评定等级中的较低等级确定。对于池盖及其他不浸水部分池体结构应根据结构材料类别按对变形、裂缝、缺陷损伤、腐蚀等的有关规定评定等级。

水池鉴定单元的可靠性鉴定评级，应按地基基础、池体两个结构系统中可靠性等级的较低等级确定。

（7）锅炉钢结构支架

锅炉钢结构的可靠性鉴定，应分为地基基础、钢架结构、围护结构三个结构系统进行评定。

钢架结构的安全性等级应按结构整体性和承载能力两个项目评定等级中的较低等级确定；使用性等级应按使用状况和整体侧移倾斜变形两个项目评定等级中的较低等级确定；可靠性等级可按安全性等级和使用性等级中的较低等级确定。

锅炉钢架鉴定单元的可靠性鉴定评级，应按地基基础、钢架结构两个主要结构系统中可靠性等级的较低等级确定；当围护结构的评定等级低于地基基础、钢架结构中的较低等级二级及以上等级时，锅炉钢架鉴定单元的可靠性等级可按地基基础、钢架结构中的较低等级降低一级确定。

（8）除尘器结构

除尘器结构的可靠性鉴定，应分为地基基础、壳体与台架两个结构系统进行评定。

壳体与台架结构的安全性等级应按结构整体性和承载能力两个项目评定等级中的较低等级确定；使用性等级应按使用状况和整体侧移倾斜变形两个项目评定等级中的较低等级确定；可靠性等级可按安全性等级和使用性等级中的较低等级确定。

除尘器结构鉴定单元的可靠性鉴定评级，应按地基基础、壳体和台架两个主要结构系统中可靠性等级的较低等级确定。

5.3　混凝土结构的耐久性评定

在工程结构可靠性鉴定中，需要对结构的各项功能要求进行全面的鉴定，包括结构的安全性、适用性、耐久性。除因设计错误、施工缺陷产生的功能隐患外，大量混凝土结构由于环境侵蚀、材料老化及使用不当产生各种累积损伤，造成结构性能退化，安全性与适用性降低，使用寿命缩短，而不能满足耐久性的要求。

混凝土结构的耐久性损伤主要表现为环境作用下的钢筋锈蚀和混凝土腐蚀及损伤，包括大气环境下及氯环境下的钢筋锈蚀、冻融损伤、碱-骨料反应、化学腐蚀、疲劳、物理磨损以及多因素的综合作用等。国内外的工程调查资料都表明，钢筋锈蚀是混凝土结构最普遍、危害最大的耐久性损伤，在环境相对恶劣的条件下，因钢筋严重锈蚀结构往往达不到预期的使用寿命；在严寒或寒冷地区，冻融破坏也是常见的耐久性损伤。

服役混凝土结构的耐久性评定，是依据结构所处的环境条件和评定时刻结构的技术状况，预测结构的剩余寿命，即对结构下一段仍能满足各项功能的时间做出预测。对已有混凝土结构，充分利用结构自身的信息（环境参数、结构性能参数等），可以减少诸多不确定因素，有利于建立能反映个体特征的劣化模型，这是耐久性评定的特点，也是有利条件。

鉴于混凝土结构的劣化机理非常复杂，累积损伤往往是多因素的综合作用，环境作用和混凝土材性又有非常大的不确定性，至今人们对混凝土耐久性能的认识仍然是初步的，即便是认识相对深入的钢筋锈蚀也还有许多问题没有解决，一些参数的取值仍停留在工程经验上，而对混凝土的化学腐蚀还没有相应的时变劣化模型。

《混凝土结构耐久性评定标准》CECS 220：2007 基于当前的认识水平，对大气环境及氯盐环境下的钢筋锈蚀、冻融损伤、碱-骨料反应均给出了耐久性评定方法。本书将主要介绍大气环境及氯盐环境下混凝土结构钢筋锈蚀的耐久性评定。

5.3.1 耐久性评定准则和使用条件调查

1. 耐久性评定要求和准则

结构耐久性根据需要按不同的耐久性极限状态评定，评定时应将同一环境条件下的结构（构件）划归为同一评定单元。

所谓耐久性极限状态是指：结构或其构件由耐久性损伤造成某项性能丧失而不能满足适用性要求的临界状态。这主要是因为耐久性问题较多体现在满足适用性要求上（如对于出现沿筋锈胀裂缝的控制），但在一定条件下，可能由结构安全性控制，如保护层厚度较大且钢筋较细的板类构件，往往钢筋锈蚀截面损失率超过 10％才可能出现锈胀裂缝，此时已严重影响截面承载力而危及构件安全，此时则应按承载力极限状态进行安全性鉴定。造成结构耐久性损伤的因素很多，引起结构性能丧失而影响适用性也是多方面的，因此需要根据结构的具体功能要求确定相应的耐久性极限状态。

对于大气环境及氯盐侵蚀环境下的混凝土结构钢筋锈蚀，其耐久性极限状态可按下列规定确定：

（1）对下一目标使用年限内不允许钢筋锈蚀或严格不允许保护层锈胀开裂的构件（如预应力混凝土构件），可将钢筋开始锈蚀作为耐久性极限状态。

（2）对下一目标使用年限内一般不允许出现锈胀裂缝的构件，可将保护层锈胀开裂作为耐久性极限状态。

（3）对下一目标使用年限内允许出现锈胀裂缝或局部破损的构件，可将混凝土表面出现可接受最大外观损伤作为耐久性极限状态。

结构耐久性评定时应考虑结构和构件的重要性、结构所处的环境条件、结构当前的耐久性损伤状况及可修复性。结构耐久性评定的目的、范围和内容，应根据委托方提出的评定原因和要求，经现场初步调查后协商确定。

根据耐久性评定方法的不同，结构耐久性可按剩余耐久年限或耐久性状态评定。这是由于在混凝土耐久性损伤中，有一些是能够预测其剩余耐久年限的，有一些是不能或当前没有条件预测的。如氯腐蚀环境以钢筋开始锈蚀作为耐久性失效的准则时，对于在制作时已含氯离子的混凝土，仅能根据混凝土中氯离子含量的多少和引起钢筋锈蚀的临界含量相比较，判断钢筋是否发生锈蚀，据此判断耐久性能的好坏，此时是没有时间参数介入的。对于受认识水平限制，当前还没有时变退化模型的损伤因素，如碱-骨料反应引起的破坏，也只能借助某些参数评价其耐久性状态的优劣。

耐久性等级应按三级划分，划分标准为：

a 级：下一目标使用年限内满足耐久性要求，可不采取修复或其他提高耐久性的措施；

b 级：下一目标使用年限内基本满足耐久性要求，可视具体情况不采取或部分采取修复或其他提高耐久性的措施；

c 级：下一目标使用年限内不满足耐久性要求，应及时采取修复或其他提高耐久性的措施。

结构及构件的重要性等级和耐久性重要性系数应按表 5.22 确定。

123

结构及构件的重要等级和重要性系数 γ_0　　　　　　表 5.22

重要性等级	耐久性失效的影响	耐久重要性系数
一级	有很大影响或不易修复的重要结构	≥1.1
二级	有较大影响或较易修复、替换的一般结构	1.0
三级	影响较小的次要结构	0.9

结构（构件）的耐久性等级按裕度比或评定指标确定。

2. 使用条件调查

根据耐久性评定的需要，应对工程结构所处环境进行下列项目调查：

（1）大气年平均温度、最高温度、最低温度、最冷月的平均温度及年低于 0℃的天数等；

（2）大气年平均空气相对湿度、日平均相对湿度等；

（3）构件所处工作环境的年平均温度、年平均湿度，温度、湿度变化以及干湿交替情况；

（4）侵蚀性气体（二氧化硫、酸雾、二氧化碳）、液体（各种酸、碱、盐）和固体（硫酸盐、氯盐、碳酸盐等）的影响程度及范围，必要时应测定有害成分含量；

（5）冻融循环情况；

（6）冲刷、磨损情况。

根据耐久性评定需要，应对各类原始设计资料如可行性报告（环境条件、该工程项目对环境的影响、污染治理等）、地质勘查报告（地下水位、土质及水质等）、设计技术资料（建筑结构设计、生产工艺流程、废气及污水处理方式等）和竣工验收资料（混凝土配合比、胶凝材料组成及含量、骨料品种、外加剂品种、留盘试件强度、施工工艺）等进行调查。

耐久性评定时，应对建筑物的使用历史进行调查，主要包括：历年来使用、管理、维护、加固情况；用途变更及建筑物改、扩建情况；事故、灾害及其处理情况；其他异常情况。

结构或构件所处环境可分为：

（1）一般环境：指由混凝土碳化引起钢筋锈蚀的大气环境。

（2）大气污染环境：指含有微量盐、酸等腐蚀性介质并由混凝土中性化引起钢筋锈蚀的大气环境和盐碱地区环境。

（3）氯腐蚀环境：指盐雾、海水作用引起钢筋锈蚀的环境及除冰盐环境。

（4）一般冻融环境：指由冻融循环作用引起混凝土损伤的环境。

结构耐久性检测应根据结构所处环境、结构的技术状况及耐久性评定的需要进行。其检测内容包括：构件的几何参数、保护层厚度、混凝土抗压强度、混凝土碳化深度、裂缝及缺陷、混凝土氯离子含量、钢筋锈蚀状况、高温、冻融、化学腐蚀损伤等内容。

5.3.2　大气环境下钢筋锈蚀的耐久性评定

1. 钢筋开始锈蚀时间

钢筋开始锈蚀时间应考虑碳化速率、保护层厚度和局部环境的影响,按下式估算:

$$t_i = 15.2 \cdot K_k \cdot K_c \cdot K_m \tag{5.1}$$

式中,t_i 为结构建成至钢筋开始锈蚀的时间(a);K_k、K_c、K_m 分别为碳化速度、保护层厚度、局部环境对钢筋开始锈蚀时间的影响系数。

2. 保护层锈胀开裂时间

保护层锈胀开裂时间应考虑保护层厚度、混凝土强度、钢筋直径、环境温度、环境湿度以及局部环境的影响,按下式估算:

$$t_{cr} = t_i + t_c \tag{5.2}$$

$$t_c = A \cdot H_c \cdot H_f \cdot H_d \cdot H_T \cdot H_{RH} \cdot H_m \tag{5.3}$$

式中,t_{cr} 为保护层锈胀开裂的时间(a);t_c 为钢筋开始锈蚀至保护层胀裂的时间(a);A 为特定条件下(各项影响系数为 1.0 时)构件自钢筋开始锈蚀到保护层胀裂的时间(a),对室外杆件取 $A=1.9$,室外墙、板取 $A=4.9$,对室内杆件取 $A=3.8$,室内墙、板取 $A=11.0$;H_c、H_f、H_d、H_T、H_{RH}、H_m 分别为保护层厚度、混凝土强度、钢筋直径、环境温度、环境湿度、局部环境对保护层锈胀开裂时间的影响系数。

3. 混凝土表面出现可接受最大外观损伤的时间

对于外观要求不高的室外构件和一些重工业厂房混凝土构件,一般可用混凝土表面出现可接受最大外观损伤的时间确定其剩余使用年限,相应锈胀裂缝宽度大致在 2~3mm 范围内,而一般室内构件宜用保护层锈胀开裂作为耐久性失效的标准。

混凝土表面出现可接受最大外观损伤的时间应考虑保护层厚度、混凝土强度、钢筋直径、环境温度、环境湿度以及局部环境的影响,按下式估算:

$$t_d = t_i + t_{cl} \tag{5.4}$$

$$t_{cl} = B \cdot F_c \cdot F_f \cdot F_d \cdot F_T \cdot F_{RH} \cdot F_m \tag{5.5}$$

式中,t_d 为混凝土表面出现可接受最大外观损伤的时间(a);t_{cl} 为钢筋开始锈蚀至性能严重退化的时间(a);B 为特定条件下(各项影响系数为 1.0 时)自钢筋开始锈蚀到混凝土表面出现可接受最大外观损伤的时间(a),对室外杆件取 $B=7.04$,室外墙、板取 $B=8.09$,对室内杆件取 $B=8.84$,室内墙、板取 $B=14.48$;F_c、F_f、F_d、F_T、F_{RH}、F_m 分别为保护层厚度、混凝土强度、钢筋直径、环境温度、环境湿度、局部环境对混凝土表面出现可接受最大外观损伤时间的影响系数。

4. 钢筋锈蚀耐久性等级评定

耐久性评定时,各项计算参数应按下列规定取值:

(1)保护层厚度取实测平均值;

(2)混凝土强度取实测抗压强度推定值;

(3)碳化深度取钢筋部位实测平均值;

(4)环境温度、湿度取建成后历年年平均环境温度和年平均相对湿度平均值,室内构件宜优先按室内实测数据取用,也可按室外数据适当调整。

125

钢筋锈蚀的耐久性等级评定，见表 5.23。

钢筋锈蚀损伤耐久性等级　　　　　　　　　表 5.23

$t_{re}/(t_e \gamma_0)$	≥1.8	1.8～1.0	<1.0
耐久性等级	a	b	c

注：剩余使用年限（t_{re}）分别由钢筋开始锈蚀时间（t_i）、保护层锈胀开裂时间（t_{cr}）、混凝土表面出现可接受最大外观损伤时间（t_d）确定；t_e 为下一目标使用年限。

混凝土构件当前的技术状况不满足相应的使用性能要求（保护层出现锈胀裂缝或混凝土表面出现不可接受外观损伤）时，该构件的耐久性等级应评为 c 级。

钢筋锈蚀耐久性评定宜通过调整局部环境系数或其他参数，使计算参数符合构件的实际情况，并按调整后的参数进行剩余使用年限预测。

5.3.3　氯盐侵蚀环境下钢筋锈蚀耐久性评定

氯离子侵蚀分为渗透型和掺入型两类，渗透型氯离子侵蚀环境等级及相关参数见表 5.24。

渗透型氯离子侵蚀环境等级及参数　　　　　　　表 5.24

环境类别	环境等级	环境状况	混凝土表面氯离子达到稳定值的累积时间(a)	局部环境系数 室外	局部环境系数 室内
近海大气环境	III_a	离海岸 1.0km 以内	20～30	4.0～4.5	2.0～2.5
	III_b	离海岸 0.5km 以内	15～20		
	III_c	离海岸 0.25km 以内	10～15		
	III_d	离海岸 0.1km 以内	10		
浪溅区	III_e	水位变化区和浪溅区	瞬时	4.5～5.5	
除冰盐环境	III_f	除冰盐环境	检测结果确定	4.5～5.5	

1. 钢筋开始锈蚀时间

不考虑氯离子扩散系数的时间依赖性，钢筋开始锈蚀的时间按下式估算：

$$t_i = \left(\frac{c}{K}\right)^2 \times 10^{-6} \tag{5.6}$$

$$K = 2\sqrt{D}\,\text{erf}^{-1}\left(1 - \frac{M_{cr}}{M_s}\right) \tag{5.7}$$

式中，t_i 为钢筋开始锈蚀时间（a）；c 为混凝土保护层厚度（mm）；K 为氯离子侵蚀系数；D 为氯离子扩散系数（m^2/a）；erf 为误差函数；M_{cr} 为钢筋锈蚀临界氯离子浓度（kg/m^3）；M_s 为混凝土表面氯离子浓度（kg/m^3）。

近海大气环境下结构钢筋开始锈蚀时间应考虑混凝土表面氯离子浓度达到稳定值所需时间的影响。

2. 保护层锈胀开裂时间

$$t_{cr} = t_i + t_c \tag{5.8}$$

式中，t_{cr} 为保护层锈胀开裂的时间（a）；t_c 为钢筋开始锈蚀至保护层胀裂的时间（a），对于浪溅区的普通硅酸盐混凝土构件，t_c 可按《民用建筑可靠性鉴定标准》GB 50292—2015 取值。

3. 钢筋锈蚀耐久性等级评定

氯盐侵蚀环境下混凝土中钢筋锈蚀耐久性等级评定见表 5.25。

氯盐侵蚀环境钢筋锈蚀耐久性等级 表 5.25

$t_{re}/(t_e\gamma_0)$	≥1.8	1.8~1.0	<1.0
耐久性等级	a	b	c

掺氯盐混凝土构件，当以钢筋开始锈蚀为耐久性极限状态时，其耐久性等级应按表 5.26 评定。

掺氯盐混凝土构件耐久性等级 表 5.26

$M_{cr}/(M_{c0}\gamma_0)$	≥1.8	1.8~1.0	<1.0
耐久性等级	a	b	c

注：M_{c0} 为掺入的氯离子含量（kg/m³）。

氯盐侵蚀环境下混凝土构件的当前技术状况不满足相应的使用性能要求（保护层出现锈胀裂缝或混凝土表面出现不可接受外观损伤）时，该构件的耐久性等级应评为 c 级。

5.3.4 构件、构件项和结构的耐久性评定

构件、构件项及结构耐久性等级可由其耐久性分值按表 5.27 评定。当项目以裕度比评定时，以裕度比作为其耐久性分值；当项目以耐久性状态评定时（碱-骨料反应、杂散电流腐蚀），耐久性分值可取为：a 级时大于等于 1.8、b 级时取 1.0~1.8，c 级时小于 1.0。

耐久性等级评定 表 5.27

耐久性分值	≥1.8	1.0~1.8	<1.0
耐久性等级	a	b	c

构件的耐久性分值可取各单项耐久性分值的最小值。构件项的耐久性分值应按下列规定确定：

（1）按逐个构件评定时，构件项的耐久性分值取构件的平均耐久性分值。

（2）通过取样进行构件项的耐久性评定时，构件项的耐久性分值按取样构件的平均耐久性分值乘以损伤状态系数 α_d 确定，损伤状态系数见表 5.28。

结构耐久性分值应按下列规定确定：

（1）按变形缝区段、不同环境（工艺）条件、不同结构类型划分评定单元；

（2）根据构件项的权重、构件项耐久性分值确定结构的耐久性分值。构件项权重可依据构件项对整体结构的影响、可修复性等因素，采用模糊隶属函数法、层次分析法、权重比法等方法确定。

127

损伤状态系数 α_d　　　　　　　　　　　　　　　　　　　　表 5.28

构件项技术状况	α_d
结构完好、基本无损伤	1.0
部分构件有机械损伤或少量构件有轻微耐久性损伤	0.95
部分构件有轻微耐久性损伤	0.9
部分构件有严重的耐久性损伤	0.85

5.4　公路梁桥的技术状况及耐久性检测评定

5.4.1　公路梁桥的技术状况评定

1. 评定方法及等级分类

公路桥梁技术状况评定包括桥梁构件、部件、桥面系、上部结构、下部结构和全桥评定。公路桥梁技术状况评定应采用分层综合评定与 5 类桥梁单项控制指标相结合的方法，先对桥梁各构件进行评定，然后对桥梁各部件进行评定，再对桥面系、上部结构和下部结构分别进行评定，最后进行桥梁总体技术状况评定。评定指标如图 5.1 所示。

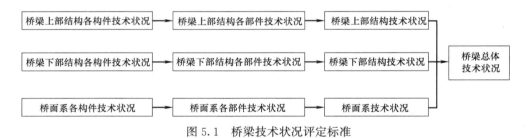

图 5.1　桥梁技术状况评定标准

当单个桥梁存在不同结构形式时，可根据结构形式的分布情况划分评定单元，分别对各评定单元进行桥梁技术状况的等级评定。

桥梁部件分为主要部件和次要部件，主要部件见表 5.29，其他部件为次要部件。

各结构类型桥梁主要部件　　　　　　　　　　　　　　　　　　　　表 5.29

结构类型	主要部件
梁式桥	上部承重构件、桥墩、桥台、基础、支座
板拱桥(圬工、混凝土)、肋拱桥、箱形拱桥、双曲拱桥	主拱圈、拱上结构、桥面板、桥墩、桥台、基础
钢架拱桥、桁架拱桥	钢架(桁架)拱片、横向联结系、桥面板、桥墩、桥台、基础
钢-混凝土组合拱桥	拱肋、横向联结系、立柱、吊杆、系杆、行车道板(梁)、支座、桥墩、桥台、基础
悬索桥	主缆、吊索、加劲梁、索塔、锚碇、桥墩、桥台、基础、支座
斜拉桥	斜拉索(包括锚具)、主梁、索塔、桥墩、桥台、基础、支座

桥梁总体技术状况评定等级和桥梁主要部件技术状况评定标度分为1～5类，见表5.30、表5.31。

桥梁总体技术状况评定等级　　　　　　　　　　　　　　　表 5.30

技术状况评定等级	桥梁技术状况描述
1 类	全新状态,功能完好
2 类	有轻微缺损,对桥梁使用功能无影响
3 类	有中等缺损,尚能维持正常使用功能
4 类	主要构件有大的缺损,严重影响桥梁使用功能;或影响承载能力,不能保证正常使用
5 类	主要构件存在严重缺损,不能正常使用,危及桥梁安全,桥梁处于危险状态

桥梁主要部件技术状况评定标度　　　　　　　　　　　　　表 5.31

技术状况评定标度	桥梁技术状况描述
1 类	全新状态,功能完好
2 类	功能良好,材料有局部轻度缺损或污染
3 类	材料有中等缺损,或出现轻度功能性病害,但发展缓慢,尚能维持正常使用功能
4 类	材料有严重缺损,或出现中等功能性病害,且发展较快,结构变形小于或等于规范值,功能明显降低
5 类	材料严重缺损,出现严重的功能性病害,且有继续扩展现象;关键部位的部分材料强度达到极限,变形大于规范值,结构的强度、刚度、稳定性不能达到安全通行的要求

桥梁次要部件技术状况评定标度分为1～4类，见表5.32。

桥梁次要部件技术状况评定标度　　　　　　　　　　　　　表 5.32

技术状况评定标度	桥梁技术状况描述
1 类	全新状态,功能完好;或功能良好,材料有轻度缺损、污染等
2 类	有中等缺损或污染
3 类	材料有严重缺损,出现功能降低,进一步恶化将不利于主要部件,影响正常交通
4 类	材料有严重缺损,失去应有功能,严重影响正常交通;或原无设置,而调查需要补设

桥梁技术状况评定工作流程如图5.2所示。

2. 桥梁技术状况评定

桥梁构件的技术状况评分，按下式计算：

$$PMCI_l(BMCI_l \ 或 \ DMCI_l) = 100 - \sum_{x=1}^{k} U_x \qquad (5.9)$$

当 $x=1$ 时

$$U_1 = DP_{i1}$$

当 $x \geq 2$ 时

$$U_x = \frac{DP_{ij}}{100 \times \sqrt{x}} \times \left(100 - \sum_{y=1}^{x-1} U_y\right) \quad (其中 \ j = x, x \ 取 \ 2,3,\cdots,k)$$

129

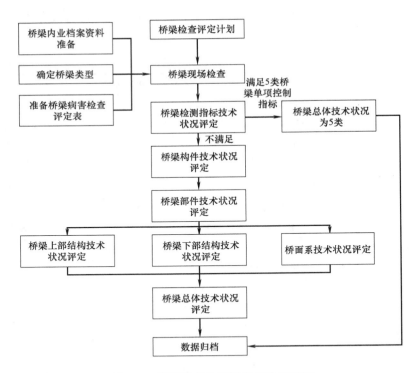

图 5.2　桥梁技术状况评定工作流程图

当 $k \geqslant 2$ 时，U_1，…，U_x 计算公式中的扣分值 DP_{ij} 按照从大到小的顺序排列。

当 $DP_{ij} = 100$ 时

$$PMCI_l（BMCI_l \text{ 或 } DMCI_l）= 0$$

式中，$PMCI_l$（$BMCI_l$ 或 $DMCI_l$）为上部结构（下部结构或桥面系）第 i 类部件 l 构件的得分，值域为 0～100 分；k 为第 i 类部件 l 构件出现扣分的指标和种类数；U、x、y 为引入的中间变量；i 为部件类别，例如 i 表示上部承重构件、支座、桥墩等；j 为第 i 类部件 l 构件的第 j 类检测指标；DP_{ij} 为第 i 类部件 l 构件的第 j 类检测指标的扣分值；根据构件各种检测指标扣分值进行计算，扣分值按表 5.33 规定取值。

构件各检测指标扣分值　　　　　　　　　　　　　表 5.33

检测指标所能达到的最高标度类别	指标标度				
	1 类	2 类	3 类	4 类	5 类
3 类	0	20	35	—	—
4 类	0	25	40	50	—
5 类	0	35	45	60	100

桥梁部件的技术状况评分，按下式计算：

$$PCCI_i = \overline{PMCI} - (100 - PMCI_{\min})/t \tag{5.10}$$

或 $$BCCI_i = \overline{BMCI} - (100 - BMCI_{\min})/t$$

或 $$DCCI_i = \overline{DMCI} - (100 - DMCI_{\min})/t$$

式中，$PCCI_i$（$BCCI_i$）为上部结构（下部结构）第 i 类部件的得分，值域为 0～100 分。当上部结构（下部结构）中的主要部件某一构件评分值 $PMCI_l$（$BMCI_l$）在 [0,40) 区间时，其相应的部件评分值 $PCCI_i = PMCI_l$（$BCCI_i = BMCI_l$）；$DCCI_i$ 为桥面系第 i 类部件的得分，值域为 0～100 分；$\overline{PMCI}$（$\overline{BMCI}$ 或 $\overline{DMCI}$）为上部结构（下部结构或桥面系）第 i 类部件各构件的得分平均值，值域为 0～100 分；$PMCI_{\min}$（$BMCI_{\min}$ 或 $DMCI_{\min}$）为上部结构（下部结构或桥面系）第 i 类部件中分值最低的构件得分值；t 为随构件的数量而变化的系数，见表 5.34。

t 值　　　　表 5.34

n	t	n	t	n	t	n	t	n	t
1	∞	9	8.3	17	6.96	25	6.00	60	4.0
2	10	10	8.1	18	6.84	26	5.88	70	3.6
3	9.7	11	7.9	19	6.72	27	5.76	80	3.2
4	9.5	12	7.7	20	6.6	28	5.64	90	2.8
5	9.2	13	7.5	21	6.48	29	5.52	100	2.5
6	8.9	14	7.3	22	6.36	30	5.4	≥200	2.3
7	8.7	15	7.2	23	6.24	40	4.9		
8	8.5	16	7.08	24	6.12	50	4.4		

注：n 为第 i 类部件的构件总数；表中未列出的 t 值采用内插法计算。

桥梁上部结构、下部结构、桥面系的技术状况评分，按下式计算：

$$SPCI(SBCI \text{ 或 } BDCI) = \sum_{i=1}^{m} PCCI_i(BCCI_i \text{ 或 } DCCI_i) \times W_i \quad (5.11)$$

式中，$SPCI$（$SBCI$ 或 $BDCI$）为桥梁上部结构（下部结构或桥面系）技术状况评分，值域为 0～100 分；m 为上部结构（下部结构或桥面系）的部件种类数；W_i 为第 i 类部件的权重，按表 5.35～表 5.40 规定取值。对于桥梁中未设置的部件，应根据此部件的隶属关系，将其权重值分配给各既有部件，分配原则按照各既有部件权重在全部既有部件权重中所占比例进行分配。

梁式桥各部件权重值表　　　　表 5.35

部位	类别 i	评价部件	权重
上部结构	1	上部承重构件(主梁、挂梁)	0.70
	2	上部一般构件(湿接缝、横隔板等)	0.18
	3	支座	0.12
下部结构	4	翼墙、耳墙	0.02
	5	锥坡、护坡	0.01
	6	桥墩	0.30
	7	桥台	0.30

131

续表

部位	类别 i	评价部件	权重
下部结构	8	墩台基础	0.28
	9	河床	0.07
	10	调治构造物	0.02
桥面系	11	桥面铺装	0.40
	12	伸缩缝装置	0.25
	13	人行道	0.10
	14	栏杆、护栏	0.10
	15	排水系统	0.10
	16	照明、标志	0.05

板拱桥、肋拱桥、箱形拱桥、双曲拱桥各部件权重值　　　　表 5.36

部位	类别 i	评价部件	权重
上部结构	1	主拱圈	0.70
	2	拱上结构	0.20
	3	桥面板	0.10
下部结构	4	翼墙、耳墙	0.02
	5	锥坡、护坡	0.01
	6	桥墩	0.30
	7	桥台	0.30
	8	墩台基础	0.28
	9	河床	0.07
	10	调治构造物	0.02
桥面系	11	桥面铺装	0.40
	12	伸缩缝装置	0.25
	13	人行道	0.10
	14	栏杆、护栏	0.10
	15	排水系统	0.10
	16	照明、标志	0.05

钢架拱桥、桁架拱桥各部件权重值　　　　表 5.37

部位	类别 i	评价部件	权重
上部结构	1	钢架拱片(桁架拱片)	0.50
	2	横向联结系	0.25
	3	桥面板	0.25
下部结构	4	翼墙、耳墙	0.02
	5	锥坡、护坡	0.01
	6	桥墩	0.30

部位	类别 i	评价部件	权重
下部结构	7	桥台	0.30
	8	墩台基础	0.28
	9	河床	0.07
	10	调治构造物	0.02
桥面系	11	桥面铺装	0.40
	12	伸缩缝装置	0.25
	13	人行道	0.10
	14	栏杆、护栏	0.10
	15	排水系统	0.10
	16	照明、标志	0.05

钢-混凝土组合拱桥各部件权重值　　　　表 5.38

部位	类别 i	评价部件	权重
上部结构	1	拱肋	0.28
	2	横向联结系	0.05
	3	立柱	0.13
	4	吊杆	0.13
	5	系杆(含锚具)	0.28
	6	桥面板(梁)	0.08
	7	支座	0.05
下部结构	8	翼墙、耳墙	0.02
	9	锥坡、护坡	0.01
	10	桥墩	0.30
	11	桥台	0.30
	12	墩台基础	0.28
	13	河床	0.07
	14	调治构造物	0.02
桥面系	15	桥面铺装	0.40
	16	伸缩缝装置	0.25
	17	人行道	0.10
	18	栏杆、护栏	0.10
	19	排水系统	0.10
	20	照明、标志	0.05

悬索桥各部件权重值　　　　　　　　　表 5.39

部位	类别 i	评价部件	权重
上部结构	1	加劲梁	0.15
	2	索塔	0.20
	3	支座	0.05
	4	主鞍	0.04
	5	主缆	0.25
	6	索夹	0.04
	7	吊索及钢护筒	0.17
	8	锚杆	0.10
下部结构	9	锚碇	0.40
	10	索塔基础	0.30
	11	散索鞍	0.15
	12	河床	0.10
	13	调治构造物	0.05
桥面系	14	桥面铺装	0.40
	15	伸缩缝装置	0.25
	16	人行道	0.10
	17	栏杆、护栏	0.10
	18	排水系统	0.10
	19	照明、标志	0.05

斜拉桥各部件权重值　　　　　　　　　表 5.40

部位	类别 i	评价部件	权重
上部结构	1	斜拉索系统(斜拉索、锚具、拉索护套、减震装置等)	0.40
	2	主梁	0.25
	3	索塔	0.25
	4	支座	0.10
下部构件	5	翼墙、耳墙	0.02
	6	锥坡、护坡	0.01
	7	桥墩	0.30
	8	桥台	0.30
	9	墩台基础	0.28
	10	河床	0.07
	11	调治构造物	0.02
桥面系	12	桥面铺装	0.40
	13	伸缩缝装置	0.25
	14	人行道	0.10
	15	栏杆、护栏	0.10
	16	排水系统	0.10
	17	照明、标志	0.05

桥梁总体的技术状况评分，按下式计算：

$$D_r = BDCI \times W_D + SPCI \times W_{SP} + SBCI \times W_{SB} \qquad (5.12)$$

式中，D_r 为桥梁总体技术状况评分，值域为 0～100 分；W_D 为桥面系在全桥中的权重，取 0.20；W_{SP} 为上部结构在全桥中的权重，取 0.40；W_{SB} 为下部结构在全桥中的权重，取 0.40。

桥梁技术状况分类界限宜按表 5.41 规定执行。

桥梁技术状况分类界限表　　　　　　　　　　　　　表 5.41

技术状况评分	技术状况等级 D_j				
	1 类	2 类	3 类	4 类	5 类
D_r （SPCI、SBCI、BDCI） （PCCI、BCCI、DCCI）	[95,100]	[80,95)	[60,80)	[40,60)	[0,40)

当上部结构和下部结构技术状况等级为 3 类、桥面系技术状况等级为 4 类，且桥梁总体技术状况评分为 $40 \leqslant D_r < 60$ 时，桥梁总体技术状况等级可评定为 3 类。全桥总体技术状况等级评定时，当主要部件评分达到 4 类或 5 类且影响桥梁安全时，可按照桥梁主要部件最差的缺损状况评定。有下列情况之一时，整座桥应评为 5 类桥：

（1）上部结构有落梁；或有梁、板断裂现象。

（2）梁式桥上部承重构件控制截面出现全截面开裂；或组合结构上部承重构件结合面开裂贯通，造成截面组合作用严重降低。

（3）梁式桥上部承重构件有严重的异常位移，存在失稳现象。

（4）结构出现明显的永久变形，变形大于规范值。

（5）关键部位混凝土出现压碎或杆件失稳倾向；或桥面板出现严重塌陷。

（6）拱式桥拱脚严重错台、位移，造成拱顶挠度大于限值；或拱圈严重变形。

（7）圬工拱桥拱圈大范围砌体断裂，脱落现象严重。

（8）腹拱、侧墙、立墙或立柱产生破坏造成桥面板严重塌落。

（9）系杆或吊杆出现严重锈蚀或断裂现象。

（10）悬索桥主缆或多根吊索出现严重锈蚀、断丝。

（11）斜拉桥拉索钢丝出现严重锈蚀、断丝，主梁出现严重变形。

（12）扩大基础冲刷深度大于设计值，冲空面积达 20% 以上。

（13）桥墩（桥台或基础）不稳定，出现严重滑动、下沉、位移、倾斜等现象。

（14）悬索桥、斜拉桥索塔基础出现严重沉降或位移；或悬索桥锚碇有水平位移或沉降。

5.4.2 公路桥梁的耐久性检测评定

交通部公路科学研究院于 2007 年制定出了适用于我国公路混凝土旧桥的材质状况与耐久性检测评定的指南。该指南运用层次分析方法和基于专家经验的模

135

糊数字分析评估方法，对所检测的结构各部（构）件材质状况指标和耐久性指标进行了"标度"（等级）评定，并通过"德尔菲方法"在广泛开展专家调查、两两比较分析的基础上，建立了材质状况检测指标与耐久性检测指标影响构件耐久性的权重，以及不同构件的耐久性能对结构整体耐久性影响的权重值，提出了基于材质状况与耐久性检测指标权重和"标度"（等级）评定的单一构件耐久性评价方法，以及计入组成结构构件权重影响的结构整体性耐久性评价方法。

在结构（构件）耐久性评定中，主要考虑了混凝土表观损伤、混凝土强度、钢筋自然电位、氯离子含量、钢筋分布与保护层厚度、混凝土碳化深度以及混凝土电阻率等的影响。

1. 单一构件的耐久性评定方法

单一构件的耐久性评定以该构件的各项耐久性评定标度为依据，考虑构件所处环境条件及各项耐久性指标权重值进行评价：

$$E_单 = \delta \times \sum_{i=1}^{n} A_i \alpha_i \tag{5.13}$$

式中，$E_单$ 为单一构件的耐久性评定结果；δ 为构件所处环境影响系数；A_i 为所检测的构件各项材质状况指标与耐久性检测指标的评定标度；α_i 为材质状况指标与耐久性检测指标的推荐权重值，见表 5.42；n 为所检测的材质状况指标与耐久性指标数，一般取 $n=9$。

混凝土构件材质状况检测指标与耐久性指标推荐权重值　　表 5.42

项目		耐久性指标数 n	权重值		备注
混凝土表观损伤 α_1	裂缝	1	0.20	0.32	取用时按照实际检测项目的权重值进行取值
	层离、剥落或露筋、掉棱与缺角	2	0.07		
	蜂窝麻面、表面侵蚀、表面沉积	3	0.05		
混凝土强度 α_2		4	0.05		—
钢筋自然电位 α_3		5	0.11		—
氯离子含量 α_4		6	0.15		—
钢筋分布与保护层厚度 α_5		7	0.12		—
混凝土碳化深度 α_6		8	0.20		—
混凝土电阻率 α_7		9	0.05		—

考虑部分耐久性检测指标之间的相互关联性，当对混凝土单一构件仅检测表 5.42 中的部分指标时，即 $n \leqslant 9$ 时，可按下式进行评价：

$$E_单 = \frac{\delta \times \sum_{i=1}^{n} A_i \alpha_i}{\sum_{i=1}^{n} \alpha_i} \tag{5.14}$$

混凝土单一构件的耐久性评定标准见表 5.43。

混凝土单一构件的耐久性评定标准　　表 5.43

$E_单$ 范围	$0.7 \leqslant E_单 < 2$	$2 \leqslant E_单 < 3$	$3 \leqslant E_单 < 4$	$4 \leqslant E_单 < 5$	$E_单 \geqslant 5$
构件耐久等级	5	4	3	2	1
构件耐久性状况	完好	较好	一般	较差	很差

2. 结构耐久性综合评价

结构的耐久性综合评价以组成该结构的各类构件的耐久性评定结果为依据，综合考虑各类构件的权重系数进行评价：

$$E_{总} = \sum_{j=1}^{m} E_{单j} \alpha_j \qquad (5.15)$$

式中，$E_{总}$为结构整体的耐久性评定结果；$E_{单j}$为单一构件的耐久性评定结果；α_j为结构构（部）件推荐权重值，见表5.44；m为进行耐久性检测的结构构（部）件数。

推荐的结构构（部）件推荐权重值　　　　表5.44

构（部）件	名称	推荐权重α_j
1	桥台与基础	0.23
2	桥墩与基础	0.24
3	支座	0.07
4	上部主要承重构件	0.26
5	上部一般承重构件	0.12
6	桥面铺装	0.02
7	人行道承重构件	0.05
8	栏杆或防撞墙	0.01

注：当评定标度值为"1"时，表示好的状态，或表示没有设置的构造部件，不再进行叠加。

表5.44中与材质状况及耐久性有关的构件遵照上述方法进行评定，其他构件（如支座、桥面铺装等）可参照《公路桥涵养护规范》JTG H11—2004中桥梁评定的有关内容进行评定，桥梁技术状况等级"一类、二类、三类、四类、五类"分别对应构件耐久等级"1、2、3、4、5"。

结构整体的耐久性综合评价标准见表5.45。

结构整体的耐久性综合评价标准　　　　表5.45

$E_{总}$范围	$1 \leq E_{总} < 2$	$2 \leq E_{总} < 3$	$3 \leq E_{总} < 4$	$4 \leq E_{总} < 5$	$E_{总} \geq 5$
结构耐久等级	5	4	3	2	1
结构耐久性状况	好	较好	一般	较差	很差

5.5　工程实例

5.5.1　工程概况

包兰铁路东岗镇黄河大桥是包兰铁路的控制性工程，桥梁全长221.09m，正桥为3孔跨度各53m的钢筋混凝土空腹式拱桥，矢高16.0m，两肋中心距2.6m，桥面板厚0.3m，按6孔连续板设计，如图5.3所示。大桥由铁道部设计总局大桥设计事务所设计，铁道部第一工程局桥梁队施工，于1956年投入运营。根据当地气象资料和现场采样分析，大桥所处环境的湿度、温度分别为59%和9.1℃，CO_2浓度为0.032%。

图 5.3　大桥全景图

5.5.2　结构耐久性检测

项目组于 2007 年 7 月对大桥的主要构件和整体状况进行了详细的调查和检测，检测内容包括大桥的外观损伤、混凝土裂缝、混凝土强度、碳化深度、钢筋锈蚀、钢筋保护层厚度和腐蚀性离子含量。

1. 外观损伤检测

检测发现：①拱顶附近梁端支承部位混凝土劈裂；引桥、墩上立柱、梁体接缝等部位存在不同程度的渗、漏水及混凝土腐蚀现象；桥上过车时，梁、拱横向振幅较大。②桥墩施工缝普遍存在环裂，第一孔包头侧桥墩出现多条竖向裂缝。③拱脚部位混凝土大面积空鼓，主、箍筋严重锈蚀，部分箍筋锈断，其主要原因是混凝土保护层过薄，受荷载作用及干湿交替影响。④在环境介质腐蚀和反复动荷载作用下，梁支承部位出现劈裂，附近混凝土发生腐蚀，梁端钢筋出现锈蚀，梁外边缘普遍存在钢筋锈胀开裂、混凝土剥落现象；拱圈立柱端部存在钢筋锈蚀、混凝土锈胀开裂现象。

2. 裂缝深度检测

裂缝是钢筋混凝土桥梁最为普遍的病害之一，并且裂缝还会引起其他病害，如钢筋锈蚀等，这些病害与裂缝形成恶性循环，会对桥梁的耐久性产生很大危害。使用非金属超声检测分析仪，采用单面平测法检测裂缝深度，检测结果见表 5.46。

构件最大裂缝深度统计　　　　　　　　　　　　　　　　　　　表 5.46

部位	上游拱脚墩帽	上游拱脚墩身	下游侧拱脚墩帽	下游侧拱脚墩身	拱脚正面墩帽	拱脚正面墩身
最大裂缝深度(mm)	166.7	138.6	52.3	69.6	115.7	163.8

由于主桥桥墩裂缝曾用环氧砂浆修补，超声检测误差较大，实测裂缝最大深度近 170mm。经观察，裂缝存在开合现象，属活动裂缝。引桥桥墩存在明显的环向开裂，裂缝深度超过 40mm。

3. 混凝土强度测试

采用回弹法、回弹-超声综合法测试混凝土强度,同时在立柱上钻取了 6 个芯样,根据《钻芯法检测混凝土强度技术规程》JGJ/T 384 对回弹值进行修正,大桥主要构件混凝土强度测试结果见表 5.47。

大桥主要构件混凝土强度统计结果 表 5.47

构件名称	桥墩	立柱	拱肋	横撑	梁板
测点数	—	432	132	—	—
平均值(MPa)	22.8	37.8	41.2	30.9	31.4
标准差(MPa)	3.6	3.6	5.3	1.9	0.9
变异系数	0.16	0.10	0.13	0.06	0.03

可以看出,大桥主要构件的混凝土强度均满足原设计要求,该大桥施工质量较好,主要构件的混凝土强度离散性较小,变异系数均小于 0.16。经检验,立柱和拱肋混凝土强度的概率分布服从正态分布。

4. 混凝土碳化深度测试

根据大桥自身特点及现场检测条件,对于拱肋参照《混凝土结构耐久性评定标准》CECS 220:2007 的要求进行碳化深度测试,对于立柱在所取芯样上测试碳化深度。测试结果见表 5.48、表 5.49。

拱肋碳化深度测试结果 (单位:mm) 表 5.48

部位	1′-2′柱间上游	2′-3′柱间上游	2′-3′柱间下游	3′-4′柱间下游	4′-5′柱间下游	4′-5′柱间上游	5′-6′柱间上游	5′-6′柱间下游	6-拱顶间下游	5-4柱间下游	3-4柱间下游	2-1柱间下游
碳化深度	3.5	2.2	3.3	1.6	4.9	2.4	8.1	4.7	14.3	7.1	4.3	4.9

立柱碳化深度测试结果 (单位:mm) 表 5.49

部位	第一孔 4 柱下游	第一孔 5 柱下游	第二孔 4 柱下游	第二孔 5 柱下游	第三孔 4 柱下游	第三孔 5 柱下游
碳化深度	25.1	25.6	16.1	33.5	25.0	25.0

通过实测数据可以看出,拱肋部分不同部位的混凝土碳化深度差异较大,其中 3′-4′柱间下游侧混凝土碳化深度最小,仅为 1.6mm,6-拱顶间下游侧混凝土碳化深度最大,达到 14.3mm。立柱的混凝土碳化深度较拱肋要大,最小值为 16.1mm,最大值为 33.5mm。

5. 混凝土保护层厚度检测

钢筋保护层厚度对混凝土结构的耐久性影响极大,因此混凝土保护层厚度检测对于大桥结构耐久性评估极其重要。采用钢筋定位仪对大桥主要构件的混凝土保护层厚度进行测试,并在立柱部位采用微破损方法进行校验。测试结果见表 5.50,其直方图见图 5.4~图 5.6。

139

主要构件钢筋保护层厚度测试结果　　　　　　　　表 5.50

构件名称	桥墩	立柱	拱肋	梁侧	梁底
测点数	108	1000	1899	216	184
平均值(mm)	36.6	22.9	22.7	38.5	17.1
标准差(mm)	10.8	7.6	5.7	8.1	2.8
变异系数	0.30	0.33	0.25	0.21	0.16

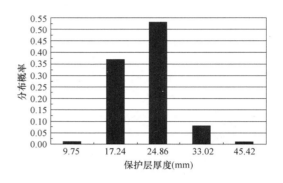

图 5.4　拱肋保护层厚度概率分布

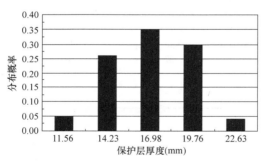

图 5.5　梁底保护层厚度概率分布

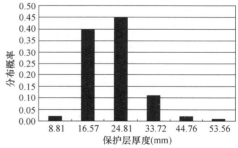

图 5.6　立柱保护层厚度概率分布

通过以上统计结果可以看出，大桥主要构件的钢筋保护层厚度基本满足设计要求，混凝土保护层厚度服从正态分布。

6. 腐蚀性离子检测

混凝土腐蚀最普遍的形式是硫酸盐侵蚀，硫酸盐溶液与水泥石中的氢氧化钙和水化铝酸钙发生化学反应，生成石膏和硫铝酸钙，产生体积膨胀，最终将导致混凝土的开裂和剥蚀。而混凝土中的氯离子含量达到一定程度，将会导致钢筋表面钝化膜的破坏，加速钢筋锈蚀。因此，本次重点测试混凝土中的 Cl^- 和环境介质中 SO_4^{2-} 含量。

从混凝土腐蚀部位、拱顶支座部位的泥样和道床泥样取样进行化学分析，结果见表 5.51。

腐蚀性离子含量测定（质量百分比）（%）		表 5.51
试样	Cl^- 含量	SO_4^{2-} 含量
1′桥墩顶帽混凝土	0.27	—
第一孔兰州侧 4′-5′立柱间修补混凝土	0.12	—
第一跨拱顶梁端混凝土	0.16	—
第三跨梁体混凝土腐蚀部位	0.11	—
第一跨拱顶泥样（包头侧）	0.16	0.52
第一跨拱顶泥样（兰州侧）	0.19	0.71
第三跨拱顶泥样（包头侧）	0.11	2.86
第三跨拱顶泥样（包头侧下游）	0.14	1.22
桥台（兰州侧）道砟粉末	0.11	0.41

参照有关标准对混凝土中 Cl^- 限值的规定，由测试结果可见，1′桥墩顶帽混凝土中 Cl^- 含量最高，达到 0.27%，Cl^- 含量均未达到限值；大桥第三跨拱顶泥样中 SO_4^{2-} 含量较高，达到 2.86%。

5.5.3 结构耐久性寿命评估

1. 大桥混凝土结构性能退化原因分析

根据大桥所处环境条件和现场检测结果，大桥混凝土结构性能退化的主要原因是：

（1）混凝土碳化腐蚀。大桥上部承重构件普遍发生碳化，其中立柱的碳化深度已超过钢筋表面。

（2）钢筋锈蚀及其锈胀开裂。由于混凝土碳化导致钢筋钝化膜破坏并产生锈蚀，随着锈蚀产物的不断增加，混凝土表面出现锈胀裂缝，裂缝加速了钢筋的锈蚀过程，最终导致保护层成片剥落。

（3）由于设计道面排水速度无法得到满足，同时道床还存在不同程度的污染、板结，造成雨水从道床溢流到梁体与拱顶交界部位，加之雨水中硫酸根离子含量较高，因此造成拱顶部位混凝土的严重腐蚀。

（4）钢筋锈蚀引起钢筋截面减小和坑蚀引起应力集中，使其抗疲劳能力显著下降，在列车交变荷载作用下产生疲劳累积损伤，严重影响混凝土桥梁的安全使用和耐久寿命。

2. 大桥混凝土结构剩余寿命预测

在进行结构寿命预测时，合理地选择耐久性失效标准是关键环节。苏联有关标准以混凝土完全碳化深度到达钢筋表面的时间作为混凝土结构的寿命；Funahashi 针对停车场预应力构件的寿命问题，提出以钢筋开始锈蚀作为寿命终结的标志；Morinaga 以氯离子引起钢筋锈蚀以至混凝土出现裂缝为结构耐久性失效准则；Weyers 通过对 90 名资深工程师的调查，提出以构件损伤面积达 12% 作为耐久性极限状态；清华大学肖从真、刘西拉以纵向开裂（截面损失率达到

5%）作为结构寿命终点。根据大桥的重要性和所处环境条件，本书采用碳化寿命准则对大桥进行耐久性分析与剩余寿命预测。

混凝土碳化寿命准则可以表示为：

$$\Omega_c = \{c - x_0 - X(t) \geqslant 0\} \tag{5.16}$$

式中，Ω_c 是混凝土碳化寿命准则，为随机过程；c 为混凝土保护层厚度；$X(t)$ 是混凝土碳化深度，为随机过程；x_0 为混凝土碳化残量，是随机变量，可以表示为：

$$x_0 = 4.86(-RH^2 + 1.5RH - 0.45)(c - 5) \times (\ln f_{cu,k} - 2.3) \tag{5.17}$$

式中，RH 是环境相对湿度；$f_{cu,k}$ 为混凝土抗压强度。

混凝土碳化深度的随机过程模型为：

$$x = k\sqrt{t} \tag{5.18}$$

$$k = 2.56 K_{mc} k_j k_{CO_2} k_p k_s \sqrt[4]{T}(1 - RH)RH\left(\frac{57.94}{f_{cu}} m_c - 0.76\right) \tag{5.19}$$

式中，K_{mc} 为计算模式不定性随机变量；k_j 为角部修正系数；k_{CO_2} 为 CO_2 浓度影响系数；k_p 为浇筑面修正系数；k_s 为工作应力影响系数；f_{cu} 为混凝土抗压强度（MPa）；m_c 为混凝土立方体抗压强度平均值与标准值之比。

混凝土中钢筋发生锈蚀的概率可以表示为：

$$P_f(t) = P\{c - x_0 - k\sqrt{t} < 0\} \tag{5.20}$$

碳化可靠指标为：

$$\beta = -\Phi^{-1}(P_f) \tag{5.21}$$

根据大桥主要构件混凝土保护层厚度、混凝土强度、碳化深度及环境条件的实测结果，大桥主要构件钢筋不发生锈蚀的可靠指标随使用年限的变化规律如图 5.7～图 5.9 所示。

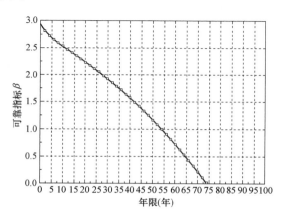

图 5.7　立柱可靠度指标随时间变化曲线

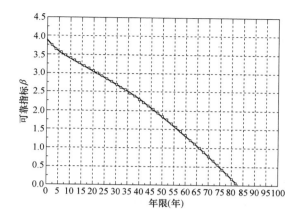

图 5.8 拱肋可靠度指标随时间变化曲线

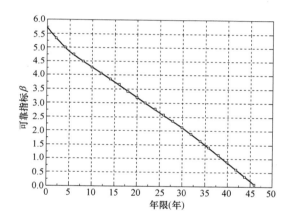

图 5.9 梁底可靠度指标随时间变化曲线

考虑包兰铁路东岗镇黄河大桥构件破坏后果及人们心理接受水平、现行规范等方面的因素,大桥碳化寿命准则的目标可靠度指标 β 取为 1.28。于是可得大桥主要构件的碳化耐久年限,见表 5.52。

大桥主要构件碳化耐久年限（单位：年）　　　　　　　表 5.52

构件名称	立柱	拱肋	梁底
碳化耐久年限	47	61	37

对于钢筋混凝土拱桥而言,拱结构是最为重要的承重构件,拱结构的耐久性决定着整座大桥的耐久性,因此该大桥的碳化寿命和剩余碳化寿命分别为 61 年和 10 年。

5.5.4 结论

（1）通过对大桥的耐久性检测,发现大桥主要构件均存在不同程度的损伤,列车经过时,梁、拱横向振幅较大,构件混凝土强度及保护层厚度均满足原设计要求,说明该大桥施工质量较好。

143

（2）根据混凝土碳化寿命准则，结合大桥主要构件的混凝土保护层厚度、混凝土强度、碳化深度及环境条件的实测结果，得到大桥主要构件的碳化耐久年限。并根据大桥结构形式给出了大桥的碳化寿命和剩余碳化寿命分别为 61 年和 10 年。

（3）根据大桥主要构件碳化耐久年限计算结果和实际损伤状况，建议对立柱及梁体进行加固和维修，以保证大桥的安全运营。

思考题

1. 民用建筑可靠性鉴定分为哪三个层次？初步调查的基本工作内容包括哪些？构件、子单元和鉴定单元的正常使用性鉴定分为几个等级？

2. 工业建筑物的可靠性应分为哪三个层次？建、构筑物的使用环境调查主要包括哪些内容？混凝土构件的使用性等级应按哪些项目进行评定？

3. 工业建筑可靠性鉴定的结构系统的鉴定评级，应分别对哪些结构系统的安全性等级和使用性等级进行评定？

4. 结构耐久性极限状态的基本定义是什么？对于大气环境及氯盐侵蚀环境下的混凝土结构钢筋锈蚀，其耐久性极限状态应如何确定？

5. 服役混凝土公路梁桥结构病害检查的主要包括哪些内容？

6. 服役公路桥梁技术状况评定等级分为几类？各类桥梁应采取哪些养护措施？

第6章 混凝土结构的腐蚀防护

对于腐蚀性环境下的混凝土结构,除采用高性能混凝土以提高混凝土的耐久性能外,还可采用混凝土表面涂层、混凝土防腐面层、环氧涂层钢筋以及钢筋阻锈剂等防护措施。这些措施在一定程度上加强了混凝土结构对外界侵蚀性介质的防护能力。

对于新建混凝土结构,这些措施采用的程度和范围一般取决于设计人员对结构未来使用环境腐蚀性的预估,虽然具有在一段时期内免于人工维护、延长腐蚀初始时间的优点,且可增强混凝土结构的耐久性,但若设计人员对结构服役环境预估不足或过高,则会误导防护设计。另外,部分防护材料的使用寿命有限,在结构的设计使用年限内,均需要不同程度的维修或更换,可能会在很大程度上提高结构全寿命期内的总投资维修费用,因此存在一个防护材料、方案措施等的合理选择与优化设计问题。

由于某些环境的恶劣性以及结构在设计使用年限内存在的诸多不确定性因素的影响,主动的腐蚀防护在某些情况下成为必要。杭州湾跨海大桥为我国大型的跨海湾桥梁,建设环境恶劣,耐久性问题突出,在设计施工中,除采用高性能混凝土、混凝土表面涂装以及环氧钢筋等技术措施外,还首次在国内大型桥梁工程中采用了外加电流阴极保护系统,为基于主动控制思想的腐蚀防护技术在我国大型工程的应用提供了参考和借鉴。

6.1 主动腐蚀防护

由于混凝土结构的腐蚀是一个化学、电化学的过程,因此根据其反应腐蚀机理,可基于主动控制的思想采用电化学的方法对新建或服役结构进行腐蚀防护。这些电化学方法的共同点是从一定程度上基于相同的机理,通过外加电流影响或改变混凝土、钢筋、钢筋与混凝土接触面的特性以及混凝土内部的液体流动系统等,其主要不同点在于外加电流的大小、钢筋的实际可获得电流以及在混凝土碱性化过程加入混凝土中的特殊电解质等。这些电化学方法的基本工作原理如图6.1所示。

在受保护阴极(钢筋)及辅助阳极将发生下述电化学反应:

受保护阴极(钢筋):

$$O_2 + H_2 + 2e^- = 2OH^- \tag{6.1}$$

$$2H_2O + 2e^- = H_2 + 2OH^- \tag{6.2}$$

上述反应将提高钢筋周围混凝土的 pH,引起钢筋的重新钝化以及氯离子临界反应浓度的提高。

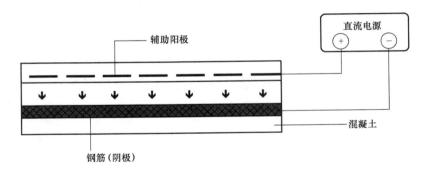

图 6.1　电化学防腐主动控制原理

辅助阳极：

$$2OH^- = 1/2O_2 + H_2O + 2e^- \tag{6.3}$$

$$H_2O = 1/2O_2 + 2H^+ + 2e^- \tag{6.4}$$

氯气将会生成：

$$2Cl^- = Cl_2 + 2e^- \tag{6.5}$$

阳极材料将会发生腐蚀：

$$X = X^{n+} + ne^- \tag{6.6}$$

这些基于主动控制思想的电化学方法主要包括：阴极保护法、混凝土电化学碱化法和混凝土电化学除氯法。

6.1.1　阴极保护法

阴极保护的基本机理是基于外加电流极化，使局部电池的阴极区域达到其阳极开路电位，使表面变成等电位，且腐蚀电流不再流动。早在 17 世纪中叶，阴极保护的最初思想就已经产生，但当时主要是采用外加"牺牲阳极"的方法来保护海轮船体。直到 1910～1912 年，才在美国和英国首先采用外加电流的方法来保护地下结构构件。从那时起，阴极保护的应用迅速普及。与"牺牲阳极"法相比，采用外加电流阴极保护方法的优缺点见表 6.1。

外加电流阴极保护法的优缺点　　　　　　　　　　　　表 6.1

优　　　点	缺　　　点
在较高工作电压下,可对大型结构进行有效的保护； 辅助阳极需要量小； 整个保护系统易于控制	需要连续的直流电源； 若电源极性连接错误，将加剧钢筋腐蚀； 需具备完善的监控系统； 控制措施不完善时，易引起表面涂层的破坏或钢筋的脆性破坏（氢脆）； 在强腐蚀性环境下应用于有物理损伤的结构尚存在一定的问题

近年来，阴极保护法在钢筋混凝土结构上的应用发展经历了三个阶段：第一阶段是 20 世纪 70 年代在北美，针对受氯离子腐蚀的钢筋混凝土桥面板，建立了一套不同于海洋及土壤中阴极保护的独立的监控、保护体系以及设计标

准，并取得了良好的成效；第二阶段是 20 世纪 80 年代，阴极保护法被介绍到世界各地，并广泛应用于桥梁各个部位、海洋结构、化工结构以及其他易受腐蚀的混凝土结构。另外，在这个阶段，发展了新型的外加辅助阳极材料，从最初的可导聚合物材料发展到可靠性更高的混合氧化物钛网以及含碳油漆等；第三阶段是 20 世纪 90 年代，阴极保护法不仅应用于已受氯离子腐蚀结构来控制结构的腐蚀速率，而且还应用于新建结构（可称为"阴极防护"），并取得良好的效果。

阴极保护所需要的电流密度取决于金属及其周围环境，外加电流密度应当超过同一环境中和观察到的腐蚀速率相当的电流密度，所以腐蚀速率越大，用于保护的外加电流密度越大。一般情况下，外加电流密度控制在 $5\sim15\text{mA/m}^2$，最大不宜大于 110mA/m^2。在特殊环境下，对潮湿混凝土，外加电流密度可视实际情况控制在 $50\sim270\text{mA/m}^2$ 的范围内。

针对不同混凝土结构，在设计其阴极保护系统前，应注意以下几个问题：

（1）钢筋保护层：不均匀的钢筋保护层，将导致外加电流的不均匀分布，影响保护效果。

（2）混凝土碳化深度。

（3）结构钢筋的导电连续性：未与整体钢筋网架连接的钢筋将得不到保护，且杂散电流的效应有可能加剧这些钢筋腐蚀。因此，应采用适当的措施将这些钢筋连接起来。

（4）结构混凝土的导电连续性：不均匀的导电性能，将导致外加电流的均匀分布。因此，受保护的结构混凝土中不应有较大的腐蚀裂缝或修补区域等具有较高电阻的部位。如存在这些问题，则必须在采用保护控制系统的过程中进行必要的调整和控制。

（5）潜在的碱-骨料反应：任何一种电化学保护控制措施都将提高钢筋周围混凝土的碱性。因此，需要在采取控制措施前对混凝土内骨料的活性反应能力进行测试。

（6）预应力筋的存在：由于电化学控制措施的负极化，在预应力筋表面将产生大量氢气，易产生脆性（氢裂）破坏。对于阴极保护法及电化学除氯法应尤其注意这一问题。

为确保阴极防腐控制系统的正常运行，还必须建立一套完整的监控系统。此监控系统主要用于检测受保护钢筋电位相对于某一参考电极的变化情况，参考电极一般埋置于结构的腐蚀破坏的重点区域。保护电位大小的标准则取决于氯离子含量、pH、水泥类型和成分以及外界环境等因素，应根据实际情况确定。

另外，针对实际情况，也可采用"牺牲阳极"的阴极保护方法，其主要优点在于不需外加电源，因此严格意义上讲，应属于基于被动控制思想的腐蚀防护范畴。与外加电流的阴极保护法相比，其优缺点显而易见。

6.1.2 电化学碱化法

该电化学防护方法主要作用是停止碳化混凝土中钢筋的锈蚀。通过这种控制措施，混凝土内部液体的 pH 将得到提高，使混凝土持续保护钢筋。在钢筋及混凝土表面的电解质溶液中的电极之间输入外加电流来控制腐蚀。

在处理过程中，外加直流电流密度一般为 $0.7\sim1.0A/m^2$，基于安全方面的考虑，电压一般不高于 50V。

混凝土电化学碱化法的处理过程主要遵循以下几个步骤：

（1）损坏混凝土部位的修补；

（2）混凝土表面的清理；

（3）连接独立钢筋以保证结构内部钢筋良好的导电连续性；

（4）安装钢筋与外加电源间的导线；

（5）在混凝土表面安装木制板条；

（6）在木板条上安装阳极网片；

（7）阳极网片电源导线的安装；

（8）喷洒纸纤维电解质以覆盖阳极网片；

（9）钢筋及阳极网片导线与电源的连接，并开始通电处理；

（10）处理后，关闭电源，解除导线，清理混凝土表面木板条、阳极网片及电解质，并用清水冲洗，对混凝土表面的残存缺陷进行修补；

（11）建立参考电极监控系统。

现在尚无确定的标准来检验这种措施的处理结果。一般采用的是在结构混凝土的不同深度取样，并根据酚酞试剂的颜色变化情况与碱化前作比较来判断。另外，通过对混凝土内部不同深度钠离子或钠/钾比例变化情况的化学分析，也将得出较为准确的结果。

6.1.3　电化学除氯法

电化学除氯法最早应用在 20 世纪 70 年代的美国，当时主要采用液态电解质，针对桥面和混凝土路面等水平结构的上部，外加直流电压达到 220V。挪威 Noteby 公司于 20 世纪 80 年代采用了新型固水材料对该方法作出了改进，使其可应用于水平结构的下部及测部垂直方向，外加电压一般小于 30V。

电化学除氯法与阴极保护法相类似，主要处理方法是在钢筋（作为阴极）及放于混凝土表面的临时辅助阳极之间外加直流电源。辅助阳极主要采用活性钛网片，并放置于饱和的电解质溶液中，如图 6.2 所示。其处理原理主要是负离子

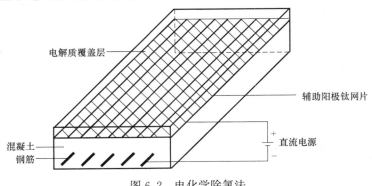

电解质覆盖层

辅助阳极钛网片

直流电源

混凝土

钢筋

图 6.2　电化学除氯法

（如氯离子）向阳极移动，因此能在较短的时间内除掉混凝土内部的大部分氯离子，处理时间一般为 6~10 周，并根据以下因素的不同而有所不同：

（1）混凝土中氯离子的初始含量；

（2）混凝土中氯离子的分布；

（3）氯离子的最初来源；

（4）混凝土的质量；

（5）结构中钢筋的分布；

（6）外加电流的分布，若外加电流由于种种原因不能均匀作用时，则除氯效率较低，需较长的处理时间。

一般情况下，外加电流密度一般控制在 $0.5\sim2.0\mathrm{A/m^2}$ 的范围，且一般不宜大于 $2.0\mathrm{A/m^2}$，以免对混凝土造成损坏。

现在尚无确定的标准来检验这种措施的处理结果。一般认为，只要混凝土内部氯离子含量在处理后低于最低界限含量就可以。另外，半电池电位法等电化学检测方法的结果，也能对处理后的效果提供有利说明。

对于腐蚀环境下的混凝土结构，按照传统习惯，一般"重治轻防"，往往在钢筋锈蚀已引起结构严重损伤的情况下才考虑对结构进行维护修补。根据混凝土结构的特点，当损伤较为严重时，"修旧如新"较难达到，且维修费用较高。基于"五倍定律"的放大效应考虑，对于重要基础设施工程结构，若能够在新建阶段或在盐腐蚀或混凝土碳化尚未引起钢筋显著腐蚀的初始阶段即开始实施电化学防护，将避免结构产生较严重的腐蚀损伤，且可节约大量的维修费用。

6.2 被动腐蚀防护

6.2.1 混凝土表面涂层

混凝土表面涂层是保证混凝土工程结构耐久性的特殊防护措施之一。被涂装的混凝土结构，应是验收合格的，只有这样才能发挥涂层的防腐效果。混凝土属于强碱性的建筑材料，采用的涂料应具有良好的耐碱性、附着性和耐蚀性，环氧树脂、聚氨酯、丙烯酸树脂、氯化橡胶和乙烯树脂等涂料均适用。

近海或海水环境中平均潮位以上水位变化的严重区域、一般冻融环境中的中度饱水混凝土的轻度及以上区域、使用除冰盐环境中的严重区域、盐类结晶侵蚀环境中的极端严重区域等环境的混凝土均可考虑采用表面涂层。

1. 基本性能指标要求

防腐蚀涂料品质与涂层性能应满足下列性能指标要求：

（1）具有良好的耐碱性、附着性和耐蚀性。底层涂料尚应具有良好的渗透能力；表层涂料尚应具有抗老化性。

（2）涂层的性能应满足表 6.2 的要求。涂层与混凝土表面的黏结力不得小于 1.5MPa。

149

		涂层性能要求		表 6.2	

项目	使用年限及环境	试验条件	标准	涂层构造名称
涂层外观	8～10 年	抗老化试验 1000h 后	不粉化、不起泡、不龟裂、不剥落	底层＋中间层＋面层的复合涂层
	8～10 年,湿热	抗老化试验 1500h 后		
	15～20 年	抗老化试验 3000h 后		
	15～20 年,湿热	抗老化试验 4000h 后		
	耐碱性试验 30d 后		不起泡、不龟裂、不剥落	
	标准养护后		均匀、无流挂、无斑点、不起泡、不龟裂、不剥落等	
抗氯离子侵入性	活动涂层片抗氯离子侵入试验 30d 后		氯离子穿过涂层片的透过量在 5.0×10^3 mg/(cm^2·d)以下	底层＋中间层＋面层的复合涂层

注：1. 涂层的抗老化试验用涂装过的尺寸为 70mm×70mm×20mm 的砂浆试件,按国家标准《色漆和清漆 人工气候老化和人工辐射曝露 滤过的氙弧辐射》GB/T 1865—2009 测定。
　　2. 按相关试验标准试验涂层的耐碱性、抗氯离子侵入性,涂层与混凝土表面的黏结力等。

　　混凝土表面涂层系统应由底层＋中间层＋面层或底层＋面层的配套涂料涂膜组成,底层涂料(封闭漆)应具有低黏度和高渗透能力,能渗透到混凝土内起封闭孔隙和提高后续涂层附着力的作用;中间层涂料应具有较好的防腐蚀能力,能抵抗外界有害介质的入侵;面层涂料应具有抗老化性,对中间层和底层起保护作用。各层的配套涂料要有相容性,即后续涂料涂层不能伤害前一涂料所形成的涂层。涂层系统的设计使用年限不应少于 10 年。《水运工程结构防腐蚀施工规范》JTS/T 209—2020 根据设计使用年限及环境状况设计涂层系统,给出了其配套涂料及涂层最小平均厚度参考,见表 6.3。

		混凝土表面涂层最小平均厚度			表 6.3

设计使用年限(a)	配套涂料名称			涂层干膜最小平均厚度(μm)	
				表湿区	表干区
20	1	底层	环氧树脂封闭漆	无厚度要求	无厚度要求
		中间层	环氧树脂漆	300	250
		面层 Ⅰ	丙烯酸树脂漆或氯化橡胶漆	200	200
		面层 Ⅱ	聚氨酯磁漆	90	90
		面层 Ⅲ	乙烯树脂漆	200	200
	2	底层	丙烯酸树脂封闭漆	15	15
		面层	丙烯酸树脂或氯化橡胶漆	500	450
	3	底层	环氧树脂封闭漆	无厚度要求	无厚度要求
		面层	环氧树脂或聚氨酯煤焦油沥青漆	500	500

续表

设计使用年限(a)	配套涂料名称			涂层干膜最小平均厚度(μm)	
				表湿区	表干区
10	1	底层	环氧树脂封闭漆	无厚度要求	无厚度要求
		中间层	环氧树脂漆	250	200
		面层 Ⅰ	丙烯酸树脂漆或氯化橡胶漆	100	100
		面层 Ⅱ	聚氨酯磁漆	50	50
		面层 Ⅲ	乙烯树脂漆	100	100
	2	底层	丙烯酸树脂封闭漆	15	15
		面层	丙烯酸树脂或氯化橡胶漆	350	320
	3	底层	环氧树脂封闭漆	无厚度要求	无厚度要求
		面层	环氧树脂或聚氨酯煤焦油沥青漆	300	280

注：表湿区是指浪溅区及平均潮位以上的水位变动区；表干区是指大气区。

浪溅区及水位变动区，因受海浪的飞溅和冲刷，表面常处于潮湿状态，使用的涂料应具有湿固化、耐磨损、耐冲击和耐老化等性能。

涂层的质量与采用涂料的品种和牌号关系很大。不同品种或虽为同一品种而生产厂家不同的涂料组成的涂层，其性能相差可能很大。

2. 涂装工艺及质量控制

混凝土表面涂层的耐久性和防护效果，与混凝土涂装前的表面处理关系很大。良好的表面处理，能使涂层经久耐用，防护效果也显著。

高压无气喷涂容易控制和保证涂层厚度和均匀性，涂料飞散较少，且具有很高的涂装效率（高达 $200 \sim 600 m^2/h$），可确保涂装质量。

（1）混凝土表面处理

当采用涂层保护时，混凝土的龄期不应少于28d，并应通过验收合格。涂装前应进行混凝土表面处理。用水泥砂浆或与涂层涂料相容的填充料修补蜂窝、露石等明显的缺陷，用钢铲刀清除表面碎屑及不牢的附着物；用汽油等适当溶剂抹除油污；最后用普通自来水冲洗，使处理后的混凝土表面无露石、蜂窝、碎屑、油污、灰尘及不牢附着物等。

（2）涂装工艺

为了保证材料的均匀一致性，不得在施工过程中随意变更设计确定的涂料品种及其生产厂牌号；当特殊情况需要变更时，应与设计部门共同重新设计及选定相应来源可靠的涂料品种，且不得降低设计使用年限要求。

对各种进场涂料应取样检验及保存样品，并应按规定测定涂料的相对密度、固体含量和湿膜与干膜厚度的关系。

涂装方法应根据涂料的物理性能、施工条件、涂装要求和被涂结构的情况进行选择。宜采用高压无气喷涂，当条件不允许时，可采用刷涂或滚涂。

涂装前应在现场进行 $10m^2$ 面积试验区的试验，按相关规定要求处理表面，按涂层系统设计的配套涂料的要求进行涂装试验。涂装试验应测定各层涂料耗用

151

量（L/m²）和湿膜的厚度，涂层经 7d 自然养护后用显微镜式测厚仪测定其平均干膜厚度，并随机找三个点用拉脱式涂层黏结力测试仪测定涂层的黏结强度。涂装试验的涂层黏结强度不能达到 1.5MPa 时，需另找 20m² 试验区重做涂装试验。如果仍不合格，应重新做涂层配套设计和试验。

涂装应在无雨的天气条件下进行。

（3）质量控制与检查

施工过程中，应对每一道工序进行认真检查。

应按设计要求的涂装道数和涂膜厚度进行施工，随时用湿膜厚度规检查湿膜厚度，以控制涂层的最终厚度及其均匀性。

涂装施工过程中应随时注意涂层湿膜的表面状况，当发现漏涂、流挂等情况时，应及时进行处理。每道涂装施工前应对上道涂层进行检查。

涂装后应进行涂层外观目视检查。涂层表面应均匀，无气泡、裂缝等缺陷。

涂装完成 7d 后，应进行涂层干膜厚度测定。每 50m² 面积随机检测一个点，测点总数应不少于 30。平均干膜厚度应不小于设计干膜厚度，最小干膜厚度应不小于设计干膜厚度的 75%。当不符合上述要求时，应根据情况进行局部或全面补涂，直至达到要求的厚度为止。

（4）涂层管理及维修

涂装工程在使用过程中应定期进行检查，如有损坏应及时修补。修补用的涂料应与原涂料相同或相容。

当涂层达到设计使用年限时，应首先全面检查涂层的表观状态；当涂层表面无裂纹、无气泡、无严重粉化时，再检查涂层与混凝土的黏结力；当黏结力仍不小于 1MPa 时，则涂层可保留继续使用，但应在其表面喷涂两道原面层涂料。喷涂前，涂层应以普通自来水冲洗干净。

当检查发现涂层有裂纹、气泡、严重粉化或黏结力低于 1MPa 时，可认为涂层的防护能力已经失效。再作涂层保护时，应将失效涂层用汽油喷灯火焰灼烧后铲除，再用饮用水冲洗干净后方可涂装；涂料可使用原配套涂料，或重新设计配套涂料。

6.2.2　环氧涂层钢筋

环氧涂层钢筋适用于处在潮湿环境或侵蚀性介质中的工业与民用房屋、一般构筑物及道路、桥梁、港口、码头等的钢筋混凝土结构中。环氧树脂涂层钢筋的型号由名称代号、特性代号、主参数代号和改型序号组成。名称代号：环氧树脂涂层钢筋（GHT）；特性代号：原钢筋代号；主参数代号：钢筋直径，mm；改型序号：用 A、B、C……表示。如用直径为 20mm、强度等级代号为 RL335 热轧带肋钢筋制作的环氧树脂涂层钢筋，在第一次更新后，其产品型号为"GHT·RL335-20A"。

1. 产品质量控制

环氧涂层材料必须采用专业生产厂家的产品，涂层修补材料必须采用专业生产厂家的产品，其性能必须与涂层材料兼容，且在混凝土中呈惰性。涂层材料和涂层修补材料的性能应符合相关性能指标的要求。

（1）抗化学腐蚀性

将无微孔及含有人为缺陷孔的涂层钢筋样品浸泡于下列各溶液中：蒸馏水、3M CaCl$_2$ 水溶液、3M NaOH 水溶液以及 Ca(OH)$_2$ 饱和溶液。人为缺陷孔应穿透涂层，其直径应为 6mm；检验溶液的温度应为 24±2℃，试验最短时间应为 45d；在这段时间内，涂层不得起泡、软化、失去黏着性或出现微孔，人为缺陷孔周围的涂层也不应发生凹陷。

（2）阴极剥离

阴极剥离试验应符合：阴极应是一根长为 250mm 的涂层钢筋；阳极应是一根长 150mm 直径 1.6mm 的纯铂电极或直径 3.2mm 的镀铂金属丝；参比电极应使用甘汞电极；电解液应是将 NaCl 溶于蒸馏水配制的 3％NaCl 溶液；电解液温度应为 24±2℃；涂层人为缺陷孔的直径应为 3mm；应施以 1.5V 的电压。

应量测在 0°、90°、180°及 270°处人为缺陷孔的涂层剥离半径并计算其平均值。当从人为缺陷孔的边缘起始进行量测时，3 根钢筋的涂层剥离半径的平均值不应超过 4mm。

在第 1 个小时的试验中涂层不应发生损坏，即不应在阴极上生成氢气或在阳极上出现铁的腐蚀产物。

试验应进行 30d 并应记录下出现第一批微孔所经过的时间。在试验过程中出现的任何微孔附近不应发生涂层的凹陷。如果 30d 后没有出现微孔，就应在阴极和阳极处各做一个直径为 6mm 的人为缺陷孔并再进行 24h 试验，其间不应发生涂层凹陷。

（3）盆雾试验

涂层对热湿环境腐蚀的抵抗性应通过盐雾试验评定。沿每根试验钢筋的一侧制作 3 个直径 3mm 且穿透涂层的人为缺陷孔，孔心应位于肋间，孔距应大致均匀。将包含人为缺陷孔的长度 250mm 的涂层钢筋暴露在由 NaCl 和蒸馏水配制成的浓度 5％的 NaCl 溶液所形成的盐雾中 800±20h，溶液的温度应为 35±2℃；涂层钢筋水平放置在试验箱中，缺陷点朝向箱边（90°）；在 2 根试验钢筋的 9 个人为缺陷孔中，当从缺陷的边缘起始进行量测时，其剥离半径的平均值不应超过 3mm。

（4）氯化物渗透性

应检测具有使用中规定的最小厚度的已固化涂层对氯化物的渗透性。在 24±2℃ 条件下进行 45d 的试验，通过涂层渗透的氯离子的累积浓度应小于规定限值。

（5）涂层的可弯性

涂层的可弯性应通过弯曲试验评定。弯曲试验在弯曲试验机上进行，试样应处于 24±2℃ 的热平衡状态。将 3 根涂层钢筋围绕直径 100mm 的心轴弯曲达 180°（回弹后），弯曲应在 15s 内匀速完成；应将试验样品的两纵肋（变形钢筋）置于与弯曲试验机上的心轴半径垂直的平面内，以均匀的且不低于 8r/min 的速率弯曲涂层钢筋；对于直径 d 不大于 20mm 的涂层钢筋，应取弯曲直径不大于 $4d$；对于直径 d 大于 20mm 的涂层钢筋，应取弯曲直径不大于 $6d$。

在 3 根经过弯曲的钢筋中,任意 1 根的弯曲段外半圆涂层不应有肉眼可见的裂缝。

（6）涂层钢筋的黏结强度

钢筋与混凝土的黏结强度试验,应符合《混凝土结构试验方法标准》GB/T 50152—2012 的有关规定。涂层钢筋的黏结强度不应小于无涂层钢筋黏结强度的 80%。

（7）耐磨性

涂层的耐磨性应达到在 1kg 负载下每 1000 周涂层的质量损失不超过 100mg。

（8）冲击试验

钢筋涂层的抗机械损伤能力应由落锤试验确定。试验应在 24±2℃ 温度下进行,采用标准的试验器械及一个锤头直径 16mm、质量 1.8kg 的重锤,冲击在涂层钢筋的横肋与脊之间,在 9N·m 的冲击能量下,除了由重锤冲击引起永久变形的区域,涂层不应发生破碎、裂缝或黏结损失。

在制作环氧树脂涂层前,必须对钢筋表面进行净化处理,其质量应符合相关规范、标准的要求,并对净化处理后的钢筋表面质量进行检验,对符合要求的钢筋进行涂层制作。涂层制作应尽快在净化后清洁的钢筋表面上进行。钢筋净化处理后至制作涂层时的间隔时间不宜超过 3h,且钢筋表面不得有肉眼可见的氧化现象发生。

环氧涂层钢筋出厂检验的检验项目应包括涂层的厚度、连续性和可弯性的检验等。其中,涂层厚度检验的每个厚度记录值为 3 个相邻肋间厚度量测值的平均值;应在钢筋相对的两侧进行量测,且沿钢筋的每一侧至少应取得 5 个间隔大致均匀的涂层厚度记录点。环氧涂层的连续性,应在进行弯曲试验前检查环氧涂层的针孔数,每米长度上检测出的针孔数不应超过 4 个,且不得有肉眼可见的裂缝、孔隙、剥离等缺陷。环氧涂层的柔韧性,应在环氧涂层钢筋弯曲后,检查弯曲外凸面的针孔数,每米长度上检测出的针孔数不应超过 4 个,且不得有肉眼可见的裂缝、孔隙、剥离等缺陷。

2. 力学性能与构造

相关研究成果表明:与无涂层钢筋的钢筋混凝土构件比较,配涂层钢筋的混凝土构件,其承载力基本相同,刚度降低 0～11.3%,钢筋应变不均匀系数增大 6.2%,平均裂缝间距增大 10.8%。据此进行分析,并从偏安全方面考虑,配涂层钢筋的混凝土构件的承载力、裂缝宽度和刚度的计算方法与无涂层钢筋构件相同,但裂缝宽度计算值应为无环氧涂层钢筋的 1.2 倍,刚度计算值应为无环氧涂层钢筋的 0.9 倍。

环氧涂层钢筋表面光滑,胶结-摩阻力降低,咬合作用也因容易滑脱而受影响,致使黏结性能减弱,黏结强度降低。相关研究成果表明:与无黏结涂层钢筋比较,涂层钢筋的黏结锚固强度降低约 10%,在最不利锚固条件下可降低 20%,锚固长度增长约 25%,搭接锚固强度降低约 13.8%。考虑到环氧涂层钢筋的工程应用经验尚少,故在实际施工中,可偏安全地将环氧涂层钢筋的黏结强度取为无涂层钢筋的 80%;涂层钢筋的锚固长度应为无涂层钢筋锚固长度的 1.25 倍;

绑扎搭接长度对受拉钢筋应为无涂层钢筋锚固长度的 1.5 倍；对受压钢筋应为无涂层钢筋的 1.0 倍，且不应小于 250mm。

3. 防护与施工

作为海工混凝土结构防腐蚀措施环氧涂层钢筋虽已广泛成功地在国外应用多年，但是 1987 年美国两座跨海混凝土桥和以后若干海工混凝土结构应用该种钢筋的调查表明，由于制作和施工质量较差，该种钢筋也会在使用仅 4~6 年的海工混凝土结构中发生异常严重的腐蚀破坏。为保证这种钢筋作为盐污染环境中的一种可以显著提高护筋性的补充措施，美国、日本、欧洲又相继修订或制定了质量要求更高、更全面的有关标准。在实际施工中，应从材料选择、净化处理、涂覆、运输、吊装、修补、贮存、加工、架立到浇筑混凝土等的施工全过程，全面严格遵照国内外现行有关标准的规定，加强全过程的质量控制，以尽量减少可避免的涂层损伤。

目前国内无缺陷环氧涂层钢筋产品的使用时间尚不足 20 年。因其一旦失效则无法更换，故在使用时决不能降低混凝土结构本身的耐久性要求，其与耐久混凝土或钢筋阻锈剂联合使用，具有叠加的保护效果。

由于环氧涂层钢筋之间为绝缘的涂层所隔开，缺乏电连续性，如果采用外加电流阴极保护，不仅会降低保护效果，而且在环氧涂层局部损伤处由于杂散电流，还会引起严重的电腐蚀问题。因此环氧涂层钢筋与阴极保护联合使用时，必须先将未经喷涂的钢筋加工、组装成片（或成笼），再以流化床热溶粘工艺涂装环氧层，方可与阴极保护联合使用。先静电喷涂热溶粘环氧涂层，然后再加工、组装成笼的钢筋，不得与阴极保护联合使用。

架立环氧涂层钢筋时，不得同时采用无涂层钢筋，绑扎环氧涂层钢筋时，应采用尼龙、环氧树脂、塑料或其他材料包裹的铁丝；架立环氧涂层钢筋的钢筋垫座、垫块应以尼龙、环氧树脂、塑料或其他柔软材料包裹。同一构件中，环氧涂层钢筋与无涂层钢筋不得有电连接。

环氧涂层钢筋在施工操作时应严密注意避免损伤涂层。浇筑混凝土时，宜采用附着式振动器振捣密实。当采用插入式振动器时，应用塑料或橡胶包覆振动器，防止混凝土振捣过程中损伤环氧涂层。现场多次浇筑成整体或预制构件的外露环氧涂层钢筋应采取措施，避免阳光曝晒。

6.2.3 钢筋阻锈剂

对于严重腐蚀性环境，在保证混凝土结构优质设计与施工的基础上可掺加钢筋阻锈剂，以适当提高混凝土的护筋性；为了保证阻锈剂长期、可靠的补充防腐蚀效果，混凝土保护层需具有长期的高抗氯离子扩散性。因此，不能单纯依靠掺阻锈剂来代替保证混凝土结构耐久性的各种基本措施，而掺阻锈剂的同时采用高性能混凝土，则是克服这种不足，显著提高混凝土护筋性的合理对策。

钢筋阻锈剂可与高性能混凝土、环氧涂层钢筋、混凝土表面涂层、硅烷浸渍等联合使用，并具有叠加保护效果。采用阻锈剂溶液时，混凝土拌合物的搅拌时间应延长 1min；采用阻锈剂粉剂时，应延长 3min。

155

钢筋阻锈剂质量验证试验应符合表 6.4 的规定。

阻锈剂质量验证试验标准 表 6.4

试验项目	试验方法	标准值
钢筋在砂浆中的阳极极化试验	按《水运工程混凝土试验检测技术规范》JTS/T 236—2019,砂浆的氯化钠掺量为 1.5%,阻锈剂掺量按生产厂家的规定采用。当单掺亚硝酸钙时,其掺量应为 1.5%	电极通电后 15min,电位跌落值不得超过 50mV。先进行新拌砂浆中的试验,若不合格再进行硬化砂浆中的试验,若仍不合格则应判为不合格
盐水浸烘试验	按《水运工程混凝土试验检测技术规范》JTS/T 236—2019	浸烘 8 次后,掺阻锈剂比未掺阻锈剂的混凝土试件中钢筋腐蚀失重率减少 40% 以上
掺阻锈剂与未掺阻锈剂的优质或高性能混凝土抗压强度比	按《水运工程混凝土试验检测技术规范》JTS/T 236—2019	≥90%
掺阻锈剂与未掺阻锈剂的水泥初凝时间差和终凝时间差	按《水运工程混凝土试验检测技术规范》JTS/T 236—2019	均在 ±60min 内
掺阻锈剂与未掺阻锈剂的优质混凝土的抗氯离子渗透性	按《水运工程混凝土试验检测技术规范》JTS/T 236—2019	不降低

浓度为 30% 的亚硝酸钙阻锈剂溶液推荐掺量,可按表 6.5 的规定值选取。所选定的亚硝酸钙掺量,应符合盐水浸烘试验的质量合格标准。其他阻锈剂的掺量,应按生产厂家建议值和预期的氯化物含量,通过盐水浸烘试验确定

浓度为 30% 的亚硝酸钙溶液阻锈剂的推荐掺量 表 6.5

钢筋周围混凝土的酸溶性氯化物含量预期值（kg/m³）	阻锈剂掺量（L/m³）
1.2	5
2.4	10
3.6	15
4.8	20
5.9	25
7.2	30

在特殊情况下,混凝土拌合物的氯化物含量超过预期的规定值需掺加阻锈剂时,应进行阻锈剂掺量的验证试验,并应将预期渗入的氯化物含量加上该混凝土拌合物已有的氯化物含量,作为验证试验所采用的氯化物掺量。

6.2.4 高性能混凝土

混凝土结构是目前工程建设中应用最为广泛的结构形式之一,它的应用与发展已有 100 多年的历史。从 20 世纪 80 年代开始,混凝土技术的发展已进入了高科技时代,主要表现为:

（1）在原材料方面,除了常用的水泥之外,出现了球状水泥、调粒水泥等新型水泥,这些水泥的标准稠度用水量低,在水胶比相同的情况下,比普通水泥浆

的流动性大；如果流动性相同，还可减少用水量，降低水胶比，提高强度。硅灰、矿渣、粉煤灰、偏高岭土以及天然沸石超细粉等，能改善与提高混凝土的性能，成为高性能混凝土不可或缺的组成部分。氨基磺酸等高效减水剂，多羧酸系高效减水剂，对水泥粒子分散性好，减水率高，并能控制混凝土的坍落度损失，提高混凝土的耐久性。

（2）在混凝土技术方面，使用各种新型搅拌设备，原材料的检验与监测设备，计算机的应用等，很容易得到均匀的多组分的混凝土拌合物。根据新拌混凝土的检测结果，可以准确地预测混凝土的后期强度。混凝土拌合物可以达到高流态，并在运输和施工过程中基本无坍落度损失，泵送后的混凝土可以免振自密实。

高性能混凝土与高强度混凝土不同。高性能混凝土的重点是由非常高的强度转向在特定环境下所需要的其他性能，包括高弹性模量、低渗透性和高的抵抗有害介质腐蚀破坏的能力。

高性能混凝土与普通混凝土也不同。在高性能混凝土中常常含有硅灰、粉煤灰或矿渣等超细粉，或含有其复合成分，而普通混凝土中却没有。高性能混凝土的水胶比一般小于 0.38，而普通混凝土的水胶比一般在 0.45 以上。高性能混凝土的骨料最大粒径，国内一般小于 25mm，国外一般为 10～14mm，都小于普通混凝土。

关于高性能混凝土的定义，目前各学派有一定的差异，但是所关注的共同点则是体积稳定性和耐久性，具有高的耐久性是混凝土高性能的技术关键，因此可以认为高性能混凝土（High Performance Concrete）是一种体积稳定性好，具有高耐久性、高强度与高工作性能的混凝土。对于混凝土的高性能来说，要根据混凝土结构的使用目的与使用环境而定，而且施工阶段的新拌混凝土与硬化后的混凝土，高性能的含义也不同。因此，要根据施工要求、结构物要求的性能和所处的环境条件，使混凝土达到不同高性能的目的。

目前，针对不同的功能要求，主要有纤维增强混凝土、干硬混凝土、流态混凝土、耐酸混凝土、耐碱混凝土、耐海水混凝土、耐热（耐火）混凝土、耐油混凝土、耐磨损混凝土、防水混凝土、聚合物混凝土、膨胀混凝土、轻质混凝土、喷射混凝土、水下不分散混凝土、道路混凝土、防辐射混凝土、导电混凝土以及防爆混凝土等应用于工程建设的不同领域。

高性能混凝土的组成材料中，除了与普通混凝土类似的组成材料：水泥、水、砂、石以外，高效减水剂和矿物质超细粉是不可或缺的组分。

混凝土是一种复合材料，由水泥、水、细骨料、粗骨料以及矿物质超细粉和外加剂组成，通过搅拌、成型和养护而成为一种人造石材。硬化后的混凝土，可以分为水泥基相、骨料和界面过渡层三个组成要素。

硬化混凝土的性能主要是强度特征和耐久性。混凝土的强度，受骨料、水泥石或界面的强度影响很大，耐久性也受骨料下面数微米处界面的影响。而新拌混凝土的流动性则受到水泥浆的性能、骨料的特征、数量和尺寸的影响，特别是最大粒径对混凝土通过钢筋的性能影响很大。

1. 水泥基相

混凝土的水泥基相，即水泥水化物，其基本特征是比表面积和孔隙构造，与混凝土的强度和耐久性有着密切的关系，甚至影响水泥的水化热、水化反应速度以及混凝土的开裂等。水泥的化学组成，主要影响水化反应速度和水化物的组成，而水化反应速度又影响新拌混凝土的流动性。

硅酸盐水泥的水化物，主要是硅酸钙水化物、氢氧化钙、钙矾石、单硫型钙矾石，其他还有水化铝酸三钙等物质。

水泥品种，大致可以分为硅酸盐水泥、混合水泥以及具有特殊性能的水泥。硅酸盐水泥和普通硅酸盐水泥，是我国混凝土结构的主要胶凝材料，广泛应用于工程建设的不用行业领域。硅酸盐水泥类，根据水泥熟料的 C_3S（约 50%）、C_2S（约 25%）、C_3A（约 10%）和 C_3AF（约 8%）等主要矿物成分以及这些矿物成分的特性，得到不同品种的硅酸盐水泥。

对于不同高性能要求的混凝土，可参照水泥中主要矿物成分含量和特征的不同，选择不同品种的水泥。一般高性能混凝土主要选择硅酸盐水泥和普通硅酸盐水泥。

2. 骨料

高性能混凝土中骨料约占混凝土体积的 60%~75%，而粗骨料约占全部骨料体积的 60%~75%。骨料与混凝土的表观密度、弹性模量和体积变形关系很大。因此在配置高性能混凝土时，应加强对骨料的粒径、粒形、强度以及吸水率等性能指标的要求。

混凝土中的水泥浆，除了把骨料黏结在一起，变成一个整体以外，还有对骨料的约束与箍裹作用，保证骨料本身基体的强度。因此，混凝土的破坏有不同的情况：水泥石部分、界面、骨料或这些因素的复合状态。一般情况下，普通混凝土的破坏在骨料界面及水泥石处发生；但强度超过 80~100MPa 的高性能混凝土的破坏，由骨料导致破坏的比例较高。

通过综合评价粗骨料的强度与黏结性能（考虑骨料的表面状态、矿物种类、化学成分等），判断骨料是否适用于配制某种混凝土。骨料的表观密度和吸水率对高性能混凝土的强度影响较大，相同水胶比的混凝土，骨料的吸水率越大，混凝土的强度越低。

不同品种的砂配制的砂浆中，河砂与碎石砂的砂浆强度高，陆砂与山砂配制的砂浆强度低。这可能是由于陆砂与山砂中的杂质含量较高，对强度的影响大。因此配置高性能混凝土一般都用河砂或碎石砂。

骨料的强度对高性能混凝土的强度影响较大，一般情况下，碎石比卵石好。不同品种粗骨料配制的混凝土，弹性模量不同，一般情况下，混凝土的密度越大，弹性模量越高。而不同品种的粗骨料，对混凝土的泊松比影响相对较小。

在配制高性能混凝土时，对骨料的选择应考虑骨料的级配、物理性能、力学性能以及化学性能等因素。

钢筋混凝土的细骨料不得使用未经冲洗的海砂，且冲洗后氯离子含量应合格。预应力混凝土和重要基础设施等工程严禁使用海砂。

3. 界面过渡层

界面过渡层是指硬化水泥浆和骨料之间的部分。从微观的角度看，过渡层的特点是氢氧化钙的富集和结晶的定向排列，过渡层与骨料周边的孔隙构造是不同的。

骨料下面的孔隙，对混凝土的强度、抗渗性和抗冻性等均有不良影响。因此高性能混凝土必须使骨料下面的孔隙越少越好，这样就必须降低混凝土的用水量，提高水泥浆体的黏度，因此矿物质超细粉和高效减水剂就成了必要的组分。

对于高性能混凝土，抑制和改善过渡层是十分重要的。因此，降低水胶比，适当使用矿物质超细粉，降低混凝土的泌水和离析十分重要。

4. 矿物超细粉

矿物超细粉是指粒径小于 $10\mu m$ 的矿物粉体材料，超细粉掺入水泥中能起到微观填充作用。作为高性能混凝土超细粉的品种主要有硅灰、粉煤灰及磨细矿渣等。《高强高性能混凝土用矿物外加剂》GB/T 18736—2017 给出了相应的分级和性能指标要求，见表 6.6。

矿物外加剂的技术要求　　　　　　　　　表 6.6

试验项目		指标				
		磨细矿渣		粉煤灰	磨细天然沸石	硅灰	偏高岭土
		Ⅰ	Ⅱ				
氧化镁（质量分数）(%,≤)		14.0		—	—	—	4.0
三氧化硫（质量分数）(%,≤)		4.0		3.0	—	—	1.0
烧失量（质量分数）(%,≤)		3.0		5.0	—	6.0	4.0
氯离子（质量分数）(%,≤)		0.06		0.06	0.06	0.10	0.06
二氧化硅（质量分数）(%,≥)		—	—	—	—	85	50
三氧化二铝（质量分数）(%,≥)							35
游离氧化钙（质量分数）(%,≤)				1.0	—		1.0
吸铵值(mmol/kg,≥)					1000		
含水率（质量分数）(%,≤)		1.0		1.0		3.0	1.0
细度	比表面积(m²/kg,≥)	600	400			15000	—
	45μm 方孔筛筛余（质量分数）(%,≤)	—	—	25.0	5.0	5.0	5.0
需水量比(%,≤)		115	105	100	115	125	120
活性指数(%,≥)	3d	80	—			90	85
	7d	100	75			95	90
	28d	110	100	70	95	115	105

（1）硅灰

硅灰是指在冶炼硅铁合金或工业硅时，通过烟道排出的硅蒸气氧化后，经收尘器收集得到的以无定形二氧化硅为主要成分的产品。硅灰的主要成分为二氧

159

化硅。

由于硅灰的粒子是球形的，因此在少量取代水泥后，能提高浆体的流动性。由于硅灰的掺入，使水泥浆的空隙率降低，密度提高，降低了透水性和透气性。由于硅灰粒子在较短时间内与氢氧化钙发生反应，形成水化物的凝胶层，抑制了混凝土中水分移动，故泌水量降低。硅灰对提高混凝土抗化学腐蚀性有显著效果。

由于硅灰在较短时间内和水化硅酸钙发生反应，生成凝胶状的物质，对混凝土的坍落度有不利影响，坍落度损失较快。在水胶比不变的情况下，掺入硅灰可明显提高混凝土强度，但需水量随硅灰掺量增加而增加，并不利于减小温度变形，并且增大了混凝土的自收缩。

（2）粉煤灰

粉煤灰是指干燥的粉煤灰经粉磨达到规定细度的产品，粉磨时可添加适量的水泥粉磨用工艺外加剂。粉煤灰是采用燃煤炉发电的电厂排放出的烟道灰。粉煤灰的化学成分是由原煤的化学成分和燃烧条件而定的，一般情况下，粉煤灰的化学成分变化见表 6.7。

表 6.7

粉煤灰的化学成分（质量百分数：%）

成分	SiO_2	Al_2O_3	Fe_2O_3	CaO	MgO	SO_3	烧失量
范围	20～62	10～40	3～19	1～45	0.2～5	0.02～4	0.6～41

通过掺入粉煤灰抑制混凝土的升温，降低干燥收缩率，可有效地缓和混凝土的开裂，提高混凝土的密实性，加强混凝土的抗硫酸盐侵蚀能力，并在一定程度上抑制碱硅反应导致的膨胀。粉煤灰的掺入，使混凝土早期的强度、不透水性等指标偏低，但后期相关指标有明显提高。

粉煤灰作为掺合料用于引气混凝土时，应严格限制其烧失量，不宜超过2%。粉煤灰作为掺合料用于硫酸盐环境时，应采用低钙粉煤灰（CaO 含量低于 10%）。

（3）磨细矿渣

磨细矿渣是指粒状高炉矿渣经干燥、粉磨等工艺达到规定细度的产品。粉磨时可添加适量的石膏和水泥粉磨用工艺外加剂。而粒化高炉矿渣是指炼铁高炉排出的熔渣，经水淬而成的粒状矿渣。

将矿渣单独磨细后，比表面积越大，活性越高，因此要求所选用的磨细矿渣比表面积要大于 $350m^2/kg$。但是当将比表面积超过 $400m^2/kg$ 的矿渣掺入混凝土后，胶凝材料的水化热与混凝土的自收缩都随着掺量的增大而增大（除非掺量超过 75%），因此磨细矿渣的比表面积不宜超过 $400m^2/kg$。因为矿渣的活性和火山灰质材料不同，具有自身水硬性，但需要水泥水化产物中 Ca（OH）$_2$ 和石膏的激发，在矿渣掺量增大到一定数量以后，由于混凝土中的水泥量减少，矿渣水化的速度因缺少足够的激发物而降低，相应的水化热和自收缩就减小，所以当掺量超过约 75% 以后，反而可以采用高细度的矿渣。

磨细矿渣取代混凝土中的部分水泥后，可以降低混凝土的用水量，提高混凝土的强度，加强其抗海水腐蚀、抗酸和抗硫酸盐侵蚀的性能。

（4）磨细天然沸石

磨细天然沸石是指以一定品味纯度的天然沸石为原料，经粉磨至规定细度的产品。粉磨时可添加适量的水泥粉磨用工艺外加剂。而天然沸石岩则是指火山喷发形成的玻璃体在长期的碱溶液条件下二次成矿所形成的以沸石类矿物为主的岩石，为架状构造的含水铝硅酸盐结晶矿物。磨细天然沸石岩粉应选用斜发沸石岩或丝光沸石岩，其他沸石尤其是方沸石不宜用作混凝土的掺合料。

磨细天然沸石岩因其特殊的结构作用，抗碱-骨料反应和抗硫酸盐的能力较强，但该类材料的需水性大多较大，因此掺量受到限制，而且为了减小自收缩和温度应力，也不宜磨得过细。

（5）偏高岭土

偏高岭土是以高岭类矿物为原料，在适当温度下煅烧后经粉磨形成的以无定型铝硅酸盐为主要成分的产品。偏高岭土作为混凝土矿物掺合料，能与氢氧化钙、水发生二次水化反应，生成 C—S—H 凝胶、水化钙铝黄长石及水化铝酸钙，同时微细偏高岭土能起到微粉填充效应，可以改善混凝土力学性能，提高混凝土耐久性能。

5. 高效减水剂

高效减水剂具有长的分子链和大分子量，它们包覆了水泥颗粒，使其具有高的负电荷而互相排斥，从而显著地提高了水泥在拌合物中的分散性，大大降低水泥颗粒彼此凝聚成团、丧失流动度的趋势，赋予水泥浆体很高的流动性。这就是高效减水剂对水泥的解絮（分散）效应。

水泥水化首先是 C_3A 的水化，而这种水化反应受生产水泥时掺入的石膏迅速溶解为硫酸根离子的浓度所控制。可见新拌混凝土拌合物中硫酸根离子和高效减水剂都将首先与水泥的 C_3A 发生反应。

如果水泥所含石膏（如过烧无水石膏或硬石膏）在拌合水中溶解得太慢，那么高效减水剂就不得不较多地逐渐消耗在它和 C_3A 的反应中，使本来吸附于水泥颗粒表面的高效减水剂数量减少，削弱了它对水泥的解絮效应，这就是所谓高效减水剂改善水泥混凝土拌合物流动度随时间而明显降低的问题，即它与水泥的不匹配问题。

在普通混凝土中存在的这个问题，在高性能混凝土中更突出。因为高性能混凝土的水胶比极低（一般小于等于 0.35），只有极少量的水可以接纳硫酸根离子；因此，专门检验这种匹配性是完全必要的。目前，国内外在高性能混凝土中使用的高效减水剂，可分为萘系、三聚氰胺系、氨基磺酸系和多羧酸系四大类。

萘系高效减水剂是目前国内应用较多的高效减水剂，在其应用时应注意两个方面的问题：①混凝土坍落度损失过快给施工带来的不利影响；②硫酸钠含量过高影响混凝土的耐久性。

三聚氰胺系高效减水剂是一种水溶性阴离子型高聚合物电介质，其高效减水性能与萘系相近。

氨基磺酸系高效减水剂是一种非引气树脂型高效减水剂，属低碱或无碱型混凝土外加剂。该种减水剂的混凝土，工作性、流动性、耐久性和强度均较好，但缺点是易泌水，使混凝土中的水泥浆体沉淀，而且目前只能以水剂的形式在施工中应用。

多羧酸系高效减水剂包括烯烃马来酸共聚物和丙烯酸、丙烯酸酯系（多羧酸酯）等类。

选用高效减水剂或复合减水剂，应通过净浆试验比较其与工程所用水泥、矿物掺合料以及其他外加剂之间的相容性。引气剂、高效减水剂或各种复合外加剂中均不得掺有木质磺酸盐组分，高效减水剂中硫酸钠的含量不大于减水剂固体净重的 15%，氯化钙不能作为混凝土的外加剂使用，如用作冬期施工的抗冻剂等。

大量使用高浓度、高效减水剂时，不能忽视剂量中固体组分的含量，需按实际含固量进行计算，各种高性能混凝土常用的化学外加剂见表 6.8。

高性能混凝土常用的化学外加剂　　　　　　表 6.8

混凝土种类		使用的外加剂	要求的性能	适用范围
流态混凝土	基体混凝土	引气减水剂 高效减水剂 新型高效减水剂	减水率高、坍落度和含气量经时变化小	高耐久性混凝土、高层建筑、高强度连续墙、大跨度桥梁和预应力混凝土
	流态混凝土	流化剂		
混凝土制品		高效减水剂	减水率高、早强、离心成型性能好	桩、电杆
预拌混凝土		新型高效减水剂	减水率高、坍落度和含气量经时变化小	降低用水量、高强高流态混凝土

6. 拌合和养护用水

混凝土拌合用水和胶凝材料发生水化反应，使混凝土凝结、硬化并满足其后期强度的发展要求。拌合用水对掺合料的性能、混凝土的凝结、硬化、强度发展、体积变化以及工作度等方面的性能具有较大的影响，水中不应含有对混凝土中钢筋产生有害影响的物质。影响拌合用水性能的控制指标主要有：可溶物、不溶物、氯化物、硫酸盐、硫化物以及 pH 等。

一般认为能饮用的水都可用来拌合和养护混凝土。在使用工业用水、地下水、河流水、湖泊水等时，若其中含有有害杂质时，则应注意必须满足混凝土拌合水的相关质量要求。此外，商品混凝土的回收水也可以使用，但必须注意其对混凝土强度和工作度应无影响。

海水中含有大量的钠、镁氯化物以及硫酸盐，采用海水拌合混凝土，会使其中的结构用钢受到腐蚀。因此，普通钢筋混凝土和预应力钢筋混凝土均不能用海水拌合混凝土，但无配筋混凝土可以用海水拌合。使用海水拌合的混凝土，长期强度的增长较低，耐久性也会降低，也易造成混凝土的风化。

6.3　工程实例

6.3.1　工程概况

1. 自然地理环境

杭州湾跨海大桥是我国五纵七横公路网中的南北公路干线——同三线（黑龙江省同江市—海南省三亚市）上跨越杭州湾海峡的跨海工程。

杭州湾地处我国东部沿海地区北纬30°，是我国最大的喇叭口海湾，总水域面积约5000km²。湾顶澉浦至西三宽约20km，湾口在上海南汇至宁波镇海宽达100多千米。杭州湾属典型的亚热带季风湿润气候区，一年四季分明，季风显著，其气候特征是温和、湿润、多雨。由于喇叭状地形所导致的"狭管效应"，使该地区气象条件十分复杂，是多种重大灾害性天气多发地带。杭州湾是世界三大强潮海湾之一，水流、泥砂、海床运动等复杂多变，潮大流急，水域含砂量较大。

杭州湾大桥工程地处杭州湾海域，常年气温较高，湿度大，季候风强烈，海域海水含盐度高，含氯度大，桥位处于出海口，涨落潮的干湿侵蚀效应、海洋大气的腐蚀环境，对大桥的使用寿命都将产生极大的不利影响。

2. 主要技术标准

杭州湾跨海大桥全长36km，位于浙江省慈溪市庵东与浙江省海盐县之间。其中，非通航孔的桥梁工程量约占全桥工程量的96%。如图6.3所示为杭州湾跨海大桥示意图，桥梁设计的主要技术标准如下：

图 6.3　杭州湾跨海大桥示意图

（1）道路等级：双向六车道高速公路。

（2）计算行车速度：大桥设计时速100km/h，两岸引线设计时速120km/h。

（3）行车道宽度：2×3×3.75m。

（4）路线宽度：大桥宽为33m，两岸引线宽35m。

（5）最大纵坡：小于等于3%，桥面横坡：2%。

（6）设计荷载：汽车-超20级，挂车-120。

（7）设计洪水频率：1/300。

（8）设计基准期：南、北航道桥为100年，引桥为60年。

（9）抗风设计标准：运营阶段设计重现期100年，施工阶段设计重现期30年。

（10）地震基本烈度为Ⅵ度，结构物按Ⅶ度设防。

（11）通航：北航道桥主通航孔通航高度47m，宽度325m；边通航孔通航高度28m，宽度110m。南航道桥主通航孔通航高度31m，宽度125m；边通航孔通航高度20m，宽度50m。

（12）船舶撞击力：北航道桥主通航孔横桥向撞击力30MN，顺桥向撞击力15MN；边通航孔横桥向撞击力9.4MN，顺桥向撞击力4.7MN。南航道桥主通航孔横桥向撞击力15.2MN，顺桥向撞击力7.6MN；边通航孔横桥向撞击力3.4MN，顺桥向撞击力1.7MN。

3. 桥梁结构总体设计

杭州湾跨海大桥由北向南划分为：北引线、北岸陆地、滩涂区引桥、北航道桥北侧高墩区引桥、北航道桥、北航道桥南侧高墩区引桥、中引桥、南航道桥北侧高墩区引桥、南航道桥、南航道桥南侧高墩区引桥、南引桥水中低墩区、南岸滩涂区引桥、南岸陆地区引桥、南引线。海域范围内的北引桥、中引桥采用了70m跨径的预应力混凝土连续箱梁桥，南岸滩涂区引桥采用50m跨径的预应力混凝土连续箱梁桥。桥梁采用双幅分离式单箱单室结构。主要桥跨结构布置见表6.9。

桥跨结构布置一览表　　　　　　　　　　　　　　　表6.9

区域位置	起讫桩号	工程长度(m)	桥跨布置	结构形式	施工方案	
					下部结构	上部结构
北引线	K49+000.000 ～ K49+015.500	15.5	15.5m	软土路基	道路工程	
北岸陆地、滩涂区	K49+015.500 ～ K51+579.000	2563.5	3.5m+15× 30m+10× 50m+3× 60m+50m+ 50m+80m+ 50m+24×50m	预应力混凝土连续箱梁	D1.0m、D1.5m、D2.0m钻孔桩，旋转钻机成孔，承台、墩身现浇	30m梁满布支架现浇施工，50m梁移动模架现浇施工，其余各跨挂篮悬臂施工
北航道桥北侧高墩区	K51+579.000 ～ K52+069.000	490	7×70m	预应力混凝土连续箱梁	2.5m钻孔桩，旋转钻机成孔，承台、墩身现浇	整孔预制、浮吊整孔吊装施工
北航道桥	K52+069.000 ～ K52+977.000	908	70m+160m+ 448m+ 160m+70m	钻石形双塔空间双索面五跨连续半飘浮体系钢箱梁斜拉桥	D2.5m、D2.8m钻孔桩，旋转钻机成孔，承台、墩身现浇	桥面吊机架设

续表

区域位置	起讫桩号	工程长度(m)	桥跨布置	结构形式	施工方案	
					下部结构	上部结构
北航道桥南侧高墩区	K52+977.000 ~ K53+957.000	980	14×70m	预应力混凝土连续箱梁	D2.5m 钻孔桩,旋转钻机成孔,承台、墩身现浇	整孔预制、浮吊整孔吊装施工
中引桥	K53+957.000 ~ K63+337.000	9380	134×70m	预应力混凝土连续箱梁	D1.5m 钢管桩,打桩船插打,D2.5m 钻孔桩,承台现浇、墩身预制	整孔预制、浮吊整孔吊装施工
南航道桥北侧高墩区	K63+337.000 ~ K64+037.000	700	10×70m	预应力混凝土连续箱梁	D2.5m 钻孔桩,旋转钻机成孔,承台、墩身现浇	整孔预制、浮吊整孔吊装施工
南航道桥	K64+037.000 ~ K64+615.000	578	100m+160m+318m	A型独塔双索面三跨连续体系钢箱梁斜拉桥	D2.5m、D2.8m 钻孔桩,旋转钻机成孔钻孔桩,承台、墩身现浇	桥面吊机架设
南航道桥南侧高墩区	K64+615.000 ~ K65+315.000	700	10×70m	预应力混凝土连续箱梁	D2.5m 钻孔桩,旋转钻机成孔,承台、墩身现浇	整孔预制、浮吊整孔吊装施工
南引桥水中低墩区	K65+315.000 ~ K71+335.000	6020	86×70m	预应力混凝土连续箱梁	D1.5m、D1.6m 钢管桩,打桩船插打,D2.5m 钻孔桩,旋转钻机成孔,承台现浇、墩身预制	整孔预制、浮吊整孔吊装施工
南岸滩涂区	K71+335.000 ~ K81+435.000	10100	202×50m	预应力混凝土连续箱梁	D1.5m 钻孔桩,旋转钻机成孔,承台、墩身现浇	整孔预制、梁上运梁架设
南岸陆地区	K81+435.000 ~ K84+688.500	3253.5	50m+80m+5×50m+60×30m+50m+34×30m+3.5m	预应力混凝土连续箱梁	D1.0m、D1.5m 钻孔桩,旋转钻机成孔,承台、墩身现浇	满布膺架、现浇施工
南引线	K84+688.500 ~ K85+000.000	311.5	311.5m	软土路基	道路工程	

4. 桥梁结构耐久性设计

杭州湾跨海大桥工程处于杭州湾海洋环境,是桥梁结构服役所处的最严峻的环境条件。海洋环境中的有害介质离子对混凝土、钢结构的侵蚀将导致桥梁结构发生早期损伤,使结构的耐久性能降低而缩短其使用寿命,因此结构的耐久性设计是杭州湾跨海大桥的重要设计内容。

基于杭州湾跨海大桥所处环境条件和使用功能要求,对不同的结构构件(部位)根据环境及腐蚀特点的不同分别采用了环氧粉末涂层、加大保护层厚度、海工耐久性混凝土、混凝土表面涂装、钢箱梁表面处理、环氧涂层钢筋、牺牲阳极

165

以及外加电流阴极保护等技术措施,并以此确定了各类构件的设计使用寿命和维护周期,见表 6.10。

各类构件的设计使用寿命和维护周期表　　　　　表 6.10

构件名称	设计寿命	日常维护周期	是否可更换	备注
桩基	100 年	每 10 年检测 1 次	不可更换	发现问题及时处理
承台	100 年	每 2 年检测 1 次	不可更换,局部可修复	
桥墩、索塔	100 年	每 2 年检测 1 次	不可更换,局部可修复	建立健康监控系统
混凝土箱梁	100 年	每 2 年检测 1 次	不可更换	建立健康监控系统
混凝土铺装	100 年	每 2 年检测 1 次	可修补更换	发现问题及时处理
防撞护栏底座	30 年	每年检测 1 次	可更换	发现问题及时处理
支座垫石	100 年	每 2 年检测 1 次	不可更换	
承台系梁	100 年	每 2 年检测 1 次	不可更换,局部可修复	发现问题及时修复
钢箱梁	100 年	每年全面检测 1 次	不可更换	发现问题及时维护。50 年对防护系统进行大修
钢管桩	100 年	每 2 年全面检测 1 次	不可更换,局部可修复	发现问题及时维护
钢锚箱	100 年	每 2 年全面检测 1 次	不可更换,局部可修复	发现问题及时修复
斜拉索	25～30 年	每年全面检测 1 次	25～30 年更换	建立健康监控系统
预应力束	100 年	每 2 年全面检测 1 次	不可更换	发现问题及时处理
钢护栏	100 年	每年检测 1 次	可更换	发现问题及时维护
支座	30～50 年	每 2 年检测 1 次	可更换	发现问题及时处理
伸缩缝	30 年	每 2 年全面检测 1 次	可更换,局部可修复	发现问题及时处理

6.3.2　环氧涂层钢筋

环氧涂层钢筋是在严格控制的工厂流水线上,采用静电喷涂工艺喷涂于表面处理过和预热的钢筋上,形成具有一层坚韧、不渗透、连续的绝缘层的钢筋。在正常使用情况下,即使氯离子、氧等大量渗入混凝土,它也能长期保护钢筋,使钢筋免遭腐蚀。美国试验与材料学会共同组成调查组对过去采用环氧涂层钢筋的已建工程进行调查后确认,采用环氧涂层钢筋可延长结构使用寿命 20 年左右。

鉴于环氧钢筋的优点,在杭州湾跨海大桥腐蚀最为严重的浪溅区现浇墩身中采用了环氧钢筋,作为提高混凝土结构耐久性的附加措施。环氧钢筋也有其缺点,在现场进行绑扎施工时,涂层容易损伤。由于环氧钢筋的保护机理建立在完全隔离钢筋与腐蚀介质的基础上,环氧涂层的缺陷、膜层损伤极易导致钢筋的点腐蚀,加速结构的破坏,因此保证膜层的完整性成为环氧涂层钢筋有效性的关键。

杭州湾跨海大桥工程中环氧涂层钢筋主要用于海上现浇墩墩身和高墩区承台,其原材料、加工工艺、质量检验和验收标准执行《环氧树脂涂层钢筋》JG/T 502—2016,每米钢筋上不允许出现大于 $25mm^2$ 的涂层损伤缺陷,小于 $25mm^2$ 涂层缺陷的面积总和不得超过钢筋表面积的 0.1%。在环氧涂层钢筋的储存、运输、加工与安装等方面有详细的规定,尽量减少对环氧涂层的损坏。破损的环氧涂层应尽快予以修补，修补应采用环氧涂层钢筋生产厂家提供的材料，并在相对湿度小于85%的环境中进行，修补涂层厚度不得小于$180\mu m$。据美国公路局的报告，混凝土的浇筑、振捣过程可能破坏环氧涂层钢筋的膜层（甚至80%的损伤率发生在此过程），因此施工过程中在金属振捣器上包覆塑料或橡胶，并尽量避免振捣器与钢筋直接接触，以减少对涂层的损坏。丹麦大贝尔特海峡通道工程经验表明，在预制厂进行整体钢筋笼后施环氧涂层处理后，可以达到较为理想的效果。

6.3.3 钢筋阻锈剂

钢筋阻锈剂是一种能抑制或延缓钢筋电化学腐蚀的混凝土化学外加剂，分掺入和渗透型两类。美国混凝土学会（ACI）确认钢筋阻锈剂是保护混凝土中钢筋的三种有效措施之一（另外两种是环氧涂层钢筋和阴极保护）。钢筋阻锈剂在美国已经有近30年的工程应用历史，近15年来在欧洲和北美得到更迅速的发展。

与优质的海工耐久混凝土配合，钢筋阻锈剂能大幅度提高对钢筋的防护能力。在相同的时期内，海工耐久混凝土一方面使得腐蚀介质到达钢筋表面的量减少，另一方面密实的混凝土又能长期有效地保持钢筋阻锈剂的高浓度，从而使阻锈剂得以长期发挥效能。

杭州湾跨海大桥工程中腐蚀严重的水位变动区的承台和浪溅区的墩身使用了掺入型阻锈剂，作为保证混凝土结构耐久性的补充措施。试验证明，该型阻锈剂具有良好的性价比。该工程使用的某钢筋阻锈剂试验结果见表6.11。

阻锈剂性能试验结果　　　　　　　　　　　　　　表6.11

性能	试验项目	规定指标 粉剂型	实测结果 粉剂型
防锈性	盐水浸渍试验	失重率减小40%以上	减小45.6%
	电化学综合试验	电位跌落值不超过50mV	35mV
对混凝土性能影响试验	抗压强度比	≥90%	98%
	抗渗性	不降低	不降低
	初终凝时间(min)	±60(对比基准组)	初凝+50;终凝+55

6.3.4 外加电流阴极保护

根据钢筋腐蚀的电化学原理，阳极反应（钢筋腐蚀）必须同时放出自由电子，阴极防护即是采取措施使电位等于或低于平衡电位，不让钢筋表面任何地方再放出自由电子，就可使钢筋不能再进行阳极反应（腐蚀）。外加电流阴极防护，以直流电源的正极接通难溶性辅助阳极发射保护电流；以其负极接通被保护的钢筋，而阳极与被保护的钢筋均处于连续的电介质中，使被保护的钢筋充分接触电解质的全部表面而且均匀地接受自由电子，从而受到阴极保护，如图6.4所示。

经过经济和技术比较，在杭州湾跨海大桥南、北航道桥索塔承台、塔座及下塔柱等处水位变动区和浪溅区部位进行试应用。

该工程外加电流阴极防护系统由采用智能型计算机控制外加电流阴极预防防护技术，采用欧洲标准《混凝土中钢筋的阴极保护》BSEN 12696—2000进行设

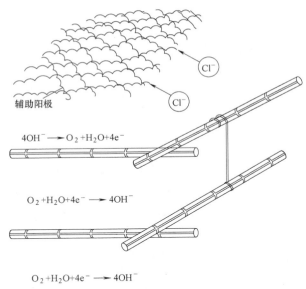

辅助阳极

$$4OH^- \longrightarrow O_2 + H_2O + 4e^-$$

$$O_2 + H_2O + 4e^- \longrightarrow 4OH^-$$

$$O_2 + H_2O + 4e^- \longrightarrow 4OH^-$$

图 6.4　外加电流阴极保护原理图

计，理论上可以解决混凝土中钢筋腐蚀问题，使混凝土结构达到较长期的保护。该系统包括：活性钛金属网条、参比电极、连接装置、供电装置、计算机控制、遥控监控管理系统等。

外加电流阴极防护系统设计的要点包括：阳极材料在正常运行的电流密度（钢筋表面 $1 \sim 2mA/m^2$）条件下，保证至少 100 年使用寿命，从而保证结构钢筋始终处于阴极状态而不发生锈蚀；充分考虑腐蚀环境的不同，针对不同区域进行相应的设计，采用全自动监控系统自动调节电量，以确保 100% 的电流分布与传递，并避免过度保护；采用合适的参比电极，使防护系统能够自动调节和长期监控。

6.3.5　塑料波纹管与真空辅助压浆

预应力钢筋是预应力混凝土结构的主要受力材料，预应力钢筋的耐久性直接影响预应力混凝土结构的使用寿命和安全。20 世纪末，国际上许多使用后张预应力工艺的桥梁，预应力筋受到锈蚀，导致桥梁倒塌、重建或加固。预应力筋的防腐问题得到了土木工程界的普遍关注。

在英国，建于 1953 年的 Ynys-Gwas 桥于 1985 年倒塌，英国的运输与道路研究实验室对倒塌的桥梁进行研究，证实桥梁倒塌是预应力钢筋锈蚀所致。在美国，建于 1957 的康涅狄格州的 Bissell 大桥，因为预应力筋锈蚀导致桥的安全度下降，于 1992 年不得不炸毁重建。在国内，也有许多预应力混凝土桥梁，由于孔道压浆不饱满使预应力筋受到锈蚀，在设计使用年限内不得不加固，往往桥梁加固的费用比造桥的费用还要高。

为提高预应力体系的耐久性，目前国际上普遍采用真空辅助压浆技术，即采用塑料波纹管，在完成预应力筋的张拉后，将预应力系统密封，对孔道施加抽真空操作，并在孔道保持 0.07MPa 的负压下，将水胶比为 $0.29 \sim 0.35$ 的灰浆压入孔道，当水泥浆从抽真空端流出且稠度与压浆端基本相同，再经过特定位置的排浆、保压手段保证孔道内水泥浆体饱满。

塑料波纹管相对于传统的金属波纹管具有以下优点：摩擦阻力小，$\mu = 0.12 \sim 0.15$（金属波纹管为 0.25）；耐疲劳性能好；密封性好，有利于真空辅助压浆；耐腐蚀，不生锈，利于预应力筋的保护；不导电，能保护预应力筋抗杂散电流；强度高、刚度大，不易被振动棒振破；可焊接连接，无需另配接头，材料损耗小，剩余短管仍可利用。

真空辅助压浆相对于传统的普通压浆具有以下优点：可以消除普通压浆法引起的气泡，同时，孔道中残留的水珠在接近真空的情况下被汽化，随同空气一起被抽出，增强了浆体的密实度；消除混在浆体中的气泡，这样就避免了有害水积聚在预应力筋附近，防止预应力筋腐蚀；改进浆体的设计，使其不会发生析水、干硬收缩等问题；孔道在真空状态下，减小了由于孔道高低弯曲而使浆体自身形成的压力差，便于浆体充盈整个孔道，尤其是一些关键部位。对于弯形、U 形、竖向预应力筋更能体现真空辅助压浆的优势。

鉴于塑料波纹管和真空辅助压浆工艺的优点，在杭州湾跨海大桥工程上部结构预应力混凝土箱梁中采用了该项技术，以提高预应力筋的耐久性。

水泥浆的设计是真空辅助压浆的关键点，配制真空辅助压浆浆体的基本原则：改善水泥浆的性能，降低水胶比，减少孔隙、泌水，消除离析现象；减少和补偿水泥浆在凝结过程中的收缩变形，防止裂缝的产生；具有较高的抗压强度和有效的黏结强度。试验确定的实际浆体技术指标为：水泥浆的水胶比为 0.335，水泥浆的 3h 泌水率为 1.0%，泌水在 24h 内被浆体吸收；浆体流动度为 15s；浆体膨胀率为 0.1%。斜管试验和试验梁模拟试验表明浆体效能和压浆工艺均达到了预期的效果。

6.3.6　纤维混凝土与硅烷浸渍

杭州湾跨海大桥水上低墩区引桥的 474 个桥墩均采用预制安装施工。先期安装的预制墩，由于构造缺陷和施工环境（风大、潮差大、流速大等）的影响，在现浇墩座部位均出了不同程度的收缩裂缝，如图 6.5 所示。典型的裂缝都出现在支座 6 个支墩的对应位置，墩座长边方向 2 个支墩的中间位置出现裂缝的频率也比较高。

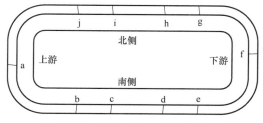

图 6.5　现浇墩座表面裂缝示意图

分析表明，预制墩湿接头混凝土受到结构约束是导致墩座混凝土开裂的主要原因，如图 6.6 所示。为解决现浇墩座的裂缝问题，确保结构的耐久性，后续现

169

浇墩座施工时进行了大量的工艺试验。工艺试验结果表明：采取在混凝土中掺加聚丙烯纤维、加密水平箍筋、增设不锈钢网片、不掺膨胀剂等措施后，裂缝得到了有效控制。

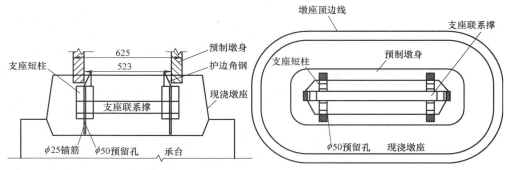

图 6.6 预制墩身安装立面图、平面图（单位：mm）

为了最大限度提高现浇墩座的耐久性，在湿接头混凝土表面浸渍硅烷，可进一步提高混凝土的憎水性和结构耐久性。该桥所采用硅烷的性能指标试验结果见表 6.12。

硅烷试验结果   表 6.12

试验项目	吸水率 $(mm/min^{1/2})$	氯离子吸收量降低效果(%)	渗透深度	
			染色法	热分解气相色谱法
基准混凝土	0.006	—	—	—
硅烷	0.003	91	4.8mm	达到 5~6mm 深度层

试验结果表明：基准混凝土试件自身的吸水率极低，外涂硅烷材料的混凝土试件的吸水率比基准混凝土试件的吸水率下降了 50%，并且外涂硅烷的氯离子吸收量降低效果和渗透深度均满足规范要求。

6.3.7 混凝土表面防腐涂层

通过现场对比试验，技术、经济和景观设计比较，确定以涂层防腐蚀技术作为杭州湾跨海大桥主体结构混凝土表面的防腐保护措施之一，设计使用年限为 20 年。

涂层体系由不同的涂料配套组成，分别为底层、中间层和面层涂料，见表 6.13。涂层体系中各层涂料的性能要求为：采用的底层涂料应具有较低的黏度和较高渗透性；中间层涂料应具有漆膜致密、坚固、防腐蚀能力强和韧性好的特点；面层涂料应具有优异抗老化性，耐候性和耐紫外性，化学稳定性好，对中间漆和底漆有较好的保护作用。

杭州湾跨海大桥混凝土表面涂层体系配套方案   表 6.13

配套涂料名称		涂装方式	涂层干膜平均厚度(μm)
底层	环氧树脂封闭漆	喷涂	—
中间层	环氧腻子	刮涂	—
	环氧树脂漆	喷涂	300

配套涂料名称		涂装方式	涂层干膜平均厚度(μm)
面层	聚氨酯磁漆	喷涂	100
涂层总干膜平均厚度(μm)			400

混凝土表面涂装主要用于海上承台和墩身,从景观考虑对陆地区及近岸混凝土箱梁以及南、北航道桥索塔进行了涂装。

表湿区(浪溅区以下墩身和承台)混凝土涂层系统由底层、中间层和面层配套涂料涂膜组成,根据杭州湾的具体条件,采用的涂料应具有湿固化和快固结的性能。表湿区混凝土涂层设计总干膜平均厚度为 $400\mu m$。涂层配套体系见表 6.14。

表湿区混凝土表面涂层配套 表 6.14

涂层名称	配套涂料名称	涂层干膜平均厚度(μm)
底层	湿固化环氧树脂封闭漆	$\leqslant 50$
中间层	湿固化环氧树脂漆	<310
面层	聚氨酯面漆	90
涂层总干膜平均厚度		400

注:底层干膜平均厚度不大于 $50\mu m$,底层和中间层干膜总平均厚度为 $310\mu m$。

表干区涂层系统由底层、中间层和面层等配套涂料涂膜组成,选用的配套涂料之间应具有良好的相容性,面层涂料应具有良好的保色、保光性能,同时应具有良好的重涂性能。表干区混凝土涂层设计总干膜平均厚度 $350\mu m$。涂层配套体系见表 6.15。

表干区混凝土表面涂层配套 表 6.15

涂层名称	配套涂料名称	涂层干膜平均厚度(μm)
底层	环氧树脂封闭漆	$\leqslant 50$
中间层	环氧树脂漆	<260
面层	聚氨酯面漆	90
涂层总干膜平均厚度		350

注:底层干膜平均厚度不大于 $50\mu m$,底层和中间层干膜总平均厚度为 $260\mu m$。

索塔区混凝土表面涂层系统由底层、中间层和面层等配套涂料涂膜组成,选用的配套涂料之间应具有良好的相容性,面层涂料应具有良好的保色、保光性能,同时应具有良好的重涂性能。索塔区混凝土涂层设计总干膜平均厚度 $350\mu m$。涂层配套体系见表 6.16。

索塔区混凝土表面涂层配套 表 6.16

涂层名称	配套涂料名称	涂层干膜平均厚度(μm)
底层	环氧树脂封闭漆	$\leqslant 50$
中间层	环氧树脂漆	<280

续表

涂层名称	配套涂料名称	涂层干膜平均厚度(μm)
面层	氟碳面漆	70
涂层总干膜平均厚度		350

注：底层干膜平均厚度不大于 $50\mu m$，底层和中间层干膜总平均厚度为 $280\mu m$。

6.3.8 高性能海工混凝土

针对杭州湾跨海大桥所处的特殊地域环境，其桥梁结构混凝土采用高性能海工混凝土。

1. 基本耐久性设计规定

在设计文件中单独列出了该工程混凝土结构耐久性设计的内容，至少包括：

（1）结构使用环境及其对结构侵蚀作用的调查与说明。

（2）列出结构各个部件如基桩、承台、桥墩、索塔、桥面箱梁的设计工作寿命明细表。必要时标明结构设计工作寿命期限内预期需要更换或维护的部件名称及年限。由于混凝土结构部件与其他部件之间往往密不可分或相互影响，在设计文件中还应同时列出非混凝土结构部件如桥面防水层、伸缩缝、栏杆、路面面层等部件的设计寿命明细表及其修理或更换的期限。

（3）从混凝土材料、结构构造和裂缝控制、施工质量控制与保证、使用寿命验算、特殊防腐措施以及使用阶段的定期检测 6 个方面进行耐久性设计，并分别以书面设计文件的形式向工程的施工单位提出基于耐久性要求的施工质量保证与控制的规定，向完工后的运营管理单位提出部件维修、更换和定期检测的要求。

该工程混凝土结构主体构件的设计工作寿命均为 100 年。大桥的某些部件因技术条件不能保证环境侵蚀下能够达到与大桥等同的耐久性，或从经济等角度考虑认为有必要时，则在业主认可的前提下，可以降低这些部件的耐久性等级，即列为需要在使用过程中进行修补或更换的结构部件。这些部件必须具有能够进行修补或更换的客观条件，便于施工操作且在修补或更换过程中不致严重干扰大桥的正常使用功能。需要修补或更替的构件，其使用寿命可低于大桥的 100 年设计工作寿命。

环境侵蚀作用分级　　　　　　　　　　　　　　表 6.17

级别	严重程度
A	轻微
B	一般
C	不良
D	恶劣
E	严酷
F	极端严酷

该工程混凝土结构各个部件的耐久性，根据所处的不同使用环境类别及其侵蚀作用等级进行设计，局部环境应予区别对待。结构设计应考虑到为使用过程中

的正常维护（包括涂刷保护膜、更换表面保护覆盖层、局部细小修补）、预期维修、构件更换和必要的检测创造便利条件。

环境侵蚀作用按其对混凝土结构的严重程度分为 6 级，见表 6.17。不同环境侵蚀作用的类别及其相应的侵蚀作用等级见表 6.18 和表 6.19。

结构构件使用环境分类及其侵蚀作用级别 表 6.18

环境类别	级别	环境情况	工程部位举例
碳化锈蚀环境	A	干燥	45%<RH<65%的室内混凝土构件，本工程无此级
	B	长期潮湿（极少干燥且接触的水分无侵蚀性）	长期与水或潮湿土体接触的基桩、承台与桥墩，65%<RH<80%的中高湿度室内混凝土构件
	C	干湿交替	表面频繁与水或冷凝结露水接触的室外淋雨构件
海水锈蚀环境（以黄海高程划分）	C	浸没于海水的水下区	基桩、承台
	D	接触空气中盐分，不与海水直接接触的大气区（10.21m 以上）	索塔、桥墩、箱梁、栏杆、海中观光平台及建筑
	E	水位变化区（−4.56～1.88m）	基桩、承台、桥墩
	F	浪溅区（1.88～10.21m）	桥墩、承台
土中及地下水中的化学侵蚀环境		如表 6.19 所示	与含有侵蚀性化学介质如硫酸盐、镁盐、碳酸、氯化物等土体、地下水接触的基桩

结构构件使用环境分类及其侵蚀作用级别 表 6.19

侵蚀作用级别		B	C	D	E	F
水中 SO_4^{2-} (mg/L)		≤200	200～600	600～2000	2000～6000	>6000
土中 SO_4^{2-} 总量(mg/kg)	强透水土层	≤300	300～900	900～3000	3000～9000	>9000
	弱透水土层	≤1500	1500～3500	3500～10000	10000～25000	>25000
水中 Mg^{2+} (mg/L)		≤300	300～1000	1000～3000	3000～4500	>4500
土中 Mg^{2+} 总量(mg/kg)	强透水土层	≤450	450～1500	1500～4500	4500～7000	>7000
	弱透水土层	≤1300	1300～3800	3800～9000	>9000	
水中 NH_4^+ (mg/L)		≤100	100～500	500～800	800～1000	>1000
土中 NH_4^+ 总量(mg/kg)	强透水土层	≤150	150～750	750～1200	1200～1500	
	弱透水土层	≤1000	1000～1500	1500～2400	>2400	
水的 pH	水或强透水土层中	≤6.5	5.5～6.5	4.5～5.5	4～4.5	<4
	弱透水土层中	≤5.5	4.5～5.5	4～4.5	3.5～4	<3.5
水中 CO_2(mg/L)	水或强透水土层中		15～30	30～60	60～100	>100
	弱透水土层中		30～60	60～100	>100	
氯离子浓度 水中(mg/L)	干湿交替		100～500	500～5000	>5000	
	长期浸水		500～5000	5000～20000	>20000	
土中(mg/kg)	潮湿		250～500	500～5000	>5000	

注：水中及强透水土层中的硫酸盐、镁盐、胺盐环境，如无干湿交替，表中数据可乘系数 1.5。

173

混凝土结构耐久性设计包括以下内容：

（1）混凝土材料设计，包括混凝土原材料的选用和配合比的设计原则，除用强度等级、水胶比、水泥用量、含气量、工作度等指标间接反映耐久性要求外，尚应提出混凝土抗渗性、抗裂性和抗氯离子渗透性能等具体参数指标。

（2）与结构耐久性有关的结构构造措施与裂缝控制要求。

（3）与耐久性有关的施工要求，特别是混凝土养护和保护层厚度的质量控制与保证措施。

（4）工程使用阶段的定期维护与检测要求。

（5）处于海洋水位变化区和浪溅区的混凝土结构部位，需采用特殊的防腐蚀措施，如在混凝土组成中加入阻锈剂、水溶性聚合树脂；在混凝土构件表面涂敷或用保护材料覆盖；为以后采用阴极保护预留条件等。所有混凝土特殊防腐蚀措施，尤其是防腐新材料和新工艺的采用，应要求通过专门的试验论证确定。

（6）根据适宜的材料性能耐久性计算模型，进行海洋环境混凝土结构使用寿命的设计验算。

为提高混凝土结构耐久性应遵循的一般原则如下：

（1）选用质量稳定并有利于改善混凝土抗裂性能的水泥和骨料等原材料；

（2）在混凝土组成中掺入矿物掺合料；

（3）适当降低混凝土的水胶比，在混凝土中添加引气剂；

（4）增加钢筋的混凝土保护层厚度和使用保护层定位夹；

（5）施工时保证新拌混凝土能及时养护并有适当的养护时间；

（6）使用阶段尽量避免混凝土表面的干湿交替。

一般认为，适当增加混凝土保护层厚度和使用保护层定位夹对于提高钢筋混凝土结构耐久性是简单且可靠的。

本工程混凝土结构主要部件所处的环境侵蚀等级及需要进行耐久性设计的具体内容，见表 6.20。

耐久性设计内容　　　　　　　　　　　　　　　　　　表 6.20

杭州湾大桥混凝土结构主要部件	侵蚀等级	混凝土材料	构造和裂缝控制	施工要求	定期检测	使用寿命验算	特殊防腐措施
水下及土中基桩、承台	C	●	●	●			
大气区的箱梁、桥墩、索塔、承台	D	●	●	●	●	●	*
水位变化区的桥墩、基桩、承台	E	●	●	●	●	●	●
浪溅区桥墩、承台	F	●	●	●	●	●	●

注：1. 混凝土材料、结构构造和施工应同时满足现行混凝土结构设计与施工标准的最低要求。
　　2. 表中符号意义：●—需要 ； *—可能需要。

2. 混凝土结构材料

本工程混凝土结构采用高性能海工混凝土，设计文件中应对混凝土原材料与配合比提出有关耐久性的要求，使混凝土能有良好的抗渗性、体积稳定性和抗裂性。

本工程混凝土的最低强度等级、最大水胶比、单方混凝土胶凝材料的最低用量应满足表 6.21 的规定；此外，单方混凝土的胶凝材料总量也不宜高于 $500kg/m^3$，一般不应超过 $550kg/m^3$。

最低强度等级、最大水胶比和胶凝材料最小用量　　表 6.21

环境侵蚀作用类别	最低强度等级,最大水胶比	胶凝材料最低用量 (kg/m^3)
A	C30,0.55	290
B	C30,0.55	290
C	C35,0.50	320
D	C40,0.40	350
E	C45,0.36	410
F	C45,0.36	410

注：1. 表中胶凝材料最低用量指骨料最大粒径为 20mm 的混凝土。如最大粒径为 40mm，最低用量取表中数值减 $30kg/m^3$；如最大粒径为 15mm 和 10mm，最低用量分别取表中数值减 $20kg/m^3$ 和 $30kg/m^3$。

2. 表中数据需与保护层厚度要求相配合。

高性能海工混凝土必须掺用粉煤灰、磨细矿渣等矿物掺合料；掺合料要求质量稳定，并附有品质的性能参数及质量检验证书；其掺量必须通过试验论证。

侵蚀作用为 D、E、F 等级的构件部位的混凝土中宜加入适量掺入型有机或无机阻锈剂，具体可通过使用寿命验算确定；阻锈剂品种和掺量必须通过试验确定。

预应力构件和海水环境下侵蚀作用为 D、E、F 等级的构件部位混凝土，其抗氯离子渗透性应通过专门检测，并应符合表 6.22 的要求。此外，浪溅区混凝土和海水环境下的预应力混凝土还应通过氯离子扩散程度的耐久性试验。

混凝土抗氯离子扩散性指标（12W 龄期）　　表 6.22

结构部位		混凝土氯离子扩散系数$(10^{-12}m^2/s)$
钻孔灌注桩	陆上部分	≤3.5
	海上部分(含滩涂)	≤3.0
承台	陆上部分	≤3.5
	海上部分	≤2.5
墩身	陆上部分(现浇)	≤2.5
	海上部分(现浇含滩涂)	≤2.5(采用环氧钢筋),≤1.5(未采用环氧钢筋)
	海上部分(预制)	≤1.5
箱梁	现浇	≤1.5
	预制	≤1.5
桥塔		≤1.5

混凝土拌合物中由各种原材料引入的氯离子总质量应不超过胶凝材料总量的 0.1%（钢筋混凝土结构）和 0.06%（预应力混凝土结构）。

侵蚀作用为 D、E、F 等级的构件部位宜通过适当引气来提高其耐久性，新拌混凝土中引气量一般可要求控制在 4%～6%。

3. 实际工程控制

在杭州湾跨海大桥工程施工过程中，在严格的施工管理和质量控制下，海工耐久性混凝土的耐久性能得到了充分保证，该工程海工混凝土典型配合比见表 6.23，海工混凝土实测耐久性能见表 6.24。

海工耐久混凝土典型配合比　　　　表 6.23

部位	强度等级	水胶比	每立方米混凝土各种材料用量（kg）							
			水泥	矿粉	粉煤灰	砂	石子	水	减水剂	阻锈剂
陆上桩基	C25	0.36	165	124	124	754	960	149	4.13	—
海上桩基	C30	0.3125	264	—	216	753	997	150	5.76	—
陆上承台、墩身	C30	0.36	170	85	170	742	1024	153	4.25	—
海上承台	C40	0.33	162	81	162	779	1032	134	4.86	8.1
海上现浇墩身	C40	0.345	126	168	126	735	1068	145	5.04	8.4
海上预制墩身	C40	0.309	180	90	180	779	1032	139	5.4	9.0
箱梁	C50	0.32	212	212	47	724	1041	150	1.0	

海工耐久混凝土实测性能　　　　表 6.24

部位	强度等级	抗压强度（MPa）（28d）	氯离子扩散系数（×10^{-12}m²/s）（84d）	坍落度（cm）	扩展度（cm）	抗裂性能
陆上桩基	C25	39.3	1.37	21	43	良好
海上桩基	C30	53.8	1.57	22	55	良好
陆上承台、墩身	C30	39.3	1.21	21	42	良好
海上承台	C40	57.4	0.73	18	—	良好
海上现浇墩身	C40	56.0	0.68	18	55	良好
海上预制墩身	C40	57.6	0.37	18	—	良好
箱梁	C50	68.8	0.34	18	40	良好

6.3.9　构造与裂缝控制

为保证混凝土结构的耐久性，结构构件的外形应力求简洁，尽量减少暴露的表面积和棱角，处于严重侵蚀环境下的构件截面棱角宜做成圆角。

结构的形状和布置应有利通风和避免水汽在混凝土表面积聚，便于施工时混凝土的振实、养护，减少荷载作用下或发生变形时的应力集中。结构的构造应有利于减少结构因变形而引起的约束应力。

结构的施工缝和连接缝位置，应尽量避开可能遭受最不利局部侵蚀环境的部位（如桥墩中的浪溅区和水位变动区）。对结构连接缝（如桥面结构的伸缩缝）处的混凝土应采取特殊防腐蚀措施（如混凝土表面浸渍等）。

露天混凝土的表面形状应有利于排水，对于可能受雨淋或积水的水平表面应做成斜面。应通过专门设置的管道排水，不得将结构构件的混凝土表面直接作为排水通道。露天构件应设滴水沟，防止雨水从构件侧面流向底面。排水管道的出口不得紧贴混凝土结构构件表面，应离开结构墩柱一定距离。

在桥梁路面层与桥面箱梁之间应设置可靠的防水层。设计时应预先规定这些防水层需要定期更换和维修的年限。防水层下的结构构件（尤其是预应力构件）混凝土表面应采取表面浸渍等特殊防腐措施。

处于浪溅区和水位变动区部位的混凝土表面，应采取浸渍防腐材料等特殊防水和防腐蚀措施，如可在混凝土硬化初期表面加涂硅烷涂层（以后定期复涂）以保证盐分难以从毛细管吸入混凝土。具体可通过使用寿命验算确定。

配筋混凝土承重构件的厚度和空心构件的壁厚不宜小于 18cm，受力钢筋的最小直径应不小于 16mm。

按照耐久性的要求，为防止钢筋锈蚀的混凝土保护层厚度应从箍筋外缘而不是主筋外缘算起。混凝土的保护层厚度应符合表 6.25 的要求。由于表中保护层厚度尚未考虑施工时可能出现的耐久性要求所不容的负偏差，因此在设计提供的施工图中，所标明的实际保护层厚度应不小于表中的数值与本工程专项施工质量验评标准允许的负偏差之和（例如一般施工标准规定保护层厚度的施工偏差为 $\pm 5mm$，此时施工图标明的保护层厚度应不小于表 6.25 中的数值再加 5mm；如规定施工偏差为 $+10mm$ 和 $0mm$，则不再增加）。

混凝土保护层最小厚度（单位：mm）　　　　　　　　　表 6.25

侵蚀作用等级	A	B	C	D	E	F
普通钢筋	25	30	35	45	55	65
预应力钢筋	35	45	50	50	60	70

易受船舶或漂浮物碰撞的结构混凝土以及受施工工艺限制难以确保保护层厚度和质量的部位（如水下灌注混凝土的钻孔桩），设计保护层厚度宜适当加大。

混凝土在荷载作用下的表面裂缝计算宽度应不超过表 6.26 中的限值。当保护层实际厚度超过 30mm 时，按耐久性要求的表面裂缝宽度允许值可相应增加。如设计采用的表面裂缝宽度的计算式与保护层厚度有关，因此当保护层实际厚度超过 30mm 时，可将厚度的计算值取为 30mm；或者按实际厚度代入计算式，此时可将表面裂缝宽度的允许值乘以系数 $a/30$，其中 a 为实际保护层厚度，单位为"mm"。

表面裂缝计算宽度的允许值　　　　　　　　　　　　表 6.26

使用环境	钢筋混凝土（mm）	预应力混凝土（mm）
海水及盐雾氯离子侵蚀环境	0.1	不允许开裂
室外干湿交替环境（无氯盐和硫酸盐）	0.2	0.1
水中和土中环境（无氯盐和硫酸盐）	0.3	0.1

为便于使用过程中的维修、检测和构件替换，设计时应为人员、设备进入设置通道，并为临时安装所需的机具预留必要的空间和安装预埋件。

对于可能发生严重锈蚀环境下的构件，浇筑在混凝土中并部分暴露在外的吊环、紧固件、连接件等铁件应与混凝土中的钢筋隔离，并应采取严格的防腐蚀措施，以消除这类铁件的锈蚀对构件承载力的影响。

为封闭预应力筋的金属锚具，后浇混凝土的强度等级应高于构件本体混凝土的强度等级，其水胶比应不低于本体混凝土，且在海水和室外干湿交替环境下不小于 0.4。封闭锚具的混凝土保护层厚度应不小于 80mm，并应在其表面涂敷和覆盖防水、防腐材料。

对处于浪溅区和水位变动区部位的混凝土结构，应在构造上和可操作性方面为以后采用阴极保护防腐技术预留条件。

思考题

1. 混凝土结构腐蚀防护的主要方法有哪些？
2. 外加电流阴极保护法在实际工程应用中可能存在的技术风险有哪些？
3. 高性能混凝土的基本定义及组成材料的特点是什么？
4. 环氧涂层钢筋在实际工程应用中应注意哪些问题？
5. 混凝土表面涂层体系是如何组成的？其性能要求有哪些？

第7章 混凝土结构的耐久性设计

7.1 耐久性设计的基本要求

混凝土结构的耐久性设计可分为传统的经验方法和定量计算方法。目前，各类环境作用下耐久性设计的定量计算方法尚未成熟到能在工程中普遍应用的程度，国内外现行的混凝土结构设计规范中，所采用的耐久性设计方法仍然是传统方法或改进的传统方法。

7.1.1 设计原则

混凝土结构的耐久性应根据结构的设计使用年限、结构所处的环境类别及作用等级进行设计。

混凝土结构的耐久性设计应包括下列内容：

（1）确定结构的设计使用年限、环境类别及其作用等级；

（2）采用有利于减轻环境作用的结构形式和布置；

（3）规定混凝土结构材料的性能与指标；

（4）确定钢筋的混凝土保护层厚度；

（5）提出混凝土构件裂缝控制与防排水管造要求；

（6）针对严重环境作用采取合理的防腐蚀附加措施或多重防护措施；

（7）采用保证耐久性混凝土成型工艺，提出保护层厚度的施工质量验收要求；

（8）提出结构使用阶段的检测、维护与修复要求，包括检测与维护必需的构造与设施。

（9）根据使用阶段的检测结果，在必要时对结构或构件进行耐久性再设计。

耐久性设计不仅是确定材料的耐久性能指标与钢筋的保护层厚度，适当的防排水构造措施能够非常有效地减轻环境作用，因此应作为耐久性设计的重要内容。混凝土结构的耐久性在很大程度上还取决于混凝土的施工质量与钢筋保护层厚度的施工误差，由于目前国内现行的施工规范较少考虑耐久性的需要，因此必须提出基于耐久性的施工养护与保护层厚度的质量要求。

在严重腐蚀环境的作用下，单纯靠提高混凝土保护层的材料质量与厚度，往往还不能保证设计使用年限，这时就应采取一种或多种防腐蚀附加措施组成合理的多重防护策略；对于使用过程中难以检测和维修的关键部件，如预应力钢绞线，应采取多重防护措施。

混凝土结构的设计使用年限是建立在预定的维修与使用条件下的。因此，耐久性设计需要明确结构在使用阶段的维护、检测要求，包括设置必要的检测通道，预留检测维修的空间和装置等；对于重要工程，需预置耐久性监测和预警系统。

对于严重腐蚀环境作用下的混凝土工程，为确保使用寿命，除进行施工建造前的结构耐久性设计外，尚应根据竣工后实测的混凝土耐久性能和保护层厚度进行结构耐久性再设计，以便发现问题及时采取措施；在结构的使用年限内，尚需根据实测的材料劣化数据对结构的剩余使用寿命作出判断，并针对问题继续进行再设计，必要时追加防腐蚀措施或适时修理。

一般环境下的民用建筑在设计使用年限内无需大修，其结构构件的设计使用年限应与结构整体设计使用年限相同。严重环境作用下的桥梁、隧道等混凝土结构，其部分构件可设计成易于更换的形式，或能够经济合理地进行大修。可更换构件的设计使用年限可低于结构整体的设计使用年限，并应在设计文件中明确。

7.1.2　材料要求

1. 混凝土胶凝材料

混凝土材料应根据结构所处的环境类别、作用等级和结构设计使用年限，按同时满足混凝土最低强度等级、最大水胶比和混凝土原材料组成等的要求确定。

结构构件的混凝土强度等级应同时满足耐久性和承载能力的要求。结构构件需要采用的混凝土强度等级，在很多情况下是由环境作用决定的，并非由荷载作用控制。因此在进行构件的承载能力设计之前，应该首先确定耐久性要求的混凝土最低强度等级。

《公路工程混凝土结构耐久性设计规范》JTG/T 3310—2019 规定：配有钢筋的混凝土，其最低强度等级、最大水胶比和每立方米混凝土中的胶凝材料最小用量应满足表 7.1 的规定，且所采用的胶凝材料（水泥与矿物掺合料）种类与用量应满足不同环境类别的相关规定。不同强度等级混凝土的胶凝材料总量要求如下：C40 以下不宜大于 400kg/m^3；C40～C45 不宜大于 450kg/m^3；C50 不宜大于 480kg/m^3；C60 不宜大于 530kg/m^3。

耐久性设计要求混凝土的最低强度等级、最大水胶比和胶凝材料最小用量

表 7.1

设计使用年限 环境作用影响程度	100 年			50 年		
	最低强度等级	最大水胶比	最小胶凝材料用量（kg/m³）	最低强度等级	最大水胶比	最小胶凝材料用量（kg/m³）
A	C30	0.55	280	C25	0.55	275
B	C35	0.50	300	C30	0.55	280
C	C40	0.45	320	C35	0.50	300
D	C45	0.40	340	C40	0.45	320
E	C50	0.36	360	C45	0.40	340
F	C50	0.36	360	C50	0.36	360

对一般环境与冻融环境下的混凝土，水胶比不大于 0.4 时，粉煤灰掺量不宜大于 30%，水胶比大于 0.4 时，粉煤灰掺量不宜大于 20%。

以硫酸盐为主的化学腐蚀环境和近海、海洋氯化物环境，不宜单独采用硅酸盐水泥或普通硅酸盐水泥作为胶凝材料配制混凝土，宜掺入矿渣。

《混凝土结构耐久性设计标准》GB/T 50476—2019 基于不同设计使用年限，规定了配筋混凝土结构满足耐久性要求的混凝土最低强度等级，见表 7.2。

满足耐久性要求的混凝土最低强度等级　　　　　　　　　表 7.2

环境类别与作用等级	设计使用年限		
	100 年	50 年	30 年
I-A	C30	C25	C25
I-B	C35	C30	C25
I-C	C40	C35	C30
II-C	C_a35,C45	C_a30,C45	C_a30,C40
II-D	C_a40	C_a35	C_a35
II-E	C_a45	C_a40	C_a40
III-C,IV-C,V-C, III-D,IV-D,V-D	C45	C40	C40
III-E,IV-E,V-E	C50	C45	C45
III-F	C50	C50	C50

注：预应力混凝土构件的混凝土最低强度等级不应低于 C40。

单位体积混凝土的胶凝材料用量宜加以控制，见表 7.3。

单位体积混凝土的胶凝材料用量　　　　　　　　　表 7.3

强度等级	最大水胶比	最小用量（kg/m³）	最大用量（kg/m³）
C25	0.60	260	—
C30	0.55	280	—
C35	0.50	300	—
C40	0.45	320	—
C45	0.40	340	450
C50	0.36	360	500
≥C55	0.33	380	550

注：1. 表中数据适用于最大骨料粒径为 20mm 的情况，骨料粒径较大时宜适当降低胶凝材料用量，骨料粒径较小时可适当增加胶凝材料用量。
　　2. 引气混凝土的胶凝材料用量与非引气混凝土要求相同。
　　3. 当胶凝材料的矿物掺合料掺量大于 20% 时，最大水胶比不应大于 0.45。

《混凝土结构耐久性设计标准》GB/T 50476—2019 规定：配筋混凝土的胶凝材料中，矿物掺合料用量占胶凝材料总量的比值应根据环境类别与作用等级、混凝土水胶比、钢筋的混凝土保护层厚度以及混凝土施工养护期限等因素综合确定，并应符合下列规定：

（1）长期处于室内干燥 I-A 环境中的混凝土结构构件，当其钢筋（包括最外侧的箍筋、分布钢筋）的混凝土保护层厚度不超过 20mm 且水胶比大于 0.5 时，无防止碳化措施不应使用矿物掺合料或粉煤灰硅酸盐水泥、矿渣硅酸盐水泥；长期湿润Ⅰ-A环境中的混凝土结构构件，可采用矿物掺合料，且厚度较大的构件宜采用矿物掺合料混凝土。

（2）Ⅰ-B、Ⅰ-C、Ⅱ-C、Ⅱ-D、Ⅱ-E环境中的混凝土结构构件，可使用少量矿物掺合料，并可随水胶比的降低适当增加矿物掺合料用量。当混凝土的水胶比 $W/B \geqslant 0.45$ 时，不宜使用矿物掺合料混凝土。

（3）氯化物环境和化学腐蚀环境中的混凝土结构构件，应采用矿物掺合料混凝土，Ⅲ-D、Ⅳ-D、Ⅲ-E、Ⅳ-E、Ⅲ-F环境中的混凝土结构构件，应采用水胶比 $W/B \leqslant 0.4$ 的矿物掺合料混凝土，且宜在矿物掺合料中再加入胶凝材料总重的 3%～5% 的硅灰。

（4）常温下硬化、C60以上的高强混凝土，可掺入不大于10%的石灰石粉或不大于5%的硅灰，以减小拌合物黏性，并提高拌合物的抗离析性。

用作矿物掺合料的粉煤灰，其氧化钙含量不应大于10%。冻融环境下用于引气混凝土的粉煤灰掺合料，其烧失量不宜大于5%。氯化物环境下不宜使用抗硫酸盐硅酸盐水泥。

硫酸盐化学腐蚀环境中，当环境作用为Ⅴ-C和Ⅴ-D级时，水泥熟料中的铝酸三钙含量应分别低于8%和5%；当使用矿物掺合料混凝土时，水泥熟料中的铝酸三钙含量应分别不大于10%和8%；当环境作用为Ⅴ-E级时，水泥熟料中的铝酸三钙含量应低于5%，并应同时掺用矿物掺合料。

硫酸盐环境中使用抗硫酸盐水泥或高抗硫酸盐水泥时，宜掺用矿物掺合料。当环境作用等级超过Ⅴ-E级时，应根据当地的大气环境和地下水变动条件，进行专门实验研究和论证后确定水泥的种类和掺合料用量，且不应使用高钙粉煤灰。温度低于15℃的硫酸盐环境中，水泥和矿物掺合料不得加入石灰石粉。

对可能发生碱-骨料反应的混凝土，宜采用矿物掺合料；单掺的矿渣掺合料（含水泥中已掺混合料）掺量占胶凝材料总重的比例，磨细矿渣不应小于50%，粉煤灰不应小于40%，火山灰质材料不应小于30%，并应降低水泥和矿物掺合料中的含碱量和粉煤灰中的氧化钙含量。

《工业建筑防腐蚀设计标准》GB 50046—2018基于工业生产环境的不同腐蚀性等级，规定了结构混凝土的基本要求，见表7.4。

结构混凝土的基本要求　　　　　　　　　　　　　　　表 7.4

项　目	腐蚀性等级		
	强	中	弱
最低混凝土强度等级	C40	C35	C30
最小胶凝材料用量（kg/m³）	340	320	300
最大水胶比	0.40	0.45	0.50
胶凝材料中最大氯离子质量比（%）	0.08	0.10	0.10
最大碱含量（kg/m³）	3.0	3.0	3.5

注：1. 预应力混凝土构件最低混凝土强度等级应按表中提高一个等级；最大氯离子含量为胶凝材料用量的0.06%。

2. 设计使用年限大于50年时，混凝土耐久性基本要求应按国家现行有关标准执行或进行专门研究。

在工业生产环境下，水泥品种的选择，应符合下列规定：

（1）混凝土和水泥砂浆宜选用硅酸盐水泥、普通硅酸盐水泥，地下结构或在弱腐蚀条件下，也可选用矿渣硅酸盐水泥或火山灰质硅酸盐水泥。硅酸盐水泥宜掺入矿物掺合料，普通硅酸盐水泥可掺入矿物掺合料。

（2）受碱液作用的混凝土和水泥砂浆，应选用普通硅酸盐水泥或硅酸盐水泥，不得选用高铝水泥或以铝酸盐成分为主的膨胀水泥，并不得采用铝酸盐类膨胀剂。

（3）在硫酸盐为强腐蚀介质的条件下，不宜使用铝酸盐、硫铝酸盐、钙质、镁质类膨胀剂和高钙粉煤灰。

（4）在硫酸盐腐蚀条件下的水泥和矿物掺合料中，不得加入石灰石粉。

（5）中抗硫酸盐硅酸盐水泥，可用于硫酸根离子含量不大于2500mg/L的液态介质；高抗硫酸盐硅酸盐水泥，可用于硫酸根离子含量不大于8000mg/L的液态介质。

（6）在下列环境下，抗硫酸盐硅酸盐水泥的耐腐蚀性能除确有使用经验外，尚应经过试验确定：介质的硫酸根离子含量大于上述指标；介质除含有硫酸根离子外，还含有氯离子或其他腐蚀性离子；构件一个侧面与硫酸根离子液态介质接触，另一个侧面暴露在大气中。

强度等级不低于C20的混凝土和1:2的水泥砂浆，可用于浓度不大于8%氢氧化钠作用的部位；抗渗等级不低于P8的密实混凝土，可用于浓度不大于15%氢氧化钠作用的部位；采用铝酸三钙含量不大于9%的普通硅酸盐水泥或硅酸盐水泥，且抗渗等级不低于P10的密实混凝土，可用于浓度不大于22%氢氧化钠作用的部位。

常用防护材料如硬聚氯乙烯板、水玻璃类材料、氯磺化聚乙烯胶泥等，可依据现行《工业建筑防腐蚀设计标准》GB/T 50046—2018中的相关规定选择。

《铁路混凝土结构耐久性设计规范》TB 10005—2010对不同环境下，桥梁灌注桩和隧道衬砌混凝土的抗压强度进行了规定，并对水泥、矿物掺合料、骨料以及外加剂等的各项性能指标提出了要求。其中，不同强度等级混凝土的建议胶凝材料用量见表7.5。

混凝土的胶凝材料最大用量限值（kg/m^3）　　　　　表7.5

混凝土强度等级	成型方式	
	振动成型	自密实成型
<C30	360	—
C30~C35	400	550
C40~C45	450	600
C50	480	—
>C50	500	—

不同环境下混凝土中矿物掺合料的建议掺量见表7.6。

183

不同环境下混凝土中矿物掺合料掺量范围（％）　　表 7.6

环境类别	矿物掺合料种类	水胶比	
		≤0.40	＞0.40
碳化环境	粉煤灰	≤40	≤30
	磨细矿渣粉	≤50	≤40
氯盐环境	粉煤灰	30～50	20～40
	磨细矿渣粉	40～60	30～50
化学侵蚀环境	粉煤灰	30～50	20～40
	磨细矿渣粉	40～60	30～50
盐类结晶破坏环境	粉煤灰	≤40	≤30
	磨细矿渣粉	≤50	≤40
冻融破坏环境	粉煤灰	≤30	≤20
	磨细矿渣粉	≤40	≤30
磨蚀环境	粉煤灰	≤30	≤20
	磨细矿渣粉	≤40	≤30

对于预应力混凝土结构，粉煤灰的掺量不宜超过 30％。严重氯盐环境与化学侵蚀环境下，粉煤灰的掺量应大于 30％，或磨细矿渣粉的掺量大于 50％。

碳化环境下，铁路钢筋混凝土结构和预应力钢筋混凝土结构的混凝土配合比参数限值见表 7.7。

碳化环境下结构的混凝土配合比参数限值　　表 7.7

环境作用等级	100 年		60 年		30 年	
	最大水胶比	最小胶凝材料用量(kg/m³)	最大水胶比	最小胶凝材料用量(kg/m³)	最大水胶比	最小胶凝材料用量(kg/m³)
T1	0.55	280	0.60	260	0.60	260
T2	0.50	300	0.55	280	0.55	280
T3	0.45	320	0.50	300	0.50	300

氯盐环境下，铁路钢筋混凝土结构和预应力钢筋混凝土结构的混凝土配合比参数限值见表 7.8。

氯盐环境下结构的混凝土配合比参数限值　　表 7.8

环境作用等级	100 年		60 年		30 年	
	最大水胶比	最小胶凝材料用量(kg/m³)	最大水胶比	最小胶凝材料用量(kg/m³)	最大水胶比	最小胶凝材料用量(kg/m³)
L1	0.45	320	0.50	300	0.50	300
L2	0.40	340	0.45	320	0.45	320
L3	0.36	360	0.40	340	0.40	340

化学侵蚀环境下，铁路混凝土配合比的参数限值见表 7.9。盐类结晶破坏环境下，铁路混凝土的配合比参数限值见表 7.10。冻融破坏环境下，铁路混凝土的配合比参数限值见表 7.11。磨蚀环境下，铁路混凝土的配合比参数限值见表 7.12。

化学侵蚀环境下结构的混凝土配合比参数限值 表 7.9

环境作用等级	100 年		60 年		30 年	
	最大水胶比	最小胶凝材料用量(kg/m³)	最大水胶比	最小胶凝材料用量(kg/m³)	最大水胶比	最小胶凝材料用量(kg/m³)
H1	0.50	300	0.55	280	0.55	280
H2	0.45	320	0.50	300	0.50	300
H3	0.40	340	0.45	320	0.45	320
H4	0.36	360	0.40	340	0.40	340

盐类结晶破坏环境下结构的混凝土配合比参数限值 表 7.10

环境作用等级	100 年		60 年		30 年	
	最大水胶比	最小胶凝材料用量(kg/m³)	最大水胶比	最小胶凝材料用量(kg/m³)	最大水胶比	最小胶凝材料用量(kg/m³)
Y1	0.50	300	0.55	280	0.55	280
Y2	0.45	320	0.50	300	0.50	300
Y3	0.40	340	0.45	320	0.45	320
Y4	0.36	360	0.40	340	0.40	340

冻融破坏环境下结构的混凝土配合比参数限值 表 7.11

环境作用等级	100 年		60 年		30 年	
	最大水胶比	最小胶凝材料用量(kg/m³)	最大水胶比	最小胶凝材料用量(kg/m³)	最大水胶比	最小胶凝材料用量(kg/m³)
D1	0.50	300	0.55	280	0.55	280
D2	0.45	320	0.50	300	0.50	300
D3	0.40	340	0.45	320	0.45	320
D4	0.36	360	0.40	340	0.40	340

磨蚀环境下结构的混凝土配合比参数限值 表 7.12

环境作用等级	100 年		60 年		30 年	
	最大水胶比	最小胶凝材料用量(kg/m³)	最大水胶比	最小胶凝材料用量(kg/m³)	最大水胶比	最小胶凝材料用量(kg/m³)
M1	0.50	300	0.55	280	0.55	280
M2	0.45	320	0.50	300	0.50	300
M3	0.40	340	0.45	320	0.45	320

2. 混凝土中的有害介质

配筋混凝土中氯离子含量用单位体积混凝土中氯离子与胶凝材料的重量比表示。设计使用年限 50 年以上的钢筋混凝土构件,其混凝土氯离子含量在各种环境下均不应超过 0.08%。不得使用含有氯化物的防冻剂和其他外加剂。

单位体积混凝土中三氧化硫的最大含量不应超过胶凝材料总量的 4%。

混凝土中的碱含量是指混凝土中各种原材料的碱含量之和。其中,矿物掺合

185

料的碱含量以其所含可溶性碱量计算。粉煤灰的可溶性碱量取粉煤灰总碱量的 1/6，磨细矿渣粉的可溶性碱量取磨细矿渣粉总碱量的 1/2，硅灰的可溶性碱量取硅灰总碱量的 1/2。单位体积混凝土中的含碱量应满足以下要求：

（1）对骨料无活性且处于相对湿度低于 75％环境条件下的混凝土构件，含碱量不应超过 3.5kg/m³，当设计使用年限为 100 年时，混凝土的含碱量不应超过 3kg/m³。

（2）对骨料无活性但处于相对湿度不低于 75％环境条件下的混凝土结构构件，含碱量不超过 3kg/m³。

（3）对骨料有活性且处于相对湿度不低于 75％环境条件下的混凝土结构构件，应严格控制混凝土含碱量不超过 3kg/m³ 并掺加矿物掺合料。

3. 混凝土骨料

细骨料应选用级配合理、质地坚固、吸水率低、空隙率小的洁净天然中粗河砂，也选用专门机组生产的人工砂。混凝土用砂在开采、运输、堆放和使用过程中，应采取防止遭受海水污染或混用不合格海砂的措施。

混凝土粗骨料应选用粒形良好、质地坚固、线膨胀系数小的洁净碎石，并应采用二级配或多级配骨料混配而成。

骨料的含泥量及其本身的抗冻性是影响混凝土抗冻性的关键，在冻融破坏环境下，应严格控制骨料中的含泥量及其吸水率。骨料的坚固性和有害物质含量对混凝土的耐久性影响较大，必须加以控制。

各类环境中配筋混凝土中的骨料最大粒径应满足表 7.13 的规定。

配筋混凝土中骨料最大粒径（mm）　　　　　　表 7.13

混凝土保护层最小厚度(mm)		20	25	30	35	40	45	50	≥60
环境作用	I-A	20	25	30	35	40	40	40	40
	I-B	10	20	20	20	25	25	35	40
	I-C，Ⅱ，Ⅴ	10	15	20	20	25	25	30	35
	Ⅲ，Ⅳ	10	15	15	20	20	25	25	25

在工业生产环境中，混凝土的砂、石应致密，可采用花岗石、石英石或石灰石，但不得采用有碱-骨料反应隐患的活性骨料。

对于铁路混凝土结构，其细骨料的各项性能指标应满足表 7.14 的规定，粗骨料的各项性能指标应满足表 7.15 的规定，粗骨料的压碎指标应满足表 7.16 的规定。

细骨料的性能　　　　　　表 7.14

序号	项目	技术要求		
		＜C30	C30～C45	≥C50
1	颗粒级配	符合相关规定要求		
2	含泥量	≤3.0%	≤2.5%	≤2.0%

续表

序号	项目		技术要求		
			<C30	C30~C45	≥C50
3	泥块含量		≤0.5%		
4	云母含量		≤0.5%		
5	轻物质含量		≤0.5%		
6	有机物含量		浅于标准色		
7	压碎指标（人工砂）		<25%		
8	石粉含量（人工砂）	MB<1.40	≤10.0%	≤7.0%	≤5.0%
		MB≥1.40	≤5.0%	≤3.0%	≤2.0%
9	吸水率		≤2%		
10	坚固性		≤8%		
11	硫化物及硫酸盐含量		≤0.5%		
12	氯离子含量		≤0.02%		
13	碱活性（碱-硅酸反应活性）		快速砂浆棒膨胀率小于0.30%		

粗骨料的性能　　　　　　　　　　　　　　　　　表 7.15

序号	项目		技术要求		
			<C30	C30~C45	≥C50
1	颗粒级配		符合相关规定要求		
2	压碎指标值		符合表7.16的规定		
3	针片状颗粒总含量		≤10%	≤8%	≤5%
4	含泥量		≤1.0%	≤1.0%	≤0.5%
5	泥块含量		≤0.2%		
6	岩石抗压强度		母岩抗压强度与混凝土强度之比不应小于1.5		
7	吸水率		<2%		
8	紧密空隙率		≤40%		
9	坚固性		≤8%（用于预应力混凝土结构时≤5%）		
10	硫化物及硫酸盐含量		≤0.5%		
11	氯离子含量		≤0.02%		
12	有机物含量（卵石）		浅于标准色		
13	碱活性	碱-硅酸反应活性	快速砂浆棒膨胀率小于0.30%		
		碱-碳酸盐反应活性	岩石柱膨胀率小于0.10%		

粗骨料的压碎指标（%）　　　　　　　　　　　表 7.16

混凝土强度等级	<C30			≥C30		
岩石种类	沉积岩	变质岩或深成的火成岩	喷出的火成岩	沉积岩	变质岩或深成的火成岩	喷出的火成岩
碎石	≤16	≤20	≤30	≤10	≤12	≤13
卵石	≤16			≤12		

4. 耐久性控制指标

对重要工程或大型工程，应针对具体的环境类别和作用等级，分别提出抗冻耐久性指数、氯离子在混凝土中的扩散系数等具体量化耐久性指标。常用的混凝土耐久性指标包括一般环境下的混凝土抗渗等级、冻融环境下的抗冻耐久性指数或抗冻等级、氯化物环境下的氯离子在混凝土中的扩散系数等。这些指标均由实验室标准快速试验方法测定，可用来比较胶凝材料组分相似的不同混凝土之间的耐久性能高低，主要用于施工阶段的混凝土质量控制和检验。

如果混凝土的胶凝材料组成不同，用快速试验得到的耐久性指标往往不具有可比性。标准快速试验中的混凝土龄期过短，不能如实反映混凝土在实际结构中的耐久性能。某些在实际工程中耐久性能表现良好的混凝土，如低水胶比大掺量粉煤灰混凝土，由于其成熟速度比较缓慢，在快速试验中按照标准龄期测得的抗氯离子扩散指标往往不如相同水胶比的无矿物掺合料混凝土，与实际情况不符。

抗渗等级仅对低强度混凝土的性能检验有效，对于密实的混凝土宜用氯离子在混凝土中的扩散系数作为耐久性能的评定标准。

对于铁路混凝土结构，不同腐蚀性环境下其混凝土的耐久性评价控制指标见表 7.17。

混凝土耐久性评价项目 表 7.17

环境类别	混凝土耐久性评价项目
碳化环境	最低强度等级、氯离子含量、碱含量、电通量、抗裂性、护筋性、抗碱-骨料反应性
氯盐环境	最低强度等级、氯离子含量、碱含量、电通量、氯离子扩散系数、抗裂性、护筋性、抗碱-骨料反应性
化学侵蚀环境	最低强度等级、氯离子含量、碱含量、电通量、胶凝材料抗蚀系数、抗裂性、护筋性、抗碱-骨料反应性
盐类结晶破坏环境	最低强度等级、氯离子含量、碱含量、电通量、抗盐类结晶干湿循环系数、含气量、气泡间距系数、抗裂性、护筋性、抗碱-骨料反应性
冻融破坏环境	最低强度等级、氯离子含量、碱含量、电通量、抗冻等级、含气量、气泡间距系数、抗裂性、护筋性、抗碱-骨料反应性
磨蚀环境	最低强度等级、氯离子含量、碱含量、电通量、耐磨性、抗裂性、护筋性、抗碱-骨料反应性

5. 钢筋及金属预埋件

冷加工钢筋和细直径钢筋对锈蚀比较敏感，作为受力主筋使用时需要提高耐久性要求。冷加工钢筋不宜作为预应力筋使用，也不宜作为按塑性设计构件的受力主筋，细直径钢筋可作为构造钢筋。

同一构件中的受力钢筋，宜使用同材质的钢筋。这是由于埋于混凝土中的钢筋，若材质有所差异且相互连接能够导电，则引起的电位差有可能促进钢筋的锈蚀，所以宜采用同样牌号或代号的钢筋，不同材质的金属预埋件之间尤其不能有导电的连接。

7.1.3 构造要求

1. 混凝土的保护层厚度

一般情况下，混凝土构件中最外侧的钢筋会首先发生锈蚀，一般是箍筋和分布筋，在双向板中也可能是主筋。箍筋的锈蚀可引起构件混凝土沿箍筋的环向开裂，而墙、板中分布筋的锈蚀除引起开裂外，还会导致混凝土保护层的开裂。因此，不同环境作用下钢筋主筋、箍筋和分布筋，其混凝土保护层厚度应满足钢筋防锈、耐火以及与混凝土之间黏结力传递的要求，且混凝土保护层厚度设计值不得小于钢筋的公称直径。

保护层最小厚度应随设计使用年限的增加而增加。在相对湿度为65%的干燥环境下，混凝土的碳化深度大体与时间的平方根即$\sqrt{t}$成正比。但在钢筋易遭锈蚀的潮湿环境下，由于CO_2在混凝土中的扩散系数降低，使得碳化深度甚至与$t^{0.4}$成正比；如室外为高湿度又经常受雨淋，碳化变得十分缓慢。碳化深度甚至与$t^{0.1}$成正比。氯离子在混凝土中的扩散系数也明显随时间增长而降低，对于低水胶比的大掺量矿物掺合料混凝土，氯离子侵入混凝土的深度大概与时间t的0.2次方即$t^{0.2}$成正比，并与所处的不同环境如浪溅区、水下区和大气区等有关，这时100年使用年限所需的保护层厚度大约只比50年增加15%。而不加矿物掺合料的普通硅酸盐混凝土，氯离子侵入混凝土的深度大概与时间t的0.35次方即$t^{0.35}$成正比，这时，100年设计使用年限所需的保护层厚度大约比50年增加30%。

混凝土保护层可以有效保护结构钢筋免受腐蚀，保护层厚度越大，则外界腐蚀介质到达钢筋表面所需的时间将越长，混凝土结构就越耐久。一般混凝土结构的保护层厚度的尺寸较小，在施工过程中，混凝土保护层厚度将不可避免地产生一定的施工偏差，这些施工偏差虽然对构件的强度或承载力来说影响轻微，但显然会对结构在正常设计使用寿命内的耐久性造成很大的影响。因此，混凝土的保护层设计厚度，不应小于由耐久性所确定的保护层最小厚度$c_{\min}$和保护层厚度施工允许误差Δ之和。1990年颁布的CEB-FIP模式规范、2004年正式生效的欧盟规范，以及英国BS规范中，都将用于设计计算和标注于施工图上的保护层设计厚度称为"名义厚度"，并规定其数值不得小于耐久性所要求的最小厚度与施工允许负偏差的绝对值之和。

由于预应力钢筋可能存在的脆性破坏特征，预应力钢筋的耐久性保证率应高于普通钢筋。因此，在严重的环境条件下，除混凝土保护层外还应对预应力筋采取多重防护措施。对于单纯依靠混凝土保护层防护的预应力筋，其保护层厚度应比普通钢筋大10mm。

中度及以上腐蚀性环境作用等级的混凝土结构构件，应按下列要求进行保护层厚度的施工质量验收：

（1）对选定的每一配筋构件，选择有代表性的最外侧8～16根钢筋进行混凝土保护层厚度的无破损检测；对每根钢筋，应选取3个代表性部位测量。

（2）对同一构件所有的测点，如有95%或以上的实测保护层厚度c_1满足以下要求，则认为合格：

$$c_1 \geqslant c - \Delta \tag{7.1}$$

式中，c为保护层设计厚度；Δ为保护层施工允许负偏差的绝对值。

（3）当不能满足第（2）条的要求时，可增加同样数量的测点进行检测，按两次测点的全部数据进行统计，如仍不能满足第（2）条的要求，则判定为不合格，并要求采取相应的补救措施。

钢筋的混凝土保护层最小厚度，尚应满足有关规范规定的关于与混凝土骨料最大粒径相匹配的要求。

《公路工程混凝土结构耐久性设计规范》JTG/T 3310—2019 依据环境作用等级和设计基准期的不同，规定了混凝土保护层的最小厚度，见表 7.18。

《混凝土结构耐久性设计标准》GB/T 50476—2019 依据环境作用等级和设计使用年限的不同，较为详细地规定了混凝土保护层的最小厚度，见表 7.19。

混凝土保护层最小厚度（mm）　　　　　　　表 7.18

环境类别	环境作用等级	梁、板、塔、拱圈、涵洞上部		墩台身、涵洞下部		承台、基础	
		100 年	50 年/30 年	100 年	50 年/30 年	100 年	50 年/30 年
一般环境	I-A	20	20	25	20	40	40
	I-B	25	20	30	25	40	40
	I-C	30	25	35	30	45	40
冻融环境	II-C	30	25	35	30	45	40
	II-D	35	30	40	35	50	45
	II-E	35	30	40	35	50	45
近海或海洋氯化物环境	III-C	35	30	45	40	65	60
	III-D	40	35	50	45	70	65
	III-E	40	35	50	45	70	65
	III-F	40	35	50	45	70	65
除冰盐等其他氯化物环境	IV-C	30	25	35	30	45	40
	IV-D	35	30	40	35	50	45
	IV-E	35	30	40	35	50	45
盐结晶环境	V-D	30	25	40	35	45	40
	V-E	35	30	45	40	50	45
	V-F	40	35	45	40	55	50
化学腐蚀环境	VI-C	35	30	40	35	60	55
	VI-D	40	35	45	40	65	60
	VI-E	40	35	45	40	65	60
	VI-F	40	35	50	45	70	65
磨蚀环境	VII-C	35	30	45	40	65	60
	VII-D	40	35	50	45	70	65
	VII-E	40	35	50	45	70	65

注：1. 若表中保护层厚度小于被保护主筋的直径，则取主筋的直径。
　　2. 表中承台和基础的保护层最小厚度，针对的是基底无垫层或侧面无模板的情况；对于有垫层或有模板的情况，最小保护层厚度可将表中相应数值减少 20mm，但不得小于 40mm。

混凝土与钢筋的保护层最小厚度 c（mm）　　　　　表 7.19

设计使用年限		100 年		50 年		30 年	
构件类型	环境作用等级	混凝土强度等级	c	混凝土强度等级	c	混凝土强度等级	c
板、墙等面形构件	I-A	≥C30	20	≥C25	20	≥C25	20
	I-B	C35 ≥C40	30 25	C30 ≥C35	25 20	C25 ≥C30	25 20
	I-C	C40 C45 ≥50	40 35 30	C35 C40 ≥C45	35 30 25	C30 C35 ≥C40	30 25 20
梁、柱等条形构件	I-A	C30 ≥C35	30 25	C25 ≥C30	25 20	≥C25	20
	I-B	C35 ≥C40	35 30	C30 ≥C35	30 25	C25 ≥C30	30 25
	I-C	C40 C45 ≥C50	45 40 35	C35 C40 ≥C45	40 35 30	C30 C35 ≥C40	35 30 25
板、墙等面形构件	II-C 无盐	C45 ≥C50 C_a35	35 30 35	C45 ≥C50 C_a30	30 25 30	C40 ≥C45 C_a30	30 25 25
	II-D 无盐	C_a40	35	C_a35	35	C_a35	30
	II-D 有盐		—		—		—
	II-E 有盐	C_a45	—	C_a40		C_a40	
梁、柱等条形构件	II-C 无盐	C45 ≥C50 C_a35	40 35 35	C45 ≥C50 C_a30	35 30 35	C40 ≥C45 C_a30	35 30 30
	II-D 无盐	C_a40	40	C_a35	40	C_a35	35
	II-D 有盐		—		—		
	II-E 有盐	C_a45	—	C_a40	—	C_a40	
板、墙等面形构件	III-C IV-C	C45	45	C40	40	C40	35
	III-D IV-D	C45 ≥C50	55 50	C40 ≥C45	50 45	C40 ≥C45	45 40
	III-E IV-E	C50 ≥C55	60 55	C45 ≥C50	55 50	C45 ≥C50	45 40
	III-F	C50 ≥C55	65 60	C50 ≥C55	60 55	C50	55
梁、柱等条形构件	III-C IV-C	C45	50	C40	45	C40	40
	III-D IV-D	C45 ≥C50	60 55	C40 ≥C45	55 50	C40 ≥C45	50 40

续表

设计使用年限		100 年		50 年		30 年	
构件类型	环境作用等级	混凝土强度等级	c	混凝土强度等级	c	混凝土强度等级	c
梁、柱等条形构件	Ⅲ-E Ⅳ-E	C50 ≥C55	65 60	C45 ≥C50	60 55	C45 ≥C50	50 45
	Ⅲ-F	C50 ≥C55	70 65	C50 ≥C55	65 60	C50	55
板、墙等面形构件	V-C	C45	40	C40	35	C40	30
	V-D	C45 ≥C50	45 40	C40 ≥C45	40 35	C40 ≥C45	35 30
	V-E	C50 ≥C55	45 40	C45 ≥C50	40 35	C45	35
梁、柱等条形构件	V-C	C45 ≥C50	45 40	C40 ≥C45	40 35	C40 ≥C45	35 30
	V-D	C45 ≥C50	50 45	C40 ≥C45	45 40	C40 ≥C45	40 35
	V-E	C50 ≥C55	50 45	C45 ≥C50	45 40	C45	40

注：有盐冻融环境中钢筋的混凝土保护层最小厚度，应按氯化物环境的有关规定执行。

《工业建筑防腐蚀设计标准》GB/T 50046—2018 依据环境腐蚀性及构件类别的不同，规定了混凝土保护层的最小厚度，见表 7.20。

混凝土保护层最小厚度（mm） 表 7.20

构件类型	强腐蚀	中、弱腐蚀
板、墙等面形构件	35	30
梁、柱等条形构件	40	35
基础	50	50
与腐蚀性介质直接接触的地下室外墙及底板的表面	50	50

注：设计使用年限为 25 年时，保护层厚度可减小 5mm。使用年限为 100 年时，应参见有关标准或进行专门研究。

《混凝土结构设计规范》GB 50010—2010 规定构件中受力钢筋的保护层厚度不应小于钢筋的公称直径。对于设计使用年限为 50 年的混凝土结构，最外层钢筋（包括箍筋、构造筋、分布筋等）的保护层厚度应符合表 7.21 中的最小保护层厚度要求，而对于设计使用年限为 100 年的混凝土结构，最外层钢筋的保护层厚度不应小于表 7.21 中数值的 1.4 倍。

混凝土保护层的最小厚度（mm） 表 7.21

环境类别	板、墙、壳	梁、柱、杆
一	15	20
二 a	20	25

环境类别	板、墙、壳	梁、柱、杆
二 b	25	35
三 a	30	40
三 b	40	50

当梁、柱、墙中纵向受力钢筋的保护层厚度大于 50mm 时，宜对保护层采取有效的构造措施，以防止混凝土的开裂剥落、下坠。

《铁路混凝土结构耐久性设计规范》TB 10005—2010 依据环境腐蚀性作用等级的不同，分别对铁路桥涵、隧道、路基、无砟轨道、可更换小型构件等混凝土结构钢筋的保护层最小厚度作出了规定。

2. 裂缝宽度

相关室内和野外试验研究均表明：混凝土表面的宏观裂缝宽度只要不是过大（0.4mm 以内），对钢筋碳化锈蚀不会产生明显影响，只是裂缝截面上的钢筋发生局部锈蚀的时间会提前，但是这种局部锈蚀会较快停止，一直要等到保护层下的混凝土碳化和钢筋去钝后，才会一起进入钢筋锈蚀的稳定发展期。但预应力钢筋因能发生应力腐蚀，钢筋在氯盐环境下易发生局部坑蚀，一般认为应该较为严格地限制表面宏观裂缝宽度。

在一定程度上增加保护层厚度，在同样荷载作用下的构件表面裂缝宽度将增大，但就防止裂缝截面上发生锈蚀而言仍然具有较大优势。因此，不能因为表面裂缝宽度有所增加而限制增加保护层厚度。

此外，不能为了减少裂缝计算宽度而在厚度较大的混凝土保护层内加设没有防锈措施的钢筋网，因为钢筋网的首先锈蚀会导致网片外侧混凝土的剥落，减少内侧箍筋和主筋应有的保护层厚度，对构件的耐久性造成更为有害的后果。

《混凝土结构耐久性设计标准》GB/T 50476—2019 基于环境作用等级和构件种类的不同，规定了在荷载作用下配筋混凝土构件的表面裂缝最大计算宽度限值，见表 7.22。

表面裂缝计算宽度限值（mm）　　　　　　　　　　表 7.22

环境作用等级	钢筋混凝土构件	有黏结预应力混凝土构件
A	0.40	0.20
B	0.30	0.20(0.15)
C	0.20	0.10
D	0.20	按二级裂缝控制或按部分预应力 A 类构件控制
E、F	0.15	按一级裂缝控制或按全预应力类构件控制

注：1. 括号中的宽度适用于采用钢丝或钢绞线的先张预应力构件。

　　2. 裂缝控制等级为二级或一级时，按现行国家标准《混凝土结构设计规范》GB 50010 计算裂缝宽度；部分预应力 A 类构件或全预应力构件按现行行业标准《公路钢筋混凝土及预应力混凝土桥涵设计规范》JTG 3362 计算裂缝宽度。

　　3. 有自防水要求的混凝土构件，其横向弯曲的表面裂缝计算宽度不应超过 0.20mm。

193

《公路工程混凝土结构耐久性设计规范》JTG/T 3310—2019 也对混凝土表面的裂缝计算宽度允许值作出了规定，见表 7.23。

混凝土桥涵构件的最大裂缝宽度限值（mm）　　表 7.23

环境类别	环境作用等级	最大裂缝宽度限值（mm）	
		钢筋混凝土构件	B 类预应力混凝土构件
一般环境	I-A	0.20	0.10
	I-B		0.10
	I-C		0.10
冻融环境	II-C	0.20	0.10
	II-D	0.15	禁止使用
	II-E	0.10	禁止使用
近海或海洋氯化物环境	III-C	0.15	0.10
	III-D	0.15	禁止使用
	III-E、III-F	0.10	禁止使用
除冰盐等其他氯化物环境	IV-C	0.15	0.10
	IV-D	0.15	禁止使用
	IV-E	0.10	禁止使用
盐结晶环境	V-D、V-E、V-F	0.15	禁止使用
化学腐蚀环境	VI-C	0.15	0.10
	VI-D、VI-E、VI-F	0.10	禁止使用
磨蚀环境	VII-C	0.20	0.10

《工业建筑防腐蚀设计标准》GB/T 50046—2018 依据腐蚀性等级及结构类型的不同，规定了混凝土结构构件的裂缝控制等级和最大裂缝宽度允许值，见表 7.24。

裂缝控制等级和最大裂缝宽度允许值　　表 7.24

结构种类	强腐蚀	中腐蚀	弱腐蚀
钢筋混凝土结构	二级，0.15mm	三级，0.20mm	三级，0.20mm
预应力混凝土结构	一级	一级	二级

《混凝土结构设计规范》GB 50010—2010 依据结构类型和环境类别等的不同，规定了不同的裂缝控制等级及最大裂缝宽度限值，见表 7.25。

结构构件的裂缝控制等级及最大裂缝宽度的限值（mm）　　表 7.25

环境类别	钢筋混凝土结构		预应力混凝土结构	
	裂缝控制等级	最大裂缝宽度限值	裂缝控制等级	最大裂缝宽度限值
一	三级	0.30(0.40)	三级	0.20
二 a		0.20		0.10
二 b			二级	—
三 a、三 b			一级	—

注：对处于年平均相对湿度小于 60% 地区一类环境下的受弯构件，其最大裂缝宽度限值可采用括号内的数值。

《铁路混凝土结构耐久性设计规范》TB 10005—2010 依据环境腐蚀性作用等级的不同，分别对不同环境下铁路钢筋混凝土结构表面裂缝计算宽度限值作出了规定。

3. 其他构造、防护要求

混凝土结构构件的形状和构造应有效地避免水、汽和有害物质在混凝土表面的积聚，并应采取以下构造措施：

（1）受雨淋或可能积水的露天混凝土构件顶面，宜做成斜面，并应考虑结构挠度和预应力反拱对排水的影响；

（2）受雨淋的室外悬挑构件侧边下沿，应做滴水槽、鹰嘴或采取其他防止雨水淌向构件底面的构造措施；

（3）屋面、桥面应专门设置排水系统，且不得将水直接排向下部混凝土构件的表面；

（4）在混凝土结构构件与上覆的露天面层之间，应设置可靠的防水层。

应尽量减少混凝土结构构件表面的暴露面积，并应避免表面的凹凸变化；构件的棱角宜做成圆角。

施工缝、伸缩缝等连接缝的设置宜避开局部环境作用不利的部位，否则应采取有效的防护措施。

暴露在混凝土结构构件外的吊环、紧固件、连接件等金属部件，表面应采用可靠的防腐措施；后张法预应力体系应采取多重防护措施。

对于后张预应力结构，在设计和施工中应考虑到可能影响后张预应力构件耐久性的主要因素，见表7.26。预应力筋（钢绞线、钢丝）的耐久性能可通过材料表面处理、预应力套管、预应力套管填充、混凝土保护层和结构构造措施等环节保证，目前可以采取的预应力筋耐久性防护措施见表7.27。预应力锚固端的耐久性应通过锚头组件材料、锚头封罩、封罩填充、锚固区封填和混凝土表面处理等环节保证，目前可以采取的锚固端耐久性防护措施见表7.28。

影响预应力体系耐久性的主要因素及其后果　　　　　表7.26

序号	影响因素	后果
1	预应力体系的材料缺陷	材料（如高强钢丝、金属孔管道、灌浆材料等）自身耐久性不足
2	预应力施工质量	预应力管道灌浆质量缺陷
3	伸缩缝	漏水，腐蚀性物质侵入预应力体系内部
4	施工缝	透水，腐蚀性物质侵入预应力体系内部
5	混凝土开裂	降低混凝土抗渗性，腐蚀性物质侵入
6	管道与锚固端布置	不当的布置导致钢绞线保护体系失效
7	预制节段的拼接方式	拼接界面不密封，腐蚀性物质侵入
8	海洋环境和除冰盐环境	氯离子侵入预应力体系造成钢丝锈蚀破坏
9	防水、排水系统	外界水分和含有化学腐蚀物质的水溶液侵入预应力体系内部
10	结构检测设施不完善	无法掌握预应力的实际运营状态

195

预应力筋的耐久性防护工艺和措施　　　　　　表 7.27

防护工艺	防护措施
预应力筋表面处理	油脂涂层或环氧涂层
预应力套管内部填充	水泥基浆体、油脂或石蜡
预应力套管内部特殊填充	管道填充浆体中加入阻锈成分
预应力套管	高密度聚乙烯、聚丙烯套管或金属套管
预应力套管特殊处理	套管表面涂刷防渗涂层
混凝土保护层	具有连续密封套管的后张预应力钢筋,其混凝土保护层厚度可与普通钢筋相同且不应小于孔道直径的 1/2;否则应比普通钢筋增加 10mm
混凝土表面涂层	耐腐蚀表面涂层和防腐蚀面层

注：1. 预应力筋钢材质量需要符合现行国家标准《预应力混凝土用钢丝》GB/T 5223、《预应力混凝土用钢绞线》GB/T 5224 与现行行业标准《预应力钢丝及钢绞线用热轧盘条》YB/T 146 的技术规定。

2. 金属套管仅可用于体内预应力体系。

预应力锚固端耐久性防护工艺与措施　　　　　表 7.28

防护工艺	防护措施
锚具表面处理	锚具表面镀锌或者镀氧化膜工艺
锚头封罩内部填充	水泥基浆体、油脂或者石蜡
锚头封罩内部特殊填充	填充材料中加入阻锈成分
锚头封罩	高耐磨性材料
锚头封罩特殊处理	锚头封罩表面涂刷防渗涂层
锚固端封端层	细石混凝土材料
锚固端表面涂层	耐腐蚀表面涂层和防腐蚀面层

注：1. 锚具组件材料需要符合现行标准《预应力筋用锚具、夹具和连接器》GB/T 14370、《预应力筋用锚具、夹具和连接器应用技术规程》JGJ 85 的技术规定。

2. 锚固端封端层应采用无收缩高性能细石混凝土封锚,其水胶比不得大于本体混凝土的水胶比,且不应大于 0.4；保护层厚度不应小于 50mm,且在氯化物环境中不应小于 80mm。

7.1.4　施工养护要求

混凝土的养护要求包括混凝土的湿度和温度控制。新浇筑混凝土应及早开始养护,避免水分蒸发。湿养护不得间断,对不同构件,在不同季节应采取不同的初始（初凝前）的湿养护和温控措施。对于水胶比低于 0.45 的混凝土和大掺量矿物掺合料混凝土,尤其应注意初始保湿养护,避免新浇表面过早暴露在空气中。大掺量矿物掺合料混凝土在结束正常养护后仍宜采取适当措施,在一段时间内防止混凝土表面快速失水干燥。不同组成胶凝材料的混凝土湿养护最低期限见表 7.29。

不同混凝土湿养护的最低期限　　　　　　　　　　表 7.29

混凝土类型	水胶比	大气湿度 50%<RH<75% 无风,无阳光直射		大气湿度 RH<50% 有风,或阳光直射	
		日平均气温(℃)	湿养护期限(d)	日平均气温(℃)	湿养护期限(d)
胶凝材料中掺有 粉煤灰(>15%)或 矿渣(>30%)	≥0.45	5 10 ≥20	14 10 7	5 10 ≥20	21 14 7
	≤0.45	5 10 ≥20	10 7 5	5 10 ≥20	14 10 7
混凝土类型	水胶比	大气湿度 50%<RH<75% 无风,无阳光直射		大气湿度 RH<50% 有风,或阳光直射	
		日平均气温(℃)	湿养护期限(d)	日平均气温(℃)	湿养护期限(d)
胶凝材料主要为 硅酸盐或普通 硅酸盐水泥	≥0.45	5 10 ≥20	10 7 5	5 10 ≥20	14 10 7
	≤0.45	5 10 ≥20	7 5 3	5 10 ≥20	10 7 5

注：当有实测混凝土保护层温度数据时,表中气温用实测温度代替。

《混凝土结构耐久性设计标准》GB/T 50476—2019 根据结构所处的环境类别与作用等级,对混凝土耐久性所需的施工养护制度作出了相应的规定,见表 7.30。

施工养护制度要求　　　　　　　　　　表 7.30

环境作用等级	混凝土类型	养护制度
I-A	一般混凝土	至少养护 1d
	矿物掺合料混凝土	浇筑后立即覆盖并加湿养护,至少养护 3d
I-B,I-C,II-C, III-C,IV-C,V-C, II-D,V-D,II-E,V-E	一般混凝土	养护至现场混凝土的强度不低于 28d 标准强度的 50%,且不少于 3d
	矿物掺合料混凝土	浇筑后立即覆盖、加湿养护至现场混凝土的强度不低于 28d 标准强度的 50%,且不少于 7d
III-D,IV-D,III-E, IV-E,III-F	矿物掺合料混凝土	浇筑后立即覆盖、加湿养护至现场混凝土的强度不低于 28d 标准强度的 50%,且不少于 7d;继续加湿养护至现场混凝土的强度不低于 28d 标准强度的 70%

注：1. 表中要求适用于混凝土表面大气温度不低于 10℃的情况,否则应延长养护时间。
　　2. 有盐的冻融环境中混凝土施工养护应按 III、IV 类环境的规定执行。
　　3. 矿物掺合料混凝土在 I-A 环境中用于永久浸没于水中的构件。

7.2　设计使用年限

《中华人民共和国建筑法》第六十条明确规定："建筑物在合理使用寿命内,

必须确保地基基础工程和主体结构的质量"；在第八十条中明确规定："在建筑物的合理使用寿命内，因建筑工程质量不合格受到损害的，有权向责任者要求赔偿"。所谓工程的"合理"寿命，首先应满足工程本身的"功能"（安全性、适用性和耐久性）要求，其次是要"经济"，最好要体现公共安全、环保和资源节约等需要。在新建结构的设计阶段，针对不同的工程结构，"合理"寿命一般是通过结构设计使用年限来具体体现的。

结构设计使用年限是在确定的环境作用和维修、使用条件下，具有规定保证率或安全裕度的年限。设计使用年限应由设计人员与业主共同确定，首先要满足工程设计对象的功能要求和使用者的利益，并不低于有关法规的规定。

混凝土结构的设计使用年限应按建筑物的合理使用年限确定，且不应低于现行国家标准《工程结构可靠性设计统一标准》GB 50153 的规定。

7.2.1　关于设计使用年限的规范沿革

《工程结构可靠度设计统一标准》GB 50153—92 第 1.0.5 条中指出："确定结构可靠度及其有关设计参数时，应结合结构使用期选定适当的设计基准期作为结构可靠度设计所依据的时间参数"。

《水利水电工程结构可靠度设计统一标准》GB 50199—94 在条文说明中指出："设计基准期是结构可靠度设计所依据的时间参数。它不是工程的寿命，但与工程的寿命有关"。

《公路工程结构可靠度设计统一标准》GB/T 50283—1999 中给出了设计基准期的定义："在进行结构可靠性分析时，考虑持久设计状况下各项基本变量与时间关系所取用的基准时间参数"。

《建筑结构可靠度设计统一标准》GB 50068—2001 在第 1.0.4 条中明确了所采用的设计基准期为 50 年，并分别给出了设计基准期和设计使用年限的定义。其中，设计基准期的定义为："为确定可变作用及与时间有关的材料性能等取值而选用的时间参数"。而设计使用年限的定义为："设计规定的结构或结构构件不需进行大修即可按其预定目的使用的时期"。

《混凝土结构设计规范》GB 50010—2002 中沿用 GB 50068—2001 给出了设计使用年限的定义，并在第 3.1.7 条中明确指出："在设计使用年限内，结构和结构构件在正常维护条件下应能保持其功能，而不需进行大修加固"。在第 3.4.1 条中进一步指出："混凝土结构的耐久性应根据环境类别和设计使用年限进行设计"。

《公路钢筋混凝土及预应力混凝土桥涵设计规范》JTG D62—2004 在第 1.0.4 条中明确了所采用的设计基准期为 100 年，并沿用 GB/T 50283—1999 给出了设计基准期的定义。在第 1.0.7 条中进一步指出："公路桥涵应根据其所处环境条件进行耐久性设计"。

《公路工程混凝土结构防腐蚀技术规范》JTG/T B07-01—2006 沿用 GB/T 50283—1999 给出了设计基准期的定义。并在条文说明中进行了进一步的说明："结构的使用年限，一般指的是结构在技术性能上能够满足要求的年限，即技术使用年限"。结构的设计使用年限是具有规定保证率的预定使用年限。为与《公路桥涵设计通用规范》JTG D60—2004 中术语保持一致，该规范中用"设计基准期"这一术语替代了"设计使用年限"。

《混凝土结构耐久性设计规范》GB/T 50476—2008 在总则中明确制定该规范的目的在于"为保证混凝土结构的耐久性达到规定的设计使用年限，确保工程的合理使用寿命要求"，并在条文说明中进一步指出"结构设计使用年限是在确定的环境作用和维修、使用条件下，具有规定保证率或安全裕度的年限"。

《工程结构可靠性设计统一标准》GB 50153—2008 中基本沿用 GB 50068—2001 给出的设计使用年限的定义，仅把原来的"时期"改为"年限"，将设计基准期定义为："为确定可变作用等的取值而选用的时间参数"，在第 3.3.1 条中明确"工程结构设计时，应规定结构的设计使用年限"，并在条文说明中指出"设计文件中需要标明结构的设计使用年限，而无需标明结构的设计基准期、耐久年限、寿命等"。

《铁路混凝土结构耐久性设计规范》TB 10005—2010 中给出设计使用年限的定义为："设计人员用以作为结构耐久性设计依据并具有足够安全度或保证率的目标使用年限"。

《混凝土结构耐久性设计标准》GB/T 50476—2019 在总则中明确制定该规范的目的在于"为保证混凝土结构的耐久性达到规定的设计使用年限，确保工程的合理使用寿命要求"，并在条文说明中进一步指出："混凝土结构的设计使用年限不应低于《工程结构可靠性设计统一标准》GB 50153 等现行国家标准的规定"。

基于上述相关规范的沿革综述可知：在进行结构的耐久性分析时，所谓"合理使用寿命"，可以具有一定保证率的结构设计使用年限来表达。

7.2.2　工程结构的设计使用年限

我国的结构设计规范在一段时间内没有设计使用年限的要求。2002 年修订《混凝土结构设计规范》时才明确将建筑结构的设计使用年限分成 4 类，即：临时性结构（1～5 年），易于替换的结构构件（25 年），普通房屋和构筑物（50 年），纪念性或特殊重要建筑物（100 年及以上）。这一规定与欧洲共同体的规范完全相同，但后者还规定了桥梁等各种土木工程结构物的设计使用年限均为 100 年，欧洲规范《结构设计基准》EN 1990：2002 给出了结构使用年限类别的示例，见表 7.31。英国建筑物的设计使用年限分为临时（10 年以下），短寿命（不小于 20 年），中寿命（不小于 30 年），正常寿命（不小于 60 年）和长寿命（不小于 120 年）5 类，并可按用户要求确定专门的期限，如 40 年或其他，并不像我国规范的强制和固定。国际上一般房屋建筑的设计寿命多在 50～75 年之间，重要建筑物和一般桥、隧等基础设施的设计使用多为 100 年。英国对一些典型土建工程设计使用年限的要求为：桥梁 120 年，机场地面 15～20 年，工业建筑 30 年，海洋工程 40 年，一般房屋 60 年，法院监狱 100 年，国家机构与纪念性的建筑 200 年，美国对桥梁的设计使用年限为不小于 75～100 年。1997 年修订后的日本建筑学会规范明确提出了建筑物的设计使用年限分为三个等级：（1）长期等级，规定不需大修的年限约 100 年；（2）标准等级，指多数建筑物如公寓办公楼等，规定不需大修的年限约 65 年，使用年限 100 年；（3）一般的低层私人住宅，规定不需大修的年限约 30 年，使用年限 65 年。

BSEN 1990：2002 设计使用年限类别示例　　　表 7.31

类别	设计使用年限（年）	示　例
1	10	临时性结构
2	10～25	可替换的结构构件
3	15～30	农业和类似结构
4	50	房屋结构和其他普通结构
5	100	标志性建筑的结构、桥梁和其他土木工程结构

工程结构设计时应规定结构的设计使用年限。目前在国内，房屋建筑结构的设计使用年限见表 7.32，公路桥涵结构的设计使用年限见表 7.33，港口工程结构的设计使用年限见表 7.34，城市市政桥梁等混凝土结构的设计使用年限见表 7.35，铁路混凝土结构的设计使用年限见表 7.36。

房屋建筑结构的设计使用年限　　　表 7.32

类别	设计使用年限（年）	示　例
1	5	临时性建筑结构
2	25	易于替换的结构构件
3	50	普通房屋和构筑物
4	100	标志性建筑或特别重要的建筑结构

公路桥涵结构的设计使用年限　　　表 7.33

类别	设计使用年限（年）	示　例
1	30	小桥、涵洞
2	50	中桥、重要小桥
3	100	特大桥、大桥、重要中桥

港口工程结构的设计使用年限　　　表 7.34

类别	设计使用年限（年）	示　例
1	5～10	临时性港口建筑物
2	50	永久性港口建筑物

市政桥梁等混凝土工程结构的设计使用年限　　　表 7.35

类别	设计使用年限（年）	示　例
1	不低于 100 年	城市快速路和主干道上的桥梁以及起头道路上的大型桥梁、隧道，重要的市政设施等
2	不低于 50 年	城市次干道和一般道路上的中小型桥梁，一般市政设施

铁路混凝土结构设计使用年限　　　　　　表 7.36

设计使用年限级别	设计使用年限(年)	示　例
一	100	桥梁、涵洞、隧道等主体结构,路基支挡及承载结构,无砟轨道道床板、底座板
二	60	路基防护结构,200km/h 及以上铁路路基排水结构,接触网支柱等
三	30	其他铁路路基排水结构,电缆沟槽、防护砌块、栏杆等可更换小型构件

与一般荷载作用下的结构承载能力（强度）设计一样，结构的耐久性设计也必须要有相应的保证率或安全裕度。所以，结构及其构件的设计使用年限，并不是群体概念上的均值使用年限。综合国外已有的一些研究资料，如果以适用性失效作为使用年限的终结界限，这时的寿命安全系数一般应在 1.8～2 左右，即如果设计使用年限定为 50 年，则达到适用性失效时的群体平均寿命应为 90～100 年左右；如果用可靠度的概念，到达设计使用年限时的适用性失效概率约为 5%～10%，或可靠指标为 1.5 左右。如果使用年限结束时处于承载能力失效的极限状态，则寿命安全系数应大于 3。寿命安全系数在数值上要比构件强度设计的安全系数大得多，这是由于与耐久性有关的各种参数具有大得多的变异性。

通常假定使用年限符合对数正态分布。假定使用年限的变异系数为 0.3，并对材料劣化的适用性极限状态取可靠指标 β 等于 1.8；这时 50 年设计使用年限的平均寿命为 88.5 年，100 年设计使用年限的平均寿命为 177 年，即寿命安全系数约为 1.8。

《混凝土结构耐久性设计标准》GB/T 50476—2019 指出：与耐久性极限状态相对应的结构设计使用年限应具有规定的保证率，并应满足正常使用极限状态的可靠度要求。根据正常使用极限状态失效后果的严重程度，可靠度宜为90%～95%，相应的失效概率宜为 5%～10%。

7.3　工程实例

7.3.1　工程概况

青岛胶州湾海底隧道为城市快速道路隧道，北起团岛，在团岛路与瞿塘峡路交叉口附近为海底隧道起点（见图 7.1），穿越胶州湾湾口海域，在薛家岛北庄村和后岔湾村之间出洞，隧道总长 7870m，其中海域段 3950m，陆地段 2220m，此外在团岛另有陆上接线隧道，长约 1700m。隧道中线间距为 55m，隧道埋深根据合理埋深 25m 进行控制，局部最小安全埋深 20m。隧道采用双洞外加服务隧道，矿山法施工，工期为 3～4 年，工程总投资 30 亿元，设计服役寿命 100年。胶州湾隧道是我国大型的跨海隧道，该隧道的开工建设将彻底解决"青黄不接"问题，有效地缓解轮渡和胶州湾高速公路的压力，为人民的生活提供便利，使青岛、黄岛两地达到更好地融合与发展，是使青岛市发展成为现代化国际大都市的重大工程。

图 7.1　青岛胶州湾海底隧道入口

7.3.2　耐久性设计思路

青岛胶州湾海底隧道衬砌混凝土所处环境条件严酷,对结构有严重的腐蚀破坏作用,应对此加倍重视、多重设防,合理设计,保证其能够实现百年服役。

(1) 对于本体衬砌混凝土,应在原材料选择与实验、配合比设计与研究、有关性能指标确定、构造措施、施工质量控制与保障、验收标准等方面严格把关。

(2) 对某些环境特别恶劣的部位,应考虑采用表面防水处理技术,以提高混凝土的防水性、抗冻性及抵抗其他有害离子侵入;对某些特别敏感的部位应考虑预埋耐久性监测系统,及时发现、处理和解决问题。

(3) 送风系统的进风口应远离海面或采取措施过滤除去进风中有害物质与离子。

(4) 防水板质量好、搭接密封、无破损。

(5) 临时支护的喷射混凝土不含有害成分、质量满足要求、喷射平整。

(6) 注浆防水系统充分,以防为主;以排为辅,排水系统流畅并有足够余量。

(7) 爆破开挖时最大限度地减小围岩破损与松动,一旦有情况用足锚杆和注浆。

(8) 注意定期监测、检测,及时维护、维修。

7.3.3　耐久性设计方法

钢筋混凝土结构在海水环境干湿交替作用下的破坏主要来自以下两个方面:钢筋锈蚀引起的破坏和混凝土材料自身的破坏。其中导致钢筋锈蚀的主要原因包括氯离子的腐蚀作用和混凝土碳化(中性化)作用;造成混凝土材料自身破坏的最主要原因是海水中的硫酸盐与水泥矿物之间发生反应,生成具有膨胀作用的物质。为了提高钢筋混凝土结构的耐久性,在胶州湾海底隧道衬砌混凝土结构设计中主要采取以下耐久性措施:

1. 降低混凝土的水胶比

建议使用聚羧酸系高效减水剂，有效降低混凝土材料的水胶比，从而改善混凝土的孔结构，减轻侵害介质侵入。

2. 使用矿物掺合料提高混凝土耐久性

常用的矿物掺合料有粉煤灰、磨细矿渣粉、沸石粉和硅粉等。矿物掺合料在新拌混凝土中，起到改善混凝土的流动性和减少流动性经时损失作用；混凝土硬化后，主要利用火山灰效应，即矿物掺合料中的 SiO_2 与水泥水化生成的 $Ca(OH)_2$ 发生反应，生成 C-S-H 凝胶，使得 $Ca(OH)_2$ 粗大结晶与定向排列大幅度减少，改善混凝土的界面结构，粗颗粒变为细颗粒，粗孔变为细孔，从而提高混凝土的密实度，混凝土的强度、抗渗性、抗冻性也随之提高。此外，采用适当掺量的矿物掺合料还能提高混凝土对氯离子的结合能力，降低混凝土中的自由氯离子量，从而降低混凝土中钢筋锈蚀风险。建议胶州湾海底隧道衬砌混凝土采用适当掺量的粉煤灰和矿渣复合作为矿物掺合料，提高混凝土材料的耐海水腐蚀性能，降低混凝土温升，防止混凝土结构开裂并提高其防渗透能力。

3. 适当提高钢筋的混凝土保护层厚度

混凝土保护层越厚，氯离子迁移到钢筋表面的时间或保护层完全中性化所需的时间越长。因此，国内外都将适当提高混凝土的保护层厚度作为提高混凝土结构耐久性的主要措施之一。建议参考近年来国内外重要工程保护层厚度，并通过模型定量计算，确定衬砌混凝土结构的钢筋保护层厚度。

4. 减轻钢筋混凝土结构表面的开裂

大量的工程实践证明，尽管有些混凝土材料自密性较好，但是实际工程中由于没有很好地控制混凝土保护层开裂，导致混凝土结构很快破坏。因此防止混凝土保护层开裂，对于提高混凝土结构的耐久性非常重要。

5. 局部混凝土耐久性保障措施——表面防水处理

大量工程实践表明，在混凝土结构表面进行涂层处理，可以有效阻止侵蚀性介质向混凝土中渗透，避免其对混凝土和钢筋的破坏作用，从而显著提高混凝土结构的耐久性。考虑到海底隧道出口附近干湿交替和冻融循环频繁，盐雾中的氯离子较易侵入混凝土内部造成钢筋锈蚀，建议对隧道口一定范围内的混凝土表面进行防水处理。

6. 采用防火涂料降低火灾损失

胶州湾海底隧道防止火灾的基本出发点是"以防为主，防消结合"，其最基本的设计标准是：隧道衬砌结构不应在火灾作用下存在渐进式垮塌的危险，具体要求是：失火后衬砌混凝土中最外侧钢筋的温度不超过250℃，混凝土表面与防火层之间的各测点的温度不超过380℃，其衬砌结构的耐火极限应为3h。建议在隧道拱顶和侧壁混凝土表面涂喷防火涂料，起到防火隔热保护作用，防止隧道内钢筋混凝土在火灾中迅速升温而降低强度，避免混凝土爆裂、衬砌内钢筋破坏失去支撑能力而导致隧道垮塌。

7. 建立混凝土耐久性长期监控措施

考虑到隧道衬砌混凝土面临的恶劣服役环境，隧道混凝土结构应采用严格的耐久性设计。由于局部材料的缺陷及基岩不可预见的突发性运动会使混凝土达不到使用年限，而目前还不可能准确预测到复合因素作用对钢筋混凝土结构使用年限的影响，所以需要安装耐久性监测系统。通过该系统，可及时了解结构实际的腐蚀程度，进而根据腐蚀程度及时采取保护和修复措施。较早地采取保护和修复措施，相对较经济且可避免隧道混凝土结构进一步破坏。这种混凝土耐久性长期监控系统在欧洲、澳大利亚、日本、中国等已得到成功应用，在此前的中国杭州湾大桥和苏通大桥上也得到了应用。建议在胶州湾隧道衬砌混凝土和喷射混凝土中安装混凝土耐久性长期监控体系，以持续监测混凝土中钢筋锈蚀、湿度变化、损伤劣化等，从而为海底隧道混凝土的保护和修复提供依据。

8. 混凝土耐久性的施工质量控制、质量保证措施

（1）隧道衬砌混凝土、施工质量现场检验措施

胶州湾隧道穿越海域，必须在施工全过程进行衬砌混凝土质量、施工质量等耐久性影响因素检测，以确保达到设计使用年限。本书建议混凝土试配时应检测混凝土中氯离子含量及氯离子扩散系数、碱含量、强度等级、抗渗等级、抗冻性等，以满足设计要求。混凝土硬化后应采用无损检测方法（必要时采用取芯法）检测混凝土质量及施工质量，包括混凝土表层强度、混凝土保护层厚度、混凝土厚度的变化、衬砌混凝土背后的空洞，以及不同深度的缺陷等，以便及时做出补救措施。

（2）加强衬砌混凝土的现场养护

为了获得质量良好的混凝土，混凝土成型后必须进行适当的养护以保证胶凝材料水化过程的正常进行，养护过程需要控制的参数为时间、温度和湿度。为保证混凝土的抗渗性及耐久性，必须要保证有足够的湿养时间。本书建议衬砌混凝土养护时间不得少于 14d。当温度低于 20℃时，潮湿养护时应适当增加。当日平均气温低于 6℃时，应采用综合蓄热法或升温法确保湿养护时隧道内温度不低于6℃，并保持混凝土表面湿润，保证衬砌混凝土有较高的密实性、抗渗性好，起到自防水混凝土的作用。

（3）严格衬砌混凝土拆模时间

青岛胶州湾海底隧道围岩有 Ⅱ、Ⅲ、Ⅳ、Ⅴ级 4 种，不同围岩的衬砌混凝土拆模强度是不同的。本书建议 Ⅱ、Ⅲ 级围岩的衬砌混凝土拆模强度可为5.0MPa；Ⅳ级围岩的衬砌混凝土拆模强度可为设计强度的 50%；Ⅴ级围岩的衬砌混凝土拆模强度应为设计强度的 70%，若Ⅴ级围岩不稳定的性状明显，应结合有限元分析，要进一步确认混凝土拆模强度的大小。混凝土早期强度的判定，先根据试验室混凝土强度、龄期曲线并结合实体混凝土成熟度大致判定混凝土早期强度，并通过现场同条件养护试块强度加以确认。

（4）施工缝控制

衬砌混凝土施工缝、变形缝等连接缝是结构相对薄弱的部位，容易成为腐蚀性物质侵入混凝土内部的通道；为使衬砌混凝土施工缝、变形缝处不渗漏，建议在混凝土施工缝处应设两道防水，变形缝处设三道防水；混凝土施工缝表面要进行处理，并涂防水剂等，混凝土施工缝中采用可排水中埋式止水带；变形缝内侧

混凝土两侧要进行防腐蚀处理；仰拱、仰拱回填、衬砌基础、喷射混凝土支护、二次支护、衬砌等各部分的施工缝、变形缝设置应连续。

思考题

1. 混凝土结构耐久性设计的基本原则是什么？一般情况下，结构耐久性设计所包含的主要内容有哪些？
2. 混凝土中的主要有害介质有哪些？
3. 结构混凝土的施工养护要求主要有哪些？
4. 结构设计使用年限的基本定义是什么？

第8章　钢结构的腐蚀、防护与检测

钢结构是以钢材为主要组成材料的结构，是主要的建筑结构类型。远在秦代，我国就已经用铁做简单的承重结构。中华人民共和国成立后，钢结构有了很大的发展，不论在数量上或质量上都远远超过了过去。在设计、制造和安装等方面都达到了较高的水平，全国各地已经建造了许多规模巨大而且结构复杂的钢结构厂房、大跨度钢结构民用建筑及铁路桥梁等。钢结构由于具有材料强度高、结构自重轻、构件刚度大等特点，特别适于建造大跨度和超高、超重型的建筑物，但其缺点是耐火性和耐腐性较差。大型钢结构如桥梁、电视塔、高压输电铁塔、避雷针铁塔、海上灯塔、大型水库闸、供水塔、海上采油设施、罐车、球罐、贮槽、油箱、碳化塔、换热器、烟囱、集装箱、舰船船体、海上平台钢结构等，长期处于海洋大气、工业大气腐蚀环境下，钢结构材料往往存在着腐蚀破坏的问题。

大气环境下，钢结构受阳光、风沙、雨雪、霜露及温度和干湿变化作用，其中大气中的氧和水分是造成户外钢结构腐蚀的重要因素，引起金属材料的电化学腐蚀问题；工业气体中常会含有 SO_2、CO_2、NO_2、Cl_2、H_2S 及 NH_3 等，尽管这些腐蚀介质的成分含量很小，但对钢铁的腐蚀危害是不可忽视的，其中 SO_2 影响最大，Cl_2 可使金属表面钝化膜遭到破坏。由于这些气体溶于水中呈酸性，形成强腐蚀介质，造成金属设施腐蚀破坏，随着大气中相对湿度和环境温度的增大，它们对金属的腐蚀作用得到进一步加强；海洋大气含有大量的盐雾或含盐粒子，由于盐颗粒具有吸潮性及增大表面液膜的导电作用，当其沉积在金属表面上，溶解于水膜中形成强腐蚀介质，直接腐蚀金属，同时由于氯离子的侵蚀作用，更加重了金属表面的腐蚀。统计结果表明：钢结构离海岸越近腐蚀越严重，其腐蚀速度比内陆大气中的钢结构高出许多倍。

在 2016 年国家工业工程防腐产业技术创新战略联盟成立大会上，联盟专家委员会名誉主任、国家海洋腐蚀防护工程技术研究中心主任侯保荣院士表示，中国每年由于腐蚀造成的经济损失约占国内生产总值的 3.34%，人均约为 1550元。据统计，全世界因钢材腐蚀所造成的损失比火山、地震等自然灾害造成损失的总和还大。因此，钢材的防腐蚀一直是科学研究的重点。

8.1　钢材的种类和规格

8.1.1　钢材的种类
按照不同的分类原则钢材有不同的分类方法。

1. 按用途分类

钢材按用途分为结构钢、工具钢、特殊钢（如不锈钢等）。结构钢又分为建筑用钢和机械用钢。

2. 按冶炼方法分类

钢材按冶炼方法分为转炉钢、平炉钢和电炉钢（特种合金钢，不用于建筑工程结构）。当前的转炉钢主要采用氧气顶吹转炉钢，钢材质量好，成本低，冶炼周期短；平炉钢质量好，但冶炼时间长，成本高。

3. 按浇注前脱氧程度分类

按浇注前脱氧程度，钢材又可分为沸腾钢（代号为 F）、半镇静钢（代号为 b）、镇静钢（代号为 Z）和特殊镇静钢（代号为 TZ）。镇静钢和特殊镇静钢的代号可以省去。镇静钢脱氧完全，成分和质量均匀，但成本较高；沸腾钢脱氧不完全，材质不均匀，力学性能差，但成本低；半镇静钢脱氧程度介于镇静钢与沸腾钢之间。

4. 按成型方法分类

按成型方法，钢材又可分为轧制钢（热轧、冷轧）、锻钢和铸钢。

5. 按化学成分分类

按化学成分，钢材又可分为碳素钢和合金钢。在建筑工程中采用的是碳素结构钢、低合金高强度结构钢和优质碳素结构钢。

（1）碳素结构钢

按质量等级，将钢材分为 A、B、C、D 四级，由 A～D 质量由低到高。A 级钢只保证其抗拉强度、屈服点、伸长率，必要时尚可附加冷弯试验要求，对化学成分中碳、锰含量等可以不作为交货条件。B、C、D 等级钢均保证其抗拉强度、屈服点、伸长率、冷弯和冲击韧性（分别为 20℃、0℃、－20℃）等力学性能。对碳、硫、磷等化学成分的极限含量要求更严。

钢材的牌号由代表屈服点的字母 Q、屈服点数值、质量等级符号（A、B、C、D）、脱氧程度符号四个部分按顺序组成，如 Q235AF。

（2）低合金高强度结构钢

低合金高强度结构钢采用与碳素结构钢相同的牌号表示方法。钢的牌号仍有质量等级符号，除与碳素结构钢 A、B、C、D 四个等级相同外，增加一个等级 E，主要是要求－40℃的冲击韧性。

低合金高强结构钢的 A、B 级属于镇静钢，C、D、E 级属于特殊镇静钢，因此钢的牌号中不注明脱氧方法。

（3）优质碳素结构钢

优质碳素结构钢以不热处理或热处理（退火、正火或高温回火）状态区分。如用于高强度螺栓的 45 号优质碳素结构钢需经热处理，以便有较高强度，同时对塑性和韧性又无显著影响。

8.1.2　钢材的规格

钢结构所用的钢材主要为热轧成型的钢板、型钢，这样可以减少制造加工和焊接工作量，加快工程进度，降低工程造价。当型钢尺寸不合适或构件截面尺寸很大时，可用钢板组成所需截面形状和尺寸，也可以选用型钢辅以钢板组成所需截面。所以，钢结构中的基本元件是型钢及钢板。

1. 热轧钢板

钢板有薄板、厚板、特厚板和扁钢（带钢）等，其规格和用途如下所述。

（1）薄钢板：厚度 0.35～4mm，宽度 500～1500mm，长度 0.5～4m。其主要用来制造冷弯薄壁型钢。

（2）厚钢板：厚度 4.5～60mm，常用厚度间隔为 2mm，宽度 600～3000mm，长度 4～12m。其主要用作梁、柱、实腹式框架等构件的腹板和翼缘及桁架中的节点板等。

（3）特厚板：板厚大于 60mm，宽度 600～3800mm，长度 4～9m。其主要用于高层钢结构箱形柱等。

（4）扁钢：厚度 4～60mm，宽度 12～200mm，长度 3～9m。其可用作组合梁和实腹式框架构件的翼缘板、构件的连接板、桁架节点板和零件等，也是制造螺旋焊接钢管的原材料。

（5）花纹钢板：厚度 2.5～8mm，宽度 600～1800mm，长度 0.6～12m。其主要用作走道板和楼梯踏板。

2. 热轧型钢

常用的热轧型钢板有角钢、工字钢、槽钢、T 型钢、钢管等，如图 8.1 所示。

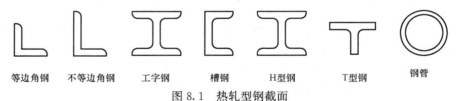

| 等边角钢 | 不等边角钢 | 工字钢 | 槽钢 | H型钢 | T型钢 | 钢管 |

图 8.1　热轧型钢截面

（1）角钢：其分等边角钢和不等边角钢两种，可以用来组成独立的受力构件，或作为受力构件之间的连接零件。等边角钢以边宽和厚度来表示，即在角钢符号"∠"后加"长边宽×短边宽×厚度"，如∠100×80×8 即为长边宽 100mm、短边宽 80mm、厚度 8mm 的不等边角钢。

（2）工字钢（含 H 型钢）

工字钢有普通工字钢、轻型工字钢和 H 型钢。普通工字钢和轻型工字钢用号数表示，号数即为其截面高度的厘米数。20 号以上的工字钢，同一号数有 3 种腹板厚度，分别为 a、b、c 三类。如 I32a、I32b、I32c，a 类腹板较薄，用作受弯构件较为经济。

轻型工字钢的腹板和翼缘均较普通工字钢薄，如表示为 I32Q，因而在相同重量下其截面模量和回转半径均较大。

H 型钢是世界各国使用很广泛的热轧型钢，与普通工字钢相比，其翼缘内外两侧平行，便于与其他构件相连。它可分为宽翼缘 H 型钢（代号 HW，翼缘宽度 B 与截面高度 H 相等）、中翼缘 H 型钢［代号 HM，$B=(1/2～2/3)H$］、窄翼缘 H 型钢 [代号 HN，$B=(1/3\sim1/2)H$]。各种 H 型钢均可分为 T 型钢供应，代号分别为 TW、TM 和 TN。H 型钢和剖分 T 型钢的规格标记均采用高度×宽度×腹板厚度×翼缘厚度表示。例如 HM340×250×9×14，其剖分 T 型钢为 TM170×250×9×14，单位均为 "mm"。

（3）槽钢：其分普通槽钢和轻型槽钢两种。也用其截面高度的厘米数编号表示，其腹板由薄到厚分为 a、b、c 三类，如 [30a 为普通槽钢，Q [22a 为轻型槽钢。号码相同的轻型槽钢，其翼缘及腹板较普通槽钢，回转半径大，质量小，较经济。我国生产的最大槽钢号数为 40 号，长度视号数不同在 5～19m 范围内变化。

（4）钢管：其分无缝钢管和焊接钢管两种，用符号 "ϕ" 后面加 "外径×厚度" 表示，如 $\phi400\times6$，单位为 "mm"。圆管截面任一方向都是主轴方向，在所有方向的惯性矩相等，风载体型系数小，适合用作塔桅结构的杆件。

3. 薄壁型钢

薄壁型钢（图 8.2）是用薄钢板（一般采用 Q235 或 Q345 钢）经模压或弯曲成型，其壁厚一般为 1.5～5mm。有防锈涂层的彩色压型钢板是近年来发展迅速的薄壁型材，所用钢板厚度为 0.4～2mm，用作轻型屋面及墙面等构件。因其壁薄而截面开展，能充分利用钢材的强度，特别经济，在我国广泛应用。

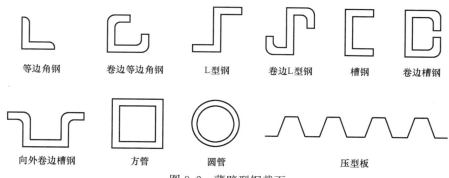

| 等边角钢 | 卷边等边角钢 | L型钢 | 卷边L型钢 | 槽钢 | 卷边槽钢 |

| 向外卷边槽钢 | 方管 | 圆管 | 压型板 |

图 8.2　薄壁型钢截面

薄壁型钢的常用型号及截面几何特性可参见《冷弯薄壁型钢结构技术规范》GB 50018—2002。

8.1.3　钢材的力学性能指标

钢材的强度设计值，应根据钢材厚度或直径选用，见表 8.1。

钢材的强度设计值（N/mm²）　　　　表 8.1

钢材		抗拉、抗压和抗弯	抗剪	端面承压（刨平顶紧）
牌号	厚度或直径(mm)			
Q235 钢	≤16	215	125	325
	16～40	205	120	
	40～60	200	115	
	60～100	190	110	

续表

钢材		抗拉、抗压和抗弯	抗剪	端面承压（刨平顶紧）
牌号	厚度或直径(mm)			
Q345 钢	≤16	310	180	400
	16～35	295	170	
	35～50	265	155	
	50～100	250	145	
Q390 钢	≤16	350	205	415
	16～35	335	190	
	35～50	315	180	
	50～100	295	170	
Q420 钢	≤16	380	220	440
	16～35	360	210	
	35～50	340	195	
	50～100	325	185	

钢材的物理性能指标见表 8.2。

钢材的物理性能指标 表 8.2

弹性模量（N/mm²）	剪变模量（N/mm²）	线膨胀系数（1/℃）	质量密度（kg/m³）
$206×10^3$	$79×10^3$	$12×10^{-6}$	7850

8.2 钢材的腐蚀

作为结构材料，建筑、交通、石油和化工设备等都大量使用碳素钢。由于碳素钢会在大气和水中生锈，往往会发生腐蚀破坏问题。

8.2.1 钢材腐蚀的影响因素

钢材腐蚀的影响因素主要分为钢材所处的环境因素和钢材冶金因素两类。

1. 冶金因素

钢材腐蚀的冶金因素主要有化学成分、钢组织以及冷加工和焊接三个方面。

（1）化学成分的影响

1）碳的影响。碳在钢中常以碳化物形式存在，在不同的介质中碳含量具有不同的影响。在非氧化性的酸性介质中，碳含量增大，腐蚀加速。在氧化性介质中，碳含量可影响钢的钝化。在氧化性酸中，当含碳量较低时，腐蚀速度随合金中渗碳体的数量增多而增大；当含碳量超过一定数量时，则会促进钢的钝化，降低腐蚀速度。在中性介质中，碳含量对钢的腐蚀影响较小。

2）磷的影响。碳钢中磷的含量会影响钢的腐蚀。在酸中随着钢中磷的含量增加，碳钢的腐蚀速率直线增高。在海水中，高磷含量能改善钢耐海水腐蚀性能。作为合金元素使用时，磷含量不应超过 0.15%，且加上碳含量总和不应超

过 0.25%。

3）硫的影响。硫会降低钢的耐腐蚀性能，诱发孔腐和硫化物应力腐蚀破裂。

4）锰与硅的影响。锰会降低钢的抗腐蚀能力，钢中加入硅能增强钢在自然条件下的耐蚀性和抗高温氧化性。

（2）钢组织的影响

碳钢的组织形态对其抗腐蚀性有一定的影响。在碳含量相同的情况下，片状珠光体比球状珠光体腐蚀速率高，而且层片愈细，片层间距愈小，腐蚀速率愈高。屈氏体组织较回火马氏体组织析出的渗碳体多而较索氏体组织细，故更易遭受腐蚀。

（3）冷加工和焊接的影响

1）冷加工的影响。在天然水中，冷加工过的商品钢的腐蚀速率和退火钢一样。但在酸性介质中，冷加工一般使钢的腐蚀增加好几倍，这是碳或氮原子在塑性变形上造成的缺陷点上聚集造成的，也是造成腐蚀最主要原因。冷加工的其他影响还有：滑移区金属暴露面积增加；冷加工使渗碳体片状破裂，表面积增加；铁素体晶粒的有利取向等。

2）焊接的影响。焊接造成的表面缺陷会引起缝隙腐蚀。焊接的加热、冷却过程给热影响区带来相结构和成分的变化，会使钢材晶间腐蚀倾向增大。由于焊缝金属及热影响区的金属的收缩不一致形成的应力，提高了腐蚀的敏感性。焊缝和热影响区是腐蚀因素最突出、腐蚀行为最复杂和集中的区域。

2. 环境因素

（1）水环境的影响

淡水包括无盐天然水、井水、饮用水和工艺水等。钢在淡水中的腐蚀速度与水中溶解氧的浓度有关，随着氧含量的增加，氧作为去极化剂而加速腐蚀，当氧的浓度达到某个定值时，使金属表面因生成氧化膜而发生钝化。钢在含有矿物质的硬水中的腐蚀较软水中慢。当水中溶有 CO_2、SO_2 等气体时，因放氢的阴极反应，会加速腐蚀。

（2）土壤环境的影响

土壤腐蚀性的影响因素较多，各因素与土壤腐蚀性的关系如图 8.3 所示。

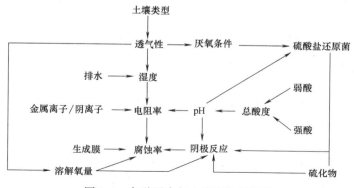

图 8.3　各种因素与土壤腐蚀性关系

对于多数土壤，碳钢、低合金钢和铸铁的腐蚀速度和腐蚀最大深度没有太大差别。一未加保护的小尺寸管段上的测试数据表明，在没有杂散电流和宏电池的加速作用下，碳钢和低合金钢在土壤中平均腐蚀速度为 $0.2 \sim 0.4 \text{mm/a}$。

我国土壤腐蚀试验网站资料表明，在中性和碱性土壤中，低碳钢的腐蚀率与时间的关系满足式（8.1）：

$$C_R = at^b \tag{8.1}$$

式中　C_R——腐蚀率，$g/(dm^2 \cdot a)$；

　　　　t——时间，a；

　a、b——常数。

（3）化工介质环境的影响

1）酸的影响

酸主要包括盐酸、硫酸、硝酸、氢氟酸及其他酸等。

盐酸。盐酸是一种强腐蚀还原性酸，钢铁在盐酸中的抗腐蚀性极低。碳钢在盐酸中的腐蚀速度随酸浓度的增加而急剧上升，并随酸液温度的升高腐蚀速度加快。

硫酸。低浓度硫酸属于非氧化性酸，在硫酸作用下铁碳合金产生强烈的氢去极化腐蚀，并随酸浓度的增加腐蚀速度加快，当浓度达到 $47\% \sim 50\%$ 时，腐蚀速度最大；当浓度再增大，由于浓硫酸具有氧化性，使铁生成保护性钝化膜，腐蚀速度逐渐下降。

硝酸。硝酸是一种强氧化剂，在室温下，低碳钢在酸浓度 65％ 以下时反应十分迅速；在酸浓度 65％ 以上时，钢铁呈钝态，腐蚀速度显著下降；但当酸浓度大于 90％ 以后，由于钢表面保护性氧化膜进一步氧化成可溶性高价氧化物，腐蚀速度急剧上升。

其他酸。纯磷酸在各种浓度下都能迅速腐蚀碳钢。碳钢在各种浓度的醋酸中的腐蚀速率与通气情况有很大关系，当通氧时腐蚀速率很高，而通氢时则很低。在相当纯的饱和或不饱和脂肪酸中钢的腐蚀率相当低，然而当酸中存在污染物时，在高温下可迅速提高腐蚀速率，但它们的腐蚀作用要比同浓度的无机酸要弱。

2）碱溶液的影响

碳钢在常温的碱或碱性溶液中是耐腐蚀的。但钢交替暴露在碱溶液和中性溶液或空气中，会生锈。在浓碱溶液中，特别是当温度升高时，碳钢因表面上的腐蚀产物膜的保护性能降低，腐蚀加重。碳钢和低合金钢在氢氧化钠水溶液中会产生应力腐蚀破裂，即碱脆。碱脆开裂的形式主要是晶间型，但也有混合型。液氨也会引起碳钢的应力腐蚀破裂，储运液氨的容器在使用中常常发生碳钢的应力腐蚀破裂事故，破裂部位可能在液相区，也可能在蒸汽区，应力腐蚀破裂形式主要是晶间型。

3）盐溶液的影响

由于盐溶液的高导电性，金属在盐类溶液中的腐蚀比在水中更为强烈。钢铁在盐类溶液中的腐蚀程度与盐的种类、腐蚀产物的溶解度以及能否在表面形成致密的保护膜有关，同时也与溶液的浓度、温度以及氧扩散进入金属表面的量有关。

酸性盐如 $AlCl_3$、$FeCl_3$ 等水解生成酸，其对金属的腐蚀速度与相同 pH 的酸类相似。由于它们是很强的去极化剂，能吸收阳极金属溶解释放出来的电子，从而加速阳极区金属的溶解，对钢铁腐蚀严重。

碱性盐如 $NaCO_3$、$NaSiO_3$ 等水解后，当 pH 大于 10 时，能使钢的表面钝化而成为缓蚀剂。

重金属盐如 $CuSO_4$、$AgNO_3$ 等的阳离子，可与 Fe 发生置换反应，使钢铁发生腐蚀。

4) 有机物的影响

在无酸无水有机介质中，铁碳合金是化学稳定的，但当介质中存在硫化氢和硫醇等杂质时，腐蚀速度迅速上升。

8.2.2 钢材的腐蚀类型

1. 大气腐蚀

钢结构的大气腐蚀主要是由空气中的水和氧气等的化学和电化学作用引起的。大气中水汽形成金属表层的电解液层，而空气中的氧溶于其中作为阴极去极剂，二者与钢构件形成了一个基本的腐蚀原电池。当大气腐蚀在钢构件表面形成锈层后，腐蚀产物会影响大气腐蚀的电极反应。

2. 局部腐蚀

局部腐蚀是钢结构最常见的破坏形态，主要包括电偶腐蚀、缝隙腐蚀。电偶腐蚀主要发生在钢结构不同金属组合或者连接处，其中电位较负的金属腐蚀速度较大，而电位较正的金属受到保护，两种金属构成了腐蚀原电池。缝隙腐蚀主要在钢结构不同构件之间、钢构件与非金属之间存在的表面缝隙处，当缝隙宽度窄到可以使得液体在缝内停滞时发生。钢结构最常见的缝隙腐蚀形式有铆接、衬垫和颗粒沉积等，由于这些连接中的缝隙在工程中是不可避免的，所以钢结构的缝隙腐蚀也是不可完全避免的，它的发生会导致钢结构整体强度降低，减少吻合程度。

3. 应力腐蚀

在某一特定的介质中，钢结构不受到应力作用时腐蚀甚微，但是受到拉伸应力后，经过一段时间构件会发生突然断裂。由于这种应力腐蚀断裂没有明显的征兆，所以往往造成灾难性后果，如桥梁坍塌、管道泄漏、建筑物倒塌等，带来巨大的经济损失和人员伤亡。

8.2.3 海洋环境下钢材的腐蚀

1. 海洋腐蚀环境分类

从海洋大气到海泥的不同海洋环境区域，各种环境因素变化很大，对钢结构的腐蚀作用也有所不同，主要的影响因素有：阴、阳离子组成及含量、充气种类及其饱和度、生物活性影响、温度变化、海水流速、海域环境污染、pH 的大小、海域的天然环境和变化等。

（1）海洋大气腐蚀

海洋大气是指海面飞溅区以上的大气区和沿岸大气区，在此区域中主要含有水蒸气、氧气、氮气、二氧化碳、二氧化硫以及悬浮于其中的氯盐、硫酸盐等。由于海洋大气湿度很大，水蒸气在毛细管作用、吸附作用、化学凝结作用的影响

213

下，附着在钢材表面上形成一层肉眼看不见的水膜，CO_2、SO_2 和一些盐分溶解在水膜中，使之成为导电性很强的电解质溶液。同时海洋大气环境中的钢结构，白天经日光照射，水分蒸发，提高了表面盐度，晚上又形成潮湿表面，这种干湿循环使得腐蚀速度大大加快。

（2）海洋浪溅区腐蚀

海洋浪溅区是指平均高潮线以上海浪飞溅所能湿润的区段。在此区域钢结构表面几乎连续不断地被充分而又不断更新的海水所湿润，由于波浪和海水飞溅，海水与空气充分接触，海水含氧量达到最大程度，浪溅区海水的冲击也加剧材料破坏。此外海水中的气泡对钢表面的保护膜及涂层来说具有较大的破坏性，漆膜在浪花飞溅区通常老化得更快。对钢铁构筑物来说，浪溅区是所有海洋环境中腐蚀最为严重的部位。

（3）海洋水位变动区腐蚀

海洋水位变动区是指平均高潮位和平均低潮位之间的区域。在这一区域，钢结构在海水涨潮时被充气海水所浸没，产生海水腐蚀，而退潮时又暴露在空气中，产生湿膜下的同大气区类似的腐蚀。同时较大的潮流运动会因物理冲刷及高速水流形成的空泡腐蚀作用加速腐蚀。

（4）海洋全浸区腐蚀

海洋全浸区是指常年低潮线以下直至海底的区域，根据海水深度不同分为浅海区、大陆架全浸区、深海区。三个区影响钢结构腐蚀的因素因水深影响而不同，在浅海区海水流速较大，存在近海化学和泥沙污染，O_2、CO_2 处于饱和状态，生物活跃、水温较高，因而该区腐蚀以电化学和生物腐蚀为主，物理化学作用次之，在该区钢的腐蚀比大气区和潮差区的腐蚀更严重；在大陆架全浸区随着水的深度加深，含气量、水温及水流速度均下降，生物也减少，钢腐蚀以电化学腐蚀为主，物理与化学作用为辅，此区域的腐蚀较浅海区轻；在深海区，压力随水的深度增加，矿物盐溶解量、含气量、水温及水流速度均下降，钢腐蚀以电化学腐蚀和应力腐蚀为主，化学腐蚀次之。

在全浸区钢除了产生均匀腐蚀外还会产生局部腐蚀如孔蚀。

（5）海洋泥下区腐蚀

海洋泥下区是指海水全浸以下部分，主要由海底沉积物构成，腐蚀环境十分复杂，这方面的研究开展得较少。这一区域沉积物的物理性质、化学性质和生物性质都会影响腐蚀性。海底的沉积物通常均含有细菌，其中硫酸盐还原菌会生成有腐蚀性的硫化物，大大加速钢铁的腐蚀。但在海底泥土区中由于氧的供给受到限制，钢的腐蚀往往比海水中缓慢。

2. 海洋环境中钢的腐蚀类型

海洋环境的复杂性决定了在海洋钢结构开发的过程中，钢结构会发生多种形态的腐蚀现象，按照损坏形式分类可以分为全面腐蚀、局部腐蚀。

（1）全面腐蚀。其是指金属与介质相接触的部位，均匀地遭到腐蚀损坏。这种腐蚀损坏的结果是使金属尺寸变小和颜色改变。这种腐蚀随着时间的延长，变化不大，可以有效地控制腐蚀速度，也可以较准确地估算腐蚀余量。

（2）局部腐蚀。其是指金属与介质相接触的部位中，遭到腐蚀破坏的仅是一定的区域。从某种意义上讲，局部腐蚀危害要比全面腐蚀大得多。一般来说在海洋环境条件下的钢结构局部腐蚀有点蚀、缝隙腐蚀、冲击腐蚀、空泡腐蚀、电偶腐蚀等。

8.3 钢结构的防腐蚀涂装

涂料的前身为油漆，随着科学技术的发展，涂料已完全超越了油漆范畴，涂料的施工称为涂装。涂料被涂装至钢结构表面，形成一定厚度的涂层，它直接将钢铁和腐蚀环境隔离开来，使金属产生一道防腐蚀保护屏障，推迟腐蚀介质与钢铁接触的时间，即只有等漆膜在所处腐蚀环境中失效损坏后，钢铁被暴露于外界环境时才与腐蚀性介质相接触产生腐蚀，涂料的涂装层从而实现了对钢铁的防腐蚀保护作用。在防腐底漆中添加锌粉、铝粉可形成富锌（铝）涂料，锌、铝粉底使得涂装底层对钢铁构件提供阴极保护。

涂料通常由成膜物质、颜料、溶剂和助剂等组成。其中，成膜物质将决定涂料自身和涂层性能，如涂膜底固化原理、干燥时间、耐腐蚀性能、各种机械性能等都受不同底成膜物质决定。钢结构常用的防腐蚀涂料主要有：油脂涂料、醇酸涂料、氯化橡胶涂料、环氧涂料、丙烯酸树脂涂料以及聚氨酯涂料等。

油脂涂料：其是以聚合油、催干剂和颜料组成的涂料，常用于钢铁防锈底漆的红丹。防锈漆属于此类漆。

醇酸涂料：其是以多元醇与多元酸和脂肪酸经过酯化缩聚而成的。此类涂料的性质和改性植物油的种类、油度的长短有密切关系，常用的有酚醛改性醇酸树脂涂料、丙烯酸酯改性醇酸树脂涂料、环氧树脂改性醇酸树脂涂料和有机硅改性醇酸树脂涂料等。

氯化橡胶涂料：其是由天然橡胶经过塑炼解聚，或异戊二烯橡胶溶于四氯化碳中氯化而得。在工业中使用的氯化橡胶涂料需加入合成树脂或天然树脂、颜料增塑剂、稳定剂，使氯化橡胶涂料获得较好的物理性能和化学性能。

环氧涂料：涂料工业中常用的环氧树脂是由环氧氯丙烷和二酚基丙烷在碱作用下缩聚而成的高分子化合物，可加入胺类、有机酸、酸酐及其他合成树脂交联固化成膜。在环氧防腐涂料中，应用广泛的是胺类或其衍生物固化的环氧防腐涂料。

丙烯酸树脂涂料：其是由丙烯酸或甲基丙烯酸酯、腈类、酰胺类、丙乙烯等聚合而成的。丙烯酸涂料多采用氨基树脂、环氧树脂、聚氨酯等低聚物作交联固化，具有优良的物理性能，耐候性和保光保色性好，是良好的钢结构防腐涂装面漆。

聚氨酯涂料：其主要成分是含有异氰酸酯（—NCO）和羟基（—OH）两种组分的聚氨树脂混合反应固化生成的聚氨基甲酸酯。其综合性能好，品种多，应用最广泛。

215

8.3.1　涂料的防腐蚀涂装

钢结构的防腐蚀涂装包括表面清理、除油、除锈和涂料涂装等步骤，通过对钢结构表面杂物、污物，如尘土、水分、油垢、毛刺、锐角、铁锈以及旧涂料等的清除，使表面形成一定的清洁度和粗糙度，大大提高涂料的附着力，获得平整、美观的漆膜涂层。

1. 表面清理

钢结构表面会由于各种原因存在焊接口不平、焊渣现象，这些会严重影响涂装层表面质量，因此涂装前应对钢结构表面进行清理，打磨平整，以保证涂装的钢结构表面全部暴露。

钢结构表面主要污染物类型及清除方法见表 8.3。

钢结构表面主要污染物类型和清除方法　　　　　　　表 8.3

污染物类型	污染来源	对涂层质量影响	清除方法
尘土、混凝土结块	交叉施工散落	隔离漆膜与金属间连接、漆膜与泥块一起脱落	机械方法铲除
旧漆和硬的有机涂层	在长期储存时采用临时防锈涂层、返修件	使涂层附着力和外观变差	有机溶剂、脱漆剂清洗或机械打磨
矿物油、润滑脂、动植油	机加工过程中冷却液、液压油；储运过程中防锈、无损探伤油脂等	使涂层附着力和外观变差	有机溶剂、化学法等除油
锈蚀物、氧化皮	在未保护条件下使用和运输；机械热加工过程造成	促进钢铁在漆层下锈蚀，漆膜失去屏蔽保护作用；漆膜早期脱落失效	机械动力除锈
碱、盐化学物质	热处理和机加工带入；专用处理液冲洗未洗干净	使漆膜产生气泡，附着力变差，尤其在高湿度环境下	用水清洗
铜、锡、铅及其他电位较高的金属	焊接过程中产生	在高湿度条件下促进漆膜下金属腐蚀、使漆层附着力变差	机械打磨或腐蚀去掉

2. 除油

钢结构表面的油污，来源于机械加工过程中的润滑及冷却，以及在搬运、中间存储、安装过程中沾污。油污将严重影响漆膜的附着力和使用寿命，因此涂装前应进行彻底清洗。除油方法见表 8.3。

3. 除锈

钢铁表面一般都存在氧化皮和铁锈，导致漆膜被锈层隔离而不能牢固附着于钢铁表面，达不到实际应有的防腐蚀效果。疏松的铁锈含有大量水分，对周围的钢铁进一步腐蚀，造成新的漆膜起泡、龟裂、脱落。所以在钢结构表面进行油漆涂装前，除锈是极其重要的工序。除锈方法见表 8.3。

4. 涂料涂装

涂料涂装是将涂料薄而均匀地涂布在钢铁表面的工艺过程，在制定合理的涂装工艺时，涂装方法的选择将直接影响涂膜的质量和涂装效率。不同涂料涂装方法的比较见表 8.4。

涂料涂装方法适应性　　　　　　　　　　　表 8.4

涂装方法	醇酸树脂	丙烯酸树脂	环氧树脂	聚氨酯	无机涂料	油性涂料	氯化橡胶
刷涂	○					●	
滚涂	○	○	○	○		●	○
空气喷涂	○	●	●	●	●	○	●
高压无气喷涂	○	●	●	●	●	○	●

注：●—很好，○—好。

8.3.2 涂料的防腐蚀涂装工艺

1. 钢结构构件防腐涂装工艺流程如图 8.4 所示。

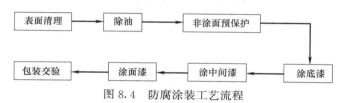

图 8.4　防腐涂装工艺流程

钢结构构件防腐涂装施工时，应对每个工序进行检验，上一道工序不合格，不得进入下一道工序。

2. 防腐蚀涂装的工艺要求

（1）表面处理

1）结构预处理。钢结构构件在喷砂除锈前应进行必要的结构预处理，包括：

① 粗糙焊缝打磨光顺，焊接飞溅物用刮刀或砂轮机除去。焊缝上深 0.8mm 及以上或宽度小于深度的咬边应补焊处理，并打磨光顺；

② 锐边用砂轮打磨成曲率半径 2mm 的圆角；

③ 切割边的峰谷差超过 1mm 时，打磨到 1mm 以下；

④ 表面层叠、裂缝、夹杂物，须打磨处理，必要时补焊。

2）除油。钢结构表面油污应采用专用清洁剂进行低压喷洗或软刷刷洗，并用淡水枪冲洗掉所有残余物；或采用碱液、火焰等处理，并用淡水冲洗至中性。小面积油污可采用溶剂擦洗。

3）除盐。涂装钢结构表面可溶性氯化物含量不应大于 $7\mu g/cm^2$。超标时应采用高压淡水冲洗。当钢材确定不接触氯离子环境时，可不进行表面可溶性盐分检测；当不能完全确定时，应进行首次检测。

4）除锈。钢铁表面除锈方法有人工除锈、动力工具除锈和喷砂除锈。喷砂除锈为最有效的除锈方法。喷砂处理后表面形成的粗糙度取决于所使用的磨料、气压和喷砂设备，粗糙度太小会使油漆无法良好附着，粗糙度太大又会使深覆表面不平整、涂层厚度差别大，涂料遮盖效果差，甚至导致涂层提前失效。除锈的工艺要求为：

① 磨料要求。喷射清理用金属磨料应符合 GB/T 18838.1—2002 的要求；

217

喷射清理用非金属磨料应符合 GB/T 17850.1—2017 的要求；根据表面粗糙度要求，选用合适粒度的磨料。磨料与喷砂后粗糙度关系见表 8.5。

磨料与粗糙度关系 表 8.5

磨料类型	特细钢砂	粗钢砂	钢丸	铸铁砂 G16	铜矿渣（粒径 1.5～2.0mm）
目数	80	12	14	12	
最大粗糙度（μm）	37	70	90	200	70～100

② 除锈等级。热喷锌、喷铝，钢材表面处理应达到 GB/T 8923 规定的 Sa3 级；无机富锌底漆，钢材表面处理应达到 GB/T 8923 规定的 Sa2½ 级～Sa3 级；环氧富锌底漆和环氧磷酸锌底漆，钢材表面处理应达到 GB/T 8923 规定的 Sa2½ 级；不便于喷射除锈的部位，手工和动力工具除锈至 GB/T 8923 规定的 St3 级。

③ 表面粗糙度。热喷锌（铝），钢材表面粗糙度为 Rz60～100μm；喷涂无机富锌底漆，钢材表面粗糙度为 Rz50～80μm；喷涂其他防护涂层，钢材表面粗糙度为 Rz30～75μm。

④ 除尘。喷砂完工后，除去喷砂残渣，使用真空吸尘器或无油、无水的压缩空气，清理表面灰尘。清洁后的喷砂表面灰尘清洁度要求不大于 GB/T 18570.3 规定的 3 级。

⑤ 有关时间限定。一般情况下，涂料或锌、铝涂层最好在表面处理完成后 4h 内开始涂装施工；当所处环境的相对湿度不大于 60% 时，可以适当延时，但最长不应超过 12h；不管停留多长时间，只要表面出现返锈现象，应重新除锈。

（2）涂装要求

1）涂装环境要求。在有雨、雾、雪和风力超过 6 级等的天气，不宜进行涂装施工。涂装施工应在温度为 5～38℃，空气相对湿度不大于 85%，并且钢材表面温度大于露点 3℃ 的条件下进行。当施工环境温度为 −5～5℃ 时，应采用低温固化产品或采用其他措施。

2）涂料配制与使用。在进行涂装施工前应仔细阅读所用涂料产品说明书，采用电动或气动搅拌装置将涂料充分搅拌均匀后方可施工，对于双组分或多组分涂料应先将各组分分别搅拌均匀，再按比例配制并搅拌均匀。混合好的涂料按照产品说明书的规定熟化。涂料的使用时间按产品说明书规定的适用期执行。

3）涂覆工艺

① 涂覆方法。对于大面积喷涂应采用高压无气喷涂施工；细长、小面积以及复杂形状构件可采用空气喷涂或刷涂施工；不易喷涂到的部位应采用刷涂法进行预涂装或第一道底漆后补涂。

② 涂覆间隔。按照设计要求和材料工艺过程，底涂、中涂和面涂每道涂层的间隔时间应符合材料供应商的有关技术要求。超过最大重涂间隔时间时，进行拉毛处理后涂装。

③ 二次表面处理。外表面在涂装底漆前应采用喷射方法进行二次表面处理。内表面无机硅酸锌车间底漆基本完好时，可不进行二次表面处理，但要除去表面盐分、油污等，并将焊缝、锈蚀打磨至 GB/T 8923 规定的 St3 级。

④ 连接面涂装法。

焊接结构应预留焊接区域：预留区域外壁推荐采用喷砂除锈至 GB/T 8923 规定的 Sa2½级，底漆采用环氧富锌涂料，中涂和面涂配套同相邻部位。内壁打磨处理至 GB/T 8923 规定的 St3 级，采用相邻部位配套进行涂装。

栓接结构：栓接部位采用无机富锌防滑涂料或热喷铝进行底涂。摩擦面涂层初始抗滑移系数不小于 0.55，安装时涂层抗滑移系数不小于 0.45。栓接板的搭接缝隙部位，当缝隙小于等于 0.5mm 时，采用油漆调制腻子密封处理；当缝隙大于 0.5mm 时，采用密封胶密封（如聚硫密封胶等）处理。栓接部位外露底涂层、螺栓，涂装前应进行必要的清洁处理。首先对螺栓头部打磨处理，然后刷涂 1～2 道环氧富锌底漆或环氧磷酸锌底漆 50～60μm，再按相邻部位的配套体系涂装中间漆和面漆；中间涂层也可采用弹性环氧或弹性聚氨酯涂料。

⑤ 现场末道面漆涂装。涂装前，应采用淡水、清洗剂等对待涂表面进行必要的清洁处理，除掉表面灰尘和油污等污染物。对运输和装配过程中破损处应进行修复处理。整个涂装过程中要随时注意涂装有无异常，并做好涂层相容性和附着力试验检测。

（3）涂层质量要求

1）外观。涂料涂层表面应平整、均匀一致，无漏涂、起泡、裂纹、气孔和返锈等现象，允许轻微桔皮和局部轻微流挂。金属涂层表面均匀一致，不允许有漏涂、起皮、鼓泡、大熔滴、松散粒子、裂纹和掉块等，允许轻微结疤和起皱。

2）厚度。施工中随时检查湿膜厚度以保证干膜厚度满足设计要求。干膜厚度采用"85-15"规则判定，即允许有 15% 的读数可低于规定值，但每一单独读数不得低于规定值的 85%。对于结构主体外表面可采用"90-10"规则判定。涂层厚度达不到设计要求时，应增加涂装道数，直至合格为止。漆膜厚度测定点的最大值不能超过设计厚度的 3 倍。

3）附着力。涂料涂层附着力：当检测的涂层厚度不大于 250μm 时，各道涂层和涂层体系的附着力试验按划格法进行，不大于 1 级；当检测的涂层厚度大于 250μm 时，附着力试验按拉开法进行，涂层体系附着力不小于 3MPa。用于钢桥面的富锌底漆涂层附着力不小于 5MPa。划格试验应符合 GB/T 9793—2012 附录 A 中 A.1 的规定。

4）维修涂装和重新涂装。涂层投入使用后，应按规定定期检查，进行涂层劣化评定，评定方法依据 ISO 4628。根据漆膜劣化情况，选择合适的维修或重涂方式。

① 维修涂装。当面漆出现 3 级以上粉化，且粉化减薄的厚度大于初始厚度的 50%，或由于景观要求时，彻底清洁面涂层后，涂装与原涂层相容的配套面漆 1～2 道；当涂膜处于 2～3 级开裂，或 2～3 级剥落，或 2～3 级起泡，但底涂层完好时，选择相应的中间漆、面漆，进行维修涂装；当涂膜发生 Ri2～Ri3 锈蚀时，彻底清洁表面，涂装相应中间漆、面漆。

② 重新涂装。当涂膜发生 Ri3 以上锈蚀时，彻底的表面处理后涂装相应配套涂层；当涂膜处于 3 级以上开裂，或 3 级以上剥落，或 3 级以上起泡时，如果

219

损坏贯穿整个涂层，应进行彻底的表面处理后，涂装相应配套涂层。

③ 重涂工艺要点。根据损坏的面积大小，钢结构构件表面重涂可分为以下三种方式：

小面积维修涂装：先清理损坏区域周围松散的涂层，延伸至未损坏区域 $50\sim80$mm，并应修成坡口，表面处理至 Sa2 级或 St3 级，涂装低表面处理环氧涂料＋面漆；

中等面积维修涂装：表面处理至 Sa2½ 级，涂装环氧富锌底漆＋环氧（云铁）漆＋面漆；

整体重新涂装：表面处理至 Sa2½ 级，按照相应的涂装体系进行涂装。

对于钢桥内表面维修或重新涂装底漆宜采用适用于低表面处理的环氧底漆，并宜采用浅色高固体分涂料或无溶剂环氧涂料。海洋大气腐蚀环境和工业大气腐蚀环境下的旧涂层须采用高压淡水清洁后，再喷砂除锈。处于干湿交替区的钢构件，在水位变动情况下涂装时，应选择表面容忍性好的涂料，并能适应潮湿涂装环境的涂层体系；处于水下区的钢构件在浸水状态下施工时应选择可水下施工、水下固化的涂层体系。

8.3.3　涂料防腐蚀涂装体系

涂料中有底漆、中间漆和面漆之分，它们分别承担不同的作用，任何一种涂料不可能同时兼备多种功能。涂装体系的设计选择应考虑腐蚀环境特性、被涂装物使用功能和涂装体系的经济性等因素。一个防腐蚀涂装体系是由底漆、中间漆和面漆相配套的整体，其配套性非常重要，如果选择不合适，会导致整个涂装体系失效。

1. 公路桥梁钢结构涂装体系

（1）涂层体系保护年限分类

公路桥梁钢结构涂装体系按保护年限分为两类：普通型：$10\sim15$ 年；长效型：$15\sim25$ 年。

在涂层体系保护年限内，涂层 95% 以上区域的锈蚀等级不大于 ISO 4628 规定的 Ri2 级，无气泡、剥落和开裂现象。

（2）腐蚀环境分类

1）大气区

公路桥梁钢结构大气区腐蚀种类见表 8.6。

大气腐蚀种类　　　　　　　　　　　　　　　　　表 8.6

腐蚀种类	单位面积质量损失/厚度损失(1 年暴晒)				温和气候下典型环境实例	
	低碳钢		锌		外部	内部
	质量损失 (g/m^2)	厚度损失 (μm)	质量损失 (g/m^2)	厚度损失 (μm)		
C1 很低	≤10	≤1.3	≤0.7	≤0.1	—	加热的建筑物内部,空气洁净,如办公室、商店、学校和宾馆等

续表

| 腐蚀种类 | 单位面积质量损失/厚度损失（1年暴晒） | | | | 温和气候下典型环境实例 | |
| | 低碳钢 | | 锌 | | | |
	质量损失 (g/m²)	厚度损失 (μm)	质量损失 (g/m²)	厚度损失 (μm)	外部	内部
C2 低	10～200	1.3～25	0.7～5	0.1～0.7	污染水平较低。大部分是乡村地区	未加热的地方，冷凝可能发生，如库房、体育馆等
C3 中等	200～400	25～50	5～15	0.7～2.1	城市和工业大气，中等二氧化硫污染。低盐度沿海区	具有高湿度和一些空气污染的生产车间，如食品加工厂、洗衣店、酿酒厂、牛奶场
C4 高	400～650	50～80	15～30	2.1～4.2	中等盐度的工业区和沿海区	化工厂、游泳池、沿海船舶和造船厂
C5-I 很高(工业)	650～1500	80～200	30～60	4.2～8.4	高湿度和恶劣环境的工业区	总是有冷凝和高污染的建筑物
C5-M 很高(海洋)	650～1500	80～200	30～60	4.2～8.4	高盐度的沿海和近岸区域	总是有冷凝和高污染的建筑物

注：在沿海地区的炎热、潮湿地带，质量或厚度损失值可能超过C5-M种类的界限。

2）浸水区

按水的类型将浸水区腐蚀环境分为两类：淡水（Im1），海水或盐水（Im2）。

按照浸水部位的位置和状态，将浸水区分为三个区域：水下区，即长期浸泡在水下的区域；干湿交替区，即由于自然或人为因素，水面处于不断变化的区域；浪溅区，即由于波浪和飞溅致湿的区域。

3）埋地区

埋地环境定义为一种腐蚀类型：Im3。

（3）涂装分类

按涂装部位：其分为外表面涂装、非封闭环境内表面涂装、封闭环境内表面涂装、钢桥面涂装、干湿交替区和水下区涂装、防滑摩擦面涂装、附属钢构件涂装（包括防撞护栏、扶手护栏及底座、灯座、泄水管、钢路缘石等）七类。

按涂装阶段：其分为初始涂装、维修涂装、重新涂装三类。初始涂装是对新建桥梁钢结构的初次涂装（包含2年缺陷责任期内的涂装）；维修涂装是在桥梁运营全过程中对涂层进行的维修保养；重新涂装是彻底的除去旧涂层，重新进行表面处理后，按照完整的涂装规格进行的涂装。

（4）公路桥梁钢结构涂层体系

1）涂层体系配套要求。涂层配套体系应考虑腐蚀环境、工况条件、防腐年限等因素进行设计。较高防腐等级的涂层配套体系也适用于较低防腐等级的涂层配套体系，并可参照较低防腐等级的涂层配套体系设计涂层厚度。C1和C2腐蚀环境下的涂层配套体系，可参考C3腐蚀环境的涂层配套体系进行设计。一般情况下，所有配套都需要喷涂一道干膜厚度为 $20～25\mu m$ 的车间底漆。

2）不同涂装部位涂层配套体系。涂装部位包括桥梁钢结构外表面、封闭环境内表面、非封闭环境内表面、钢桥面、干湿交替区和水下区、防滑摩擦面等，见表 8.7～表 8.13。

大气环境中桥梁钢结构外表面涂层配套体系（普通型）　表 8.7

配套编号	腐蚀环境	涂层	涂料品种	道数/最低干膜厚（μm）
S01	C3	底涂层	环氧磷酸锌底漆	1/60
		中间涂层	环氧（厚浆）漆	1/80
		面涂层	丙烯酸脂肪族聚氨酯面漆	2/70
		总干膜厚度		210
S02	C4	底涂层	环氧磷酸锌底漆	1/60
		中间涂层	环氧（厚浆）漆	(1～2)/120
		面涂层	丙烯酸脂肪族聚氨酯面漆	2/80
		总干膜厚度		260
S03	C5-I C5-M	底涂层	环氧磷酸锌底漆	1/60
		中间涂层	环氧（厚浆）漆	(1～2)/120
		面涂层	丙烯酸脂肪族聚氨酯面漆	2/80
		总干膜厚度		260

大气环境中桥梁钢结构外表面涂层配套体系（长效型）　表 8.8

配套编号	腐蚀环境	涂层	涂料品种	道数/最低干膜厚（μm）
S04	C3	底涂层	环氧富锌底漆	1/60
		中间涂层	环氧（厚浆）漆	(1～2)/100
		面涂层	丙烯酸脂肪族聚氨酯面漆	2/80
		总干膜厚度		240
S05	C4	底涂层	环氧富锌底漆	1/60
		中间涂层	环氧（云铁）漆	(1～2)/140
		面涂层	丙烯酸脂肪族聚氨酯面漆	2/80
		总干膜厚度		280
S06	C5-I	底涂层	环氧富锌底漆	1/80
		中间涂层	环氧（云铁）漆	(1～2)/120
		面涂层	聚硅氧烷面漆	(1～2)/100
		总干膜厚度		300
S07	C5-I	底涂层	环氧富锌底漆	1/80
		中间涂层	环氧（云铁）漆	(1～2)/150
		面涂层（第一道）	丙烯酸脂肪族聚氨酯面漆/氟碳树脂漆	1/40

续表

配套编号	腐蚀环境	涂层	涂料品种	道数/最低干膜厚（μm）
S07	C5-I	面涂层（第二道）	氟碳面漆	1/30
		总干膜厚度		300
S08	C5-M	底涂层	环氧富锌底漆	1/75
		封闭涂层	环氧封闭漆	1/25
		中间涂层	环氧（云铁）漆	(1~2)/120
		面涂层	聚硅氧烷面漆	(1~2)/100
		总干膜厚度		320
S09	C5-M	底涂层	无机富锌底漆	1/75
		封闭涂层	环氧封闭漆	1/25
		中间涂层	环氧（云铁）漆	(1~2)/150
		面涂层（第一道）	丙烯酸脂肪族聚氨酯面漆/氟碳树脂漆	1/40
		面涂层（第二道）	氟碳面漆	1/40
		总干膜厚度		330
S10	C5-M	底涂层	热喷铝或锌	1/150
		封闭涂层	环氧封闭漆	(1~2)/50
		中间涂层	环氧（云铁）漆	(1~2)/120
		面涂层	聚硅氧烷面漆	(1~2)/100
		总干膜厚度（涂层）		270
S11	C5-M	底涂层	无机富锌底漆	1/150
		封闭涂层	环氧封闭漆	(1~2)/50
		中间涂层	环氧（云铁）漆	(1~2)/150
		面涂层（第一道）	丙烯酸脂肪族聚氨酯面漆/氟碳树脂漆	1/40
		面涂层（第二道）	氟碳面漆	1/40
		总干膜厚度（涂层）		280

封闭环境内表面涂层配套体系 表8.9

配套编号	工况条件	涂层	涂料品种	道数/最低干膜厚（μm）
S12	配置抽湿机	底面合一	环氧（厚浆）漆（浅色）	(1~2)/150
		总干膜厚度		150
S13	未配置抽湿机	底漆层	环氧富锌底漆	1/50
		面漆层	环氧（厚浆）漆（浅色）	(1~2)/(200~300)
		总干膜厚度		250~350

注：抽湿机需常年工作，以保持内部系统相对湿度低于50%。

非封闭环境内表面涂层配套体系　　　　表 8.10

配套编号	腐蚀环境	涂层	涂料品种	道数/最低干膜厚（μm）
S14	C3	底漆层	环氧磷酸锌底漆	1/60
		面漆层	环氧（厚浆）漆（浅色）	(1～2)/100
		总干膜厚度		160
S15	C4,C5-I,C5-M	底涂层	环氧富锌底漆	1/60
		中间涂层	环氧（云铁）漆	(1～2)/120
		面涂层	环氧（厚浆）漆（浅色）	1/80
		总干膜厚度		260

钢桥面涂层配套体系　　　　表 8.11

配套编号	工况条件	涂层	涂料品种	道数/最低干膜厚（μm）
S16	沥青铺装温度小于等于 250℃	底涂层	环氧富锌底漆	1/80
		总干膜厚度		80
S17	沥青铺装温度大于 250℃	底涂层	无机富锌底漆	1/80
		总干膜厚度		80
S18		底涂层	热喷铝或锌	1/100
		总干膜厚度		100

干湿交替区和水下区涂层配套体系　　　　表 8.12

配套编号	工况条件	涂层	涂料品种	道数/最低干膜厚（μm）
S19	干湿交替/水下区	底面合一	超强/耐磨环氧漆	(2～3)/500
		总干膜厚度		500
S20	干湿交替/水下区	底面合一	环氧玻璃鳞片漆	(2～3)/500
		总干膜厚度		500
S21	水下区	底面合一	环氧漆	3/450
		总干膜厚度		450

注：干湿交替区也可采用钢桥外表面的涂层配套体系，但应适当增加涂层厚度。

防滑摩擦面涂层配套体系　　　　表 8.13

配套编号	工况条件	涂层	涂料品种	道数/最低干膜厚（μm）
S22	摩擦面	防滑层	无机富锌底漆	1/80
		总干膜厚度		80
S23	摩擦面	防滑层	热喷铝	1/100
		总干膜厚度		100

注：配套 S23 不适用于相对湿度大、雨水多的环境。

（5）公路桥梁钢结构涂层体系性能要求，见表 8.14。

涂层体系性能要求							表 8.14

腐蚀环境	防腐寿命（年）	耐水性（h）	耐盐水性（h）	耐化学品性能（h）	附着力（MPa）	耐盐雾性能（h）	人工加速老化（h）
C3	10～15	72	—			500	500
	15～25	144	—			1000	800
C4	10～15	240	—			500	600
	15～25	240	—			1000	1000
C5-I	10～15	240	—	168	>5	2000	1000
	15～25	240	—	240		3000	3000
C5-M	10～15	240	144	72		2000	1000
	15～25	240	240	72		3000	3000
Im1		3000	—	72		—	—
Im2		—	3000	72		3000	

注：1. 耐水性、耐盐水性、耐化学品性能涂层试验后不生锈、不起泡、不开裂、不剥落，允许轻微变色和失光。

2. 人工加速老化性能涂层试验后不生锈、不起泡、不剥落、不开裂、不粉化，允许2级变色和2级失光。

3. 耐盐雾性涂层试验后不起泡、不剥落、不生锈、不开裂。

2. 石油化工钢结构涂装体系

（1）涂层体系使用年限分类

石油化工钢结构涂装体系按防护层使用年限分为三类：0～5 年、10～15 年和15～25 年。

（2）腐蚀性分级

常温下气态介质对钢结构长期作用下的腐蚀性，可分为强腐蚀性、中等腐蚀、弱腐蚀三个等级。石油化工大气中腐蚀性物质对钢材表面的腐蚀性等级，可根据所处环境的相对湿度和气体类型，按表8.15来确定。

大气中腐蚀性物质对钢材表面的腐蚀性等级		表 8.15

腐蚀性等级[a]	相对湿度[b]	环境腐蚀性气体类[c]
弱腐蚀	>75%	—
	60%～70%	A
	<60%	B
中等腐蚀	>75%	B
	60%～75%	C
	<60%	D
强腐蚀	>75%	C,D
	60%～75%	D

注：a：多种腐蚀性气体介质同时作用时，腐蚀性等级取最高值。

b：环境相对湿度宜采用地区年平均相对湿度值或构配件所处部位的实际相对湿度；经常处于潮湿状态或不可避免结露的部位，环境相对湿度的取值大于75%。室外构配件环境相对湿度的取值，可根据地区降水情况，取高于年平均相对湿度。

c：环境腐蚀性气体类型 A、B、C、D 所代表的腐蚀性气体名称及含量见表8.16。

225

（3）腐蚀环境

1）环境腐蚀性气体类型、名称及含量见表 8.16。

环境腐蚀性气体类型、名称及含量　　　表 8.16

环境腐蚀性气体类型	腐蚀性气体名称	腐蚀物质含量（mg/m³）	环境腐蚀性气体类型	腐蚀性物质名称	腐蚀物质含量（mg/m³）
A	二氧化碳 二氧化硫 氟化氢 硫化氢 氮的氧化物 氯 氯化氢	<2000 <0.5 <0.01 <0.01 <0.1 <0.1 <0.05	C	二氧化硫 氟化氢 硫化氢 氮的氧化物 氯 氯化氢	10～20 5～10 5～100 5～25 1～5 5～10
B	二氧化碳 二氧化硫 氟化氢 硫化氢 氮的氧化物 氯 氯化氢	>2000 0.5～10 0.05～5 0.01～5 0.1～5 0.1～5 >20	D	二氧化硫 氟化氢 硫化氢 氮的氧化物 氯 氯化氢	>200 10～100 >100 >25 >5 10～100

2）石油化工装置所处气态环境中存在的废气的名称及主要来源见表 8.17。

石油化工装置所处气态环境中存在的废气的名称及主要来源　　表 8.17

分类	废气名称	主要污染物	主要来源
石油化工	含烃废气	总烃	油品储罐，污水处理场隔油池，工艺装置加热炉，压缩机发动机，装卸油设施，烷基化尾气，轻质油品和烃类气体的储运设施及管线、阀门、机泵等的泄露
	氧化沥青尾气	苯并(a)芘	沥青装置
	催化再生烟气	SO_2,CO_2,CO,尘	催化裂化装置
	燃烧废气	SO_2,NO_x,CO_2,CO,尘	工艺装置加热炉，锅炉，焚烧炉，火炬
	含硫废气	H_2S,SO_2,氨	含硫污水汽提，加氢精制，气体脱硫，硫磺回收尾气处理
	臭气	H_2S,硫醇,酚	油品精制，硫磺回收，脱硫，污水处理场，污泥治理
	烟气	SO_2,NO_x,CO_2,CO,尘	工艺装置加热炉、裂解炉、锅炉、焚烧炉、火炬
	工艺废气	烷烃,烯烃,环烷烃,醇,芳香烃,醚,酮,醛,酚,酯,氯代烃,氰化物	甲醇装置,乙醛装置,醋酸装置,环氧丙烷装置,苯、甲苯装置,乙基苯,聚乙烯,聚丙烯,氯乙烯,苯乙烯,对苯二甲酸装置,顺丁橡胶,丁苯橡胶装置,丙烯腈装置,环氧氯丙烷
		SO_2,NO_x,卤化物,CO	甲醇生产装置,丁二烯装置,火炬

续表

分类	废气名称	主要污染物	主要来源
合成纤维	燃烧废气	SO_2,NO_x,CO,CO_2,尘	工艺装置加热炉,锅炉,焚烧炉,火炬
	含烃废气	总烃	催化重整,芳烃抽取,对二甲苯,常减压装置,轻质油品储罐
	刺激性废气	甲醇,甲醛,乙醛,醋酸,环氧乙烷,己二腈,己二胺,丙烯腈,对苯二甲酸,二甲酯	对苯二甲酸装置,对苯二甲酸二甲醇装置,丙烯腈装置,己二胺装置,硫氰酸钠溶剂回收装置,聚丙烯腈装置,腈维装置
石油化肥	燃烧废气	SO_2,NO_x,CO,尘	工艺装置加热炉,锅炉,焚烧炉,火炬
	工艺废气	CH_4,H_2S,氨,SO_2,NO_x,CO,CO_2,尿素,粉尘	合成氨,硫磺回收尾气,氨冷冻储罐排气,尿素造粒塔排放口,硝酸装置尾气,氨中和排放口

（4）基本要求

1）钢结构构件的基层要求

钢结构构件基层在涂装前宜优先采用喷射或抛丸除锈,其最低除锈等级应符合表 8.18 的要求。钢材表面锈蚀等级和除锈等级标准应符合 GB/T 8923 中典型样板照片的要求。

钢结构构件基层最低除锈等级 表 8.18

涂料品种	最低除锈等级
沥青涂料	Sa2 或 St2
醇酸涂料、氯化橡胶涂料、环氧类涂料	Sa2 或 St3
乙烯类涂料、其他树脂类涂料	Sa2
各类富锌底漆	Sa2½

注：钢结构表面喷射或抛丸处理后,表面粗糙度宜为 $40\sim75\mu m$。

2）防腐蚀涂料要求

常用防腐蚀涂料的性能见表 8.19。对不同腐蚀性环境、不同的防护层使用年限,钢构件防腐蚀涂层漆的干膜厚度宜满足表 8.20 的要求。

防腐蚀涂料的性能 表 8.19

涂料名称	耐酸	耐碱	耐盐	耐水	耐候	与基层附着力
氯化橡胶涂料	●	●	●	●	●	●
高氯化聚乙烯	●	●	●	●	●	●
醇酸类涂料	○	×	●	○	●	●
环氧涂料	●	●	●	○	○	●
丙烯酸	○	○	○	●	●	●
聚氨酯涂料	●	○	●	●	○	●
沥青涂料	●	●	●	●	○	●
无机富锌涂料	×	×	●	●	●	●

注：表中"●"表示性能优良,推荐使用;"○"表示性能良好,可使用;"×"表示性能差,不宜使用。

钢构件防腐蚀涂层漆干膜厚度　　　　　　　　　　　　　表 8.20

腐蚀程度	防护层使用年限	干膜厚度（μm）
弱腐蚀	5 年以下 5～10 年 10～15 年	160 200 240
中等腐蚀	5 年以下 5～10 年 10～15 年	200 240 240（含锌粉） 280（不含锌粉）
强腐蚀	5 年以下 5～10 年 10～15 年	240 280 320

注：表中所列的干膜厚度是一般情况下的要求，设计时可以视具体防腐蚀涂料及配套的不同作调整。

钢结构构件在非腐蚀性环境下，其涂层干膜厚度为：室外不宜少于 $150\mu m$，室内不宜少于 $125\mu m$。当选用无机富锌底漆时，钢结构表面上的底层涂料附着力应大于 3MPa；选用其他类型底漆时，附着力应大于 5MPa。

（5）石油化工钢结构涂层体系

1）防腐蚀涂层配套，应根据所选用涂料的品种、防护层使用年限等因素确定。防腐蚀涂层配套，应符合下列要求：

① 涂层之间应有良好的配套性；

② 同一涂层系统中的涂料配套，宜选用同一厂家的产品；

③ 乙烯磷化底漆不得与呈碱性反应的底漆配套使用；

④ 无机富锌底漆的后道漆必须具有耐碱性；

⑤ 环氧富锌底漆的后道漆宜采用环氧云铁漆作为过渡漆；

⑥ 当需要提高涂层厚度或需要提高涂层间的附着力时，可增加相配套的中间漆；

⑦ 当表面涂防火涂料时，防腐蚀底漆应与防火涂料相适应。

2）不同腐蚀环境等级应采用不同的防腐涂层配套体系。各种腐蚀性等级环境下的防腐蚀涂层配套体系见表 8.21～表 8.23。

弱腐蚀环境下防腐涂层配套体系　　　　　　　　　　　　表 8.21

表面处理		底漆				中间漆和面漆			整个涂装系统		防护层使用年限		
St2	Sa2.5	树脂类型	防腐底漆类型	涂层道数	干膜厚度（μm）	树脂类型	涂层道数	干膜厚度（μm）	涂层道数	干膜厚度（μm）	5 年以下	5～10 年	10～15 年
●		醇酸	除富锌底漆以外的其他类型	2	80	醇酸	1～2	80	3～4	160	●		
	●			1～2	80		1～2	80	2～4	160	●		
●				1～2	80		2～3	120	3～5	200			●
	●			1～2	80		2～3	120	3～5	200			●

续表

表面处理		底漆				中间漆和面漆			整个涂装系统		防护层使用年限		
St2	Sa2.5	树脂类型	防腐底漆类型	涂层道数	干膜厚度(μm)	树脂类型	涂层道数	干膜厚度(μm)	涂层道数	干膜厚度(μm)	5年以下	5~10年	10~15年
	●	醇酸	除富锌底漆以外的其他类型	1~2	80	丙烯酸,氯化橡胶	2~3	120	3~5	200		●	
	●			1~2	80	丙烯酸,氯化橡胶	2~3	160	3~5	240			●
	●			1~2	80	沥青	2	160	3~5	240			●
	●			1~2	80	沥青	2	160	3~4	240			●
●		丙烯酸,氯化橡胶		2	80	丙烯酸,氯化橡胶	1~2	80	3~4	160	●		
	●			1~2	80	丙烯酸,氯化橡胶	1~2	80	2~3	160		●	
	●			1~2	90	丙烯酸,氯化橡胶	2~3	120	3~5	200		●	
	●			1~2	80	丙烯酸,氯化橡胶	2~3	160	3~5	240			●
	●	环氧		1	160	丙烯酸	1	40	2	200		●	
	●			1~2	80	环氧,聚氨酯	2	80	2~3	160	●		
	●			1~2	80	环氧,聚氨酯	2~3	120	3~5	200		●	
	●			1~2	80	环氧,聚氨酯	2~3	160	3~5	240			●
	●	聚氨酯		1	40	环氧,聚氨酯	1~2	120	2~3	160	●		
	●			1	40	环氧,聚氨酯	2~3	160	3~5	200		●	
	●			1	40	丙烯酸,氯化橡胶	1~2	120	2~3	160	●		
	●			1	40	丙烯酸,氯化橡胶	2~3	160	3~4	200		●	
	●			1	80	丙烯酸,氯化橡胶	2~3	120	3~4	200		●	

注：1. 在实际工程中由于条件的不同，选用配套示例时可结合工程具体情况，通过多种配套系统的试验，因地制宜综合确定。

2. St2 为"手工工具清洁"，Sa2.5 为"喷砂处理近白金属"；"●"为对应的方法和使用年限，以下同此。

中等腐蚀环境下防腐涂层配套体系　　　　表 8.22

表面处理		底漆				中间漆和面漆			整个涂装系统		防护层使用年限		
St2	Sa2.5	树脂类型	防腐底漆类型	涂层道数	干膜厚度(μm)	树脂类型	涂层道数	干膜厚度(μm)	涂层道数	干膜厚度(μm)	5年以下	5~10年	10~15年
●	●	醇酸	除富锌底漆以外的其他类型	1~2	80	醇酸	2~3	120	3~5	200	●		
	●			1~2	80	沥青	2	120	3~4	200	●		
●	●			1~2	80	沥青	2~3	200	3~5	280			●
	●			1~2	80	丙烯酸,氯化橡胶	2~3	120	3~5	200		●	
●	●			1~2	80	丙烯酸,氯化橡胶	2~3	120	3~5	200		●	

续表

表面处理		底漆				中间漆和面漆			整个涂装系统		防护层使用年限		
St2	Sa2.5	树脂类型	防腐底漆类型	涂层道数	干膜厚度(μm)	树脂类型	涂层道数	干膜厚度(μm)	涂层道数	干膜厚度(μm)	5年以下	5~10年	10~15年
	●	丙烯酸,氯化橡胶	除富锌底漆以外的其他类型	1~2	80	沥青	2	160	3~4	240	●		
	●			1~2	80	沥青	2~3	200	3~5	280			●
	●			1~2	80	丙烯酸,氯化橡胶	2~3	120	3~5	200		●	
	●			1~2	80	丙烯酸,氯化橡胶	2~3	160	3~5	240		●	
	●	环氧		1	160	丙烯酸,氯化橡胶	1	40	2	200	●		
	●			1	160		1	120	2	280			●
	●			1~2	80	环氧,聚氨酯	2~3	120	3~5	200		●	
	●			1~2	80		2~3	160	3~5	240		●	
	●			1~2	80		2~3	200	3~5	280			●
	●	环氧、聚氨酯	富锌底漆	1	40	丙烯酸,氯化橡胶	2~3	160	3~4	200	●		
	●			1	40		2~3	200	3~4	240		●	
	●			1	40		2~3	200	3~4	240			●
	●			1	40		2~3	240	3~4	280			●
	●			1	80		2~3	120	3~4	200		●	
	●			1	80		2~3	160	3~4	240		●	
	●			1	80	环氧,聚氨酯	2~3	120	3~4	200		●	
	●			1	80		2~3	160	3~4	240		●	
	●			1	80		2~3	200	3~4	280			●

注：在实际工程中由于条件的不同，选用配套示例时可结合工程具体情况，通过多种配套系统的试验，因地制宜综合确定。

强腐蚀环境下防腐涂层配套示例　　　　　　　　　　　　　　**表 8.23**

表面处理		底漆				中间漆和面漆			整个涂装系统		防护层使用年限		
St2	Sa2.5	树脂类型	防腐底漆类型	涂层道数	干膜厚度(μm)	树脂类型	涂层道数	干膜厚度(μm)	涂层道数	干膜厚度(μm)	5年以下	5~10年	10~15年
	●	醇酸	除富锌底漆以外的其他类型	1~2	80	丙烯酸,氯化橡胶	2~3	160	3~5	240	●		
	●	环氧,聚氨酯		2	120	丙烯酸,氯化橡胶	2~3	160	4~5	280		●	
	●			1	80		3	200	4	280		●	
	●			1~2	80	环氧,聚氨酯	3~4	240	4~6	320			●
	●	环氧,聚氨酯	富锌底漆	1~2	80		2~3	160	4~5	240	●		
	●			1~2	80		3	200	4~5	280		●	

续表

表面处理		底漆				中间漆和面漆			整个涂装系统		防护层使用年限		
St2	Sa2.5	树脂类型	防腐底漆类型	涂层道数	干膜厚度(μm)	树脂类型	涂层道数	干膜厚度(μm)	涂层道数	干膜厚度(μm)	5年以下	5～10年	10～15年
	●	硅酸乙酯	富锌底漆	1	80	丙烯酸，氯化橡胶	3	200	4	280		●	
	●			1	80	环氧，聚氨酯	2～4	240	3～5	320			●
	●			1	80		3	200	4	280		●	
	●			1	80	丙烯酸，氯化橡胶	4	240	5	320			●

注：在实际工程中由于条件的不同，选用配套示例时可结合工程具体情况，通过多种配套系统的试验，因地制宜综合确定。

3. 海港工程钢结构涂装体系

（1）涂层体系使用年限分类

海港工程钢结构涂装体系按设计使用年限分为两类：10～15年和15～25年。

（2）钢结构的部位划分

海港工程钢结构应根据环境条件、材质、结构形式、使用要求、施工条件和维护管理条件等综合确定。海港工程钢结构的部位划分根据表8.24确定。

海港工程钢结构的部位划分　　表8.24

掩护条件	划分类别	大气区	浪溅区	水位变动区	水下区	泥下区
有掩护条件	按港工设计水位	设计高水位加1.5m以上	大气区下界至设计高水位减1.0m之间	浪溅区下界至设计低水位减1.0m之间	水位变动区下界至海泥面	海泥面以下
无掩护条件	按港工设计水位	设计高水位加η_0+1.0m以上	大气区下界至设计高水位减η_0之间	浪溅区下界至设计低水位减1.0m之间	水位变动区下界至海泥面	海泥面以下
	按天文潮位	最高天文潮位加0.7倍百年一遇有效波高$H_{1/3}$以上	大气区下界至最高天文潮位减百年一遇有效波高$H_{1/3}$之间	浪溅区下界至最低天文潮位减0.2倍百年一遇有效波高$H_{1/3}$之间	水位变动区下界至海泥面	海泥面以下

注：1. η_0值为设计高水位时的重现期50年，$H_{1\%}$（波列累积频率为1%的波高）波峰面高度。

2. 当无掩护条件的海港工程钢结构无法按港工有关规范计算设计水位时，可按天文潮位确定钢结构的部位划分。

（3）基本要求

1）钢结构构件的表面预处理要求

① 钢结构表面清洁度应符合表8.25的要求。

不同涂料表面清洁度的最低等级要求　　　　表 8.25

涂料品种	表面清洁度最低等级	
	喷射或抛射除锈	手工或动力工具除锈
金属热喷涂层、富锌漆	Sa2 或热喷铝涂层及无机富锌涂层为 Sa3	不允许
环氧沥青漆、聚氨酯漆	Sa2	St3

② 钢结构表面粗糙度应符合表 8.26 的要求。

表面粗糙度选择范围　　　　表 8.26

涂装系统	常规防腐涂料	厚浆型重防腐涂料	金属热喷涂
涂层厚度（μm）	100～250	400～800	100～300
表面粗糙度（μm）	40～70	60～100	40～85

2) 防腐蚀涂料要求

防腐蚀涂料宜选用经过工程实践证明综合性能良好的产品，同一涂装配套中的底、中、面漆宜选用同一厂家的产品。涂料应符合涂装施工的环境条件。大气区采用的防腐蚀涂料应具有良好的耐候性。浪溅区和水位变动区采用的防腐蚀涂料应能适应干湿交替变化，并应具有耐磨损、耐冲击和耐候的性能。水下区和水位变动区采用的防腐蚀涂料应能与阴极保护配套，具有较好的耐电位性和耐碱性。

（4）海港工程钢结构涂层体系

1) 防腐措施要求

防腐蚀措施应根据结构的部位、保护年限、施工、维护管理、安全要求和技术经济效益等因素确定，并应符合下列规定。

① 大气区的防腐蚀应采用涂层或金属喷涂层保护。陆域结构形式复杂或厚度小于 1mm 的薄壁钢结构可采用热浸镀锌或电镀锌加涂料保护。

② 浪溅区和水位变动区的防腐蚀宜采用重防蚀涂层或金属热喷涂层加封闭涂层保护，也可采用树脂砂浆或包覆有机复合层、复合耐蚀金属层保护。

③ 水下区的防腐蚀可采用阴极保护和涂层联合保护或单独采用阴极保护。当单独采用阴极保护时，应考虑施工期的防腐蚀措施。

④ 泥下区的防腐蚀应采用阴极保护。当将牺牲阳极埋设于海泥中时，应选用适当的阳极材料，并应考虑其驱动电压和电流效率的下降。

⑤ 钢板桩岸侧、锚固桩及拉杆等海港埋地钢结构的防腐蚀宜采用外加电流阴极保护和涂层联合保护，也可采用牺牲阳极阴极保护和涂层联合保护。

⑥ 设计使用年限 30 年以上的防腐技术应根据涂装配套、工艺要求和环境适应性分析确定，可选择包覆厚度不小于 1mm 耐腐蚀合金、包覆厚度不小于 5mm 的热塑性聚乙烯复合包覆层、包覆厚度不小于 3mm 的环氧玻璃钢包覆层和包缠矿脂胶带防腐系统。

⑦ 设计使用年限 10 年以上的防腐蚀涂层性能应符合表 8.27 的规定。

2) 海港工程钢结构的不同部位的防腐蚀涂层体系（表 8.28～表 8.31）

设计使用年限 10 年以上的防腐蚀涂层性能 表 8.27

性能	指标	测试方法执行标准
耐盐雾(h)	4000	《色漆和清漆 耐中性盐雾性能的测定》GB/T 1771—2007
耐老化(h)	2000	《色漆和清漆 人工气候老化和人工辐射曝露 滤过的氙弧辐射》GB/T 1865—2009
耐湿热(h)	4000	《漆膜耐湿热测定法》GB/T 1740—2007
附着力(MPa)	4	《色漆和清漆拉开法附着力试验》GB/T 5210—2006
耐电位(V)	−1.20	《船舶及海洋工程阳极屏涂料通用技术条件》GB/T 7788—2007

大气区的涂层系统 表 8.28

设计使用年限(年)	配套涂料名称		平均涂层厚度(μm)
10~20	组合配套	底层	富锌漆	75
		中间层	环氧云铁防锈漆	100
		面层	聚氨酯漆、丙烯酸树脂漆、氟碳涂料	100~150
	同品种配套		聚氨酯漆、丙烯酸树脂漆、氟碳涂料	300~350
5~10	组合配套	底层	富锌漆	50
		中间层	环氧云铁防锈漆	80
		面层	氯化橡胶漆、聚氨酯漆、丙烯酸树脂漆	80~120
	同品种配套		氯化橡胶漆、聚氨酯漆、丙烯酸树脂漆	220~250

浪溅区和水位变动区的涂层系统 表 8.29

设计使用年限(年)	配套涂料名称		平均涂层厚度(μm)
10~20	组合配套	底层	富锌漆	75
		中间层	环氧树脂漆、环氧云铁防锈漆	300
		面层	厚浆型环氧漆、聚氨酯漆、丙烯酸树脂漆	100~125
	同品种配套		厚浆型环氧漆、聚氨酯漆、丙烯酸树脂漆、环氧沥青漆	450~500
5~10	组合配套	底层	富锌漆	40
		中间层	环氧树脂漆、聚氨酯漆、氯化橡胶漆	200
		面层	厚浆型环氧漆、氯化橡胶漆、聚氨酯漆、丙烯酸树脂漆	75~100
	同品种配套		厚浆型环氧漆、聚氨酯漆、氯化橡胶漆、环氧沥青漆	300~350

水下区的涂层系统 表 8.30

设计使用年限(年)	配套涂料名称		平均涂层厚度(μm)
10~20	组合配套	底层	富锌漆	75
		中间层	环氧树脂漆	250~300
		面层	厚浆型环氧漆、聚氨酯漆、氯化橡胶漆	125
	同品种配套		厚浆型环氧漆、聚氨酯漆、环氧沥青漆	450~500

233

续表

设计使用年限(年)		配套涂料名称		平均涂层厚度(μm)
5～10	组合配套	底层	富锌漆	75
		中间层	环氧树脂漆、聚氨酯漆、氯化橡胶漆	150
		面层	厚浆型环氧漆、氯化橡胶漆、聚氨酯漆	75～100
	同品种配套		厚浆型环氧漆、聚氨酯漆、氯化橡胶漆、环氧沥青漆	300～350

设计使用年限 20 年以上的防腐涂装涂层系统　　　　　　　表 8.31

环境区域		配套涂料名称		平均涂层厚度(μm)
大气区	组合配套	底层	富锌漆	75
		中间层	环氧云铁涂料、环氧玻璃鳞片涂料	350～400
		面层	氟碳涂料	100
浪溅区、水位变动区、水下区	组合配套	底层	富锌漆	75
		中间层	环氧云铁涂料	400
			环氧玻璃鳞片涂料	350
		面层	环氧重型防腐涂料、厚浆型聚氨酯涂料、厚浆型环氧玻璃鳞片涂料	250～300
	同品种底面层配套		环氧重型防腐涂料	800
			厚浆型聚氨酯涂料	800
			厚浆型环氧玻璃鳞片涂料	700

4. 建筑钢结构涂装

（1）腐蚀环境

目前建筑钢结构普遍使用的腐蚀环境分级方法是引用《色调和清漆——防护涂料体系对钢结构的防腐蚀保护—第 5 部分：防护涂料体系》ISO 12944-5 标准来定义。即 C1 腐蚀很低，C2 腐蚀低，C3 中等腐蚀，C4 高等腐蚀，C5-I 腐蚀很高（工业），C5-M 海洋腐蚀。

一般来说，边远地区，低污染的地区，有暖气的建筑内部等，是 C1 和 C2 环境，典型的如机场内部钢结构、商业和办公大楼建筑等；建筑钢结构一般都位于城市中间，大气中的主要污染物为二氧化硫等，雾气也较大，可以把腐蚀环境定义为 C3；处于腐蚀较严重的地区（如海滨），建筑钢结构的腐蚀环境可以定义为 C4；处于 C5 腐蚀环境的建筑钢结构相当少。

（2）涂层体系使用年限分类

建筑钢结构涂装体系按设计使用年限分为三类：0～5 年、5～15 年和 15 年及以上。

建筑钢结构防护的设计寿命对于高层钢结构大楼，其防腐涂装寿命一般不低于 25 年；对机场、体育馆、会展中心等大型钢结构建筑，设计寿命为 15～25 年。

（3）建筑钢结构防腐涂料

234

1）防腐涂料分类

面漆产品分为Ⅰ型和Ⅱ型两类。底漆产品依据耐盐雾性分为普通型和长效型两类。

2) 防腐涂料要求

面漆产品性能应符合表 8.32 的规定。

面漆产品性能要求　　　　　　　　表 8.32

序号	项目		技术指标	
			Ⅰ型面漆	Ⅱ型面漆
1	容器中状态		搅拌后无硬块,呈均匀状态	
2	施工性		涂刷二道无障碍	
3	漆膜外观		正常	
4	遮盖力(白色或浅色[a])(g/m²)		≤150	
5	干燥时间(h)	表干	≤4	
		实干	≤24	
6	细度[b](μm)		≤60(片状颜料除外)	
7	耐水性		168h 无异常	
8	耐酸性[c](5%H_2SO_4)		96h 无异常	168h 无异常
9	耐盐水性(3%NaCl)		120h 无异常	240h 无异常
10	耐盐雾性		500h 不起泡、不脱落	1000h 不起泡、不脱落
11	附着力(划格法)(级)		≤1	
12	耐弯曲性(mm)		≤2	
13	耐冲击性(cm)		≥30	
14	涂层耐温变性(5 次循环)		无异常	
15	贮存稳定性	结皮性(级)	≥8	
		沉降性(级)	≥6	
16	耐人工老化性(白色或浅色[a,d])		500h 不起泡、不剥落、无裂纹、粉化小于等于 1 级;变色小于等于 2 级	1000h 不起泡、不剥落、无裂纹、粉化小于等于 1 级;变色小于等于 2 级

注：a：浅色是指以白色涂料为主要成分,添加适量色浆后配制成的浅色涂料形成的涂膜所呈现的浅颜色,明度值为 6～9 之间(三刺激值中的 YD65≥31.26)。

　　b：对多组分产品,细度是指主漆的细度。

　　c：面漆中含有金属颜料时不测定耐酸性。

　　d：其他颜色变色等级双方商定。

底漆及中间产品性能应符合表 8.33 的规定。

底漆及中间产品性能要求　　　　　　　　表 8.33

序号	项目		技术指标		
			普通底漆	长效型底漆	中间漆
1	容器中状态		搅拌后无硬块,呈均匀状态		
2	施工性		涂刷二道无障碍		
3	干燥时间(h)	表干	≤4		
		实干	≤24		

续表

序号	项目		技术指标		
			普通底漆	长效型底漆	中间漆
4	细度[a]（μm）		≤70（片状颜料除外）		
5	耐水性		168h 无异常		
6	附着力（划格法）（级）		≤1		
7	耐弯曲性（mm）		≤2		
8	耐冲击性（cm）		≥30		
9	涂层耐温变性（5 次循环）		无异常		
10	贮存稳定性	结皮性（级）	≥8		
		沉降性（级）	≥6		
11	耐盐雾性		200h 不剥落、不出现红锈[b]	1000h 不剥落、不出现红锈[b]	—
12	面漆适应性		商定		

注：a：对多组分产品，细度是指主漆的细度。

　　b：漆膜下面的钢铁表面局部或整体产生红色的氧化铁层的现象。它常伴随有漆膜的起泡、开裂、片落等。

（4）建筑钢结构涂装举例

1）大型钢结构建筑的防护涂装体系

目前市场上民用建筑室外钢结构最常用的防护涂装体系见表 8.34。

民用建筑室外钢结构防护涂装体系　　　　　　　　表 8.34

防护层	防护涂料
底漆	无机/环氧富锌底漆或金属喷涂
中间漆	环氧厚浆漆
防火涂料	如薄型或超薄型防火涂料
面漆	聚氨酯面漆

2）普通大气环境下建筑钢结构防护涂装体系见表 8.35。

普通大气环境建筑钢结构防护涂装体系　　　　　　表 8.35

使用寿命	配套涂料名称			平均涂层厚度（μm）
2～5 年	醇酸系	底层	RPAH-402 超干块醇防锈底漆	40
		面层	FNAH-602 醇酸磁漆	80
	环氧聚氨酯系	底层	环氧富锌底漆	40
		面层	FNUH-608 聚氨酯漆	80
5～15 年	环氧、丙聚系	底层	SPEH-102 厚涂型环氧富锌底漆	80
		中间层	环氧云铁中层漆	60
		面层	FNUH-608 丙烯酸氨酯漆	60
15 年以上	环氧、丙聚系	底层	SPEH-104 厚浆型环氧富锌底漆	80
		中间层	厚浆型环氧云铁中层漆	100
		面层	FNUH-604 丙烯酸聚氨酯漆	60

（5）建筑钢结构试验样板的制备

采用刷涂法制板，每道间隔时间按产品使用说明书要求控制。试板尺寸、数量及养护期按表8.36规定执行。

试板尺寸、数量及养护期要求　　　　　　　　　　　　　表8.36

检验项目	试板尺寸(mm×mm×mm)	试板数量	试板养护期(h)
干燥时间	120×50×(0.2~0.3)	1	
附着力	120×5×(0.2~0.3)	1	48
耐弯曲性	120×50×(0.2~0.3)	1	48
耐冲击性	120×50×(0.2~0.3)	1	48
耐水性	120×50×(0.2~0.3)	3	168
耐候性	50×70×(0.8~1.2)	3	168
涂层耐温变性	50×70×(0.8~1.2)	3	168
耐酸性	50×70×(0.8~1.2)	3	168
耐盐水性	50×70×(0.8~1.2)	3	168
耐盐雾性	50×70×(0.8~1.2)	3	168
耐人工老化性	50×70×(0.8~1.2)	3	168
施工性	50×70×(0.8~1.2)	1	168

8.4 钢结构的热喷涂防护

热喷涂是依靠专用设备产生的热源，将喷涂材料加热熔融或软化，并以一定的速度喷射沉积到经过预处理干净的基体表面形成涂层的过程。热喷涂技术在普通材料的表面上，制造一个特殊的工作表面，使其达到防腐、耐磨、减摩、抗高温、抗氧化、隔热、绝缘、导电、防微波辐射等一系列功能，达到节约材料、节约能源的目的。热喷涂技术已被广泛应用于宇航、机械、化工、冶金、煤炭、交通、建筑等各个领域。

8.4.1 热喷涂分类

通常根据热源不同将热喷涂分成3大类，如图8.5所示。

根据热喷涂层功能不同将热喷涂涂层分为10类，如图8.6所示。

图8.5 热喷涂分类　　　　　　　图8.6 热喷涂涂层分类

237

8.4.2　热喷涂技术的特点和方法

1. 特点

热喷涂技术具有如下特点：设备轻便，可现场施工；工艺灵活、操作程序少；可快捷修复，减少加工时间；适应性强，一般不受试件尺寸大小及场地所限；涂层厚度可以控制；除喷焊外，对基材加热温度较低，试件变形小，金相组织及性能变化也较小；适用各种基体材料的零部件，几乎可在所有的固体材料表面上制备各种防护性涂层和功能性涂层。

随着热喷涂应用要求的提高和领域的扩大，特别是喷涂技术的进步，如喷涂设备的日益高能和精良，涂层材料品种的逐渐增多，性能逐渐提高。热喷涂技术不但应用领域大为扩展，而且成为工业部门节约贵重材料，节约能源，提高产品质量，延长产品使用寿命，降低成本，提高工效的重要工艺手段，在各个领域内得到越来越广泛的应用。

2. 热喷涂方法和特性比较

热喷涂方法有很多种，用于热喷涂的材料有上百种，热喷涂能形成不同功能涂层。常用的几种热喷涂方法和特性比较见表 8.37。

常用热喷涂方法和特性比较　　　　　　　　　　　　　表 8.37

项目名称	火焰线材喷涂	火焰粉末喷涂	电弧喷涂	等离子喷涂	爆炸喷涂	超音速火焰喷涂	激光喷涂
热源	$O_2+C_2H_4$	$O_2+C_2H_4$	电能	电能及惰性气体	$O_2+C_2H_4$	$O_2+C_3H_8$ O_2+H_2	激光束
喷涂材料	金属及合金	金属、合金及陶瓷	金属及合金	全部金属、合金及陶瓷	金属、合金及部分陶瓷	金属、合金及部分陶瓷	金属、合金及陶瓷
最高熔化温度（℃）	2760～3260	2760～3260	7400	16000	5000	2550～2924	16000
结合强度（MPa）	＞6	＞6	＞30	＞35	＞50	＞80	＞100
孔隙率（%）	＜6	＜8	＜6	＜5	＜1	＜1	＜1
喷涂材料形态	线	粉	线	粉	粉	粉	粉
成本	低	低	低	高	高	高	高

8.4.3　热喷涂技术工艺

1. 热喷涂性能要求

（1）外观。热喷涂涂层外观必须是均匀的，不允许有起皮、鼓泡、熔融颗粒、裂纹、掉块，采用目视比较法检查。

（2）厚度。热喷涂层厚度不应低于实际厚度值或供需双方协议的厚度值。厚度的测量按磁性测量法测量。

（3）结合性能。采用切格试验方法时，试验结束后，方格内的涂层不应与基体剥离；采用简易刀刮试验时，涂层没有从与基体结合部脱落而只是从涂层间脱落，则认为符合要求。

（4）耐腐蚀性。按中性盐雾试验法或盐水浸渍实施，72h 后涂层不允许有鼓泡、红锈和剥落现象。

（5）密度。用于评价涂层的密实性，采用称量法测定。

2. 热喷涂工艺

（1）表面处理

1）喷砂。钢结构构件表面喷砂处理使用压力式喷砂法，采用喷砂粗化除锈，除锈标准应符合 GB/T 8923 中 Sa3 级的要求。喷砂处理后钢结构表面应显示均匀的金属光泽。

2）磨料。磨料应清洁、干燥，有尖锐的棱角，磨料粒度一般为 0.5～2.0mm。可采用冷硬铸铁砂、刚玉砂、石英砂、江砂、河砂等。

3）压缩空气。压缩空气应清洁、干燥，以免污染磨料和试件表面，压力范围为 0.6～0.7MPa，不应低于 0.6MPa。压缩空气使用应注意以下几点：

① 喷射角度取 30°～60°，不应超过 90°。

② 喷射距离一般取 200mm，不低于 150mm 且不大于 250mm。

③ 在试件表面清洁度与粗化度达到要求的前提下，喷射时间不大于 20s。

④ 喷射防护的具体措施应符合 GB 11375 的要求。

4）喷砂处理检验。喷砂处理后钢结构表面清洁度应按 GB/T 8923 的"Sa3"级图片进行对比参照；基体表面粗糙度采用参比样片与喷砂处理后的试件表面进行目视比较。参比样片的材质应与试件一致，并按供需双方协议的要求制备。

（2）喷涂层材料

喷涂层用金属材料应符合下列要求：

1）锌应符合 GB/T 470—2008 的质量要求，纯度应不低于 99.99%；

2）铝应符合 GB/T 3190—2008 的质量要求；

3）锌铝合金中锌的成分应符合 GB/T 470—2008 的质量要求，即 Zn99.99；铝的成分应符合 GB/T 3190—2008 的要求。

4）除非另有规定，合金中的金属成分的允许偏差量为规定值的±1%。

（3）热喷涂

1）喷涂要求。喷涂设备一般使用火焰或电弧喷涂机（特殊工作也可采用粉末喷涂机）。喷涂将采用压缩空气、氧、乙炔、涂层线材（直径 2～3mm）。喷涂材料应达到规定的使用要求，且无油污。

2）喷涂原理及流程。热喷涂是用氧气、乙炔或电能作熔融焰，高速气流作动力，使涂层材料处于熔化或半熔化状态，喷射到处理好的金属基层面，形成均匀的涂层。压缩空气系统经过除油、除水过滤，然后接入喷涂机，要求为：

① 空气压力。喷涂空气压力一般为 5～6kg/cm²，不应低于 5kg/cm²。压力与动能成正比，压力越大，离子的温度下降越少，使涂层粒子获得较高的能量，增加涂层结合力，提高腐蚀防护效果。

② 厚度及间隔时间。当涂层厚度大于 40μm 时，可进行两次或两次以上热喷涂来达到所要求厚度的涂层。每喷一层时的厚度不应超过 40μm，第一层与第

二层应按交叉垂直方向进行喷涂，层与层喷涂的间隔时间应为 $10\sim15$min。涂层应保持清洁，不允许手等触及喷涂表面。

③ 喷涂环境温度与湿度。喷涂环境温度应在 5℃以上，待喷试件表面温度应保持在 0℃以上。试件表面的相对湿度不应超过 80%。

3）待喷涂时间。热喷涂应在试件表面喷砂处理后尽快进行，应根据环境状况尽可能短，最长不应超过 2h。

4）喷涂缺陷。若喷涂时发现涂层外观有明显的缺陷，应立即停止喷涂，对于缺陷部位应按有关规定重新进行表面处理。

（4）封闭处理或涂料封闭

1）目的。任何涂层都是有孔隙的。热喷涂层的孔隙需进行封闭，其封闭材料应根据基体所接触的腐蚀介质来选择，以确保其防护涂层的长效性。

2）封闭处理。封闭处理是使用不加颜料的液态有机料或无机盐溶液，涂刷在涂层金属表面，使涂层的孔隙封闭，如醇酸树脂类、乙烯树脂类、氯化橡胶类、聚氨酯类等清漆，碳酸盐、磷酸盐、铬酸盐等无机盐溶液。

3）涂料封闭。涂料封闭是使用含有颜料的涂料涂刷在未封闭或将封闭的金属涂层上，形成金属涂层和涂料层的复合系统。

4）复合系统。为确保基材试件的使用寿命，涂料封闭处理是必要的，以得到金属涂层与封闭层的复合系统。复合系统的耐久性比单独涂层的耐久性要高得多。

8.4.4　钢结构热喷涂防腐蚀涂层体系

热喷涂锌、铝涂层用于钢结构构件的长效防腐蚀，世界各国都有很多成功应用经验和实例。热喷涂技术是一项非常成熟可靠的技术，被各国接受并已被标准化，对涂层适用环境、设计、材料、施工、检查和验收等都有详细规定。钢结构所处腐蚀环境主要为工业大气、乡村大气、海洋大气、盐雾、海水等，一般防腐蚀用热喷涂涂层的设计与钢结构的所处腐蚀环境有关。

1. 国际标准热喷涂防腐蚀涂层体系

《钢铁构件防腐蚀保护-金属涂层指南》BS EN ISO 14713：1999，对腐蚀环境进行了分类，见表 8.38，并推荐了长效防腐蚀涂层体系，见表 8.39。

ISO 14713 腐蚀等级分类　　　　　　　　　　　　　表 8.38

腐蚀环境分类	碳钢年均腐蚀速率(μm)	腐蚀等级
C1：室内干燥	≤0.1	很低
C2：室内潮湿	0.1～0.7	低
C3：室内污染潮湿 室外工业和城市内陆，无污染海岸	0.7～2.0	中等
C4：室内游泳池、化工厂 室外内陆工业和海洋城市大气	2.0～4.0	高
C5：高湿工业大气或盐雾海洋大气	4.0～8.0	很高
Im2 海水	10.0～20.0	很高

ISO 14713 热喷涂防腐蚀涂层体系 表 8.39

腐蚀环境	涂层寿命(年)	涂层体系
C2	≥20	喷铝 $100\mu m$ 喷铝 $50\sim100\mu m$＋封闭 喷锌 $50\mu m$＋封闭
C3	≥20	喷铝 $100\mu m$ 喷铝 $100\mu m$＋封闭 喷锌 $100\mu m$ 喷锌 $100\mu m$＋封闭
C4	≥20	喷铝 $100\mu m$＋封闭 喷锌 $100\mu m$＋封闭
C5	≥20	喷铝 $150\mu m$＋封闭 喷锌 $150\mu m$＋封闭
Im2	≥20	喷铝 $250\mu m$ 喷铝 $150\mu m$＋封闭 喷锌 $250\mu m$ 喷锌 $150\mu m$＋封闭

2. 海港工程钢结构热喷涂防腐蚀涂层体系

《水运工程结构防腐蚀施工规范》JTS/T 209—2020 对不同钢结构的部位，给出了金属热喷涂防腐蚀涂层体系，见表 8.40 和表 8.41。

大气区金属热喷涂系统 表 8.40

设计使用年限(年)	喷涂系统	最小局部厚度(μm)
>20	喷锌＋封闭	250＋60
	喷铝＋封闭	200＋60
	喷 Ac 铝＋封闭	150＋60
	喷锌＋封闭＋涂装	250＋30＋100
	喷铝＋封闭＋涂装	200＋30＋100
	喷 Ac 铝＋封闭＋涂装	150＋30＋100
10～20	喷锌＋封闭	160＋60
	喷铝＋封闭	120＋60
	喷 Ac 铝＋封闭	100＋60
	喷锌＋封闭＋涂装	160＋30＋100
	喷铝＋封闭＋涂装	120＋30＋100
	喷 Ac 铝＋封闭＋涂装	100＋30＋100

浪溅区、水位变动区金属热喷涂系统 表 8.41

设计使用年限(年)	喷涂系统	最小局部厚度(μm)
>20	喷铝＋封闭	250＋60
	喷 Ac 铝＋封闭	200＋60

续表

设计使用年限（年）	喷涂系统	最小局部厚度（μm）
>20	喷铝＋封闭＋涂装	250＋30＋100
	喷 Ac 铝＋封闭＋涂装	200＋30＋100
10～20	喷铝＋封闭	150＋60
	喷 Ac 铝＋封闭	150＋60
	喷 Ac 铝＋封闭＋涂装	150＋60＋100
	喷铝＋封闭＋涂装	150＋30＋100
5～10	喷铝＋封闭	100＋30
	喷 Ac 铝＋封闭	100＋30
	喷铝＋封闭＋涂装	100＋30＋60
	喷 Ac 铝＋封闭＋涂装	100＋30＋60

3. 铁路钢桥结构热喷涂防腐蚀涂层体系

《铁路钢桥保护涂装及涂料供货技术条件》Q/CR 730—2019 针对不同腐蚀环境，给出了钢结构热喷涂防腐蚀涂层体系，见表 8.42。

钢桥涂装体系　　　　　　　　　　　　表 8.42

腐蚀环境	喷涂系统	至少涂装道数	总干膜最小厚度（μm）
干燥地区	喷锌＋云铁环氧中间漆＋灰铝粉石墨醇酸面漆	2＋1＋2	80＋40＋80
潮湿地区	喷锌＋云铁环氧中间漆＋灰色丙烯酸脂肪族聚氨酯面漆	2＋1＋2	80＋40＋80
沿海、污染地区	喷锌＋云铁环氧中间漆＋氟碳面漆	2＋1＋2	80＋40＋70

4. 其他钢结构热喷涂防腐蚀涂层体系

（1）美国焊接学会标准。《热喷涂锌、铝金属防护钢铁推荐标准》AWSC 2.21-2015 中对喷砂、喷涂设备、材料、质量标准进行了规定。该标准考虑含盐、高湿度和工业大气、农村大气、罐内等腐蚀环境，给出了典型的热喷涂防腐蚀涂层体系。

（2）英国标准。《钢铁构件防腐蚀保护涂层实用指南》BS 5493：1997，规定了室外无污染内陆大气、室外污染内陆大气、室外污染沿海大气、室外无污染沿海大气、建筑物内干燥、建筑物内潮湿、淡水、海水飞溅区、海水淹没、土壤及混凝土等腐蚀环境下，不同使用年限的热喷涂防腐蚀涂层体系。

（3）日本标准。日本工业标准 JIS H8300/8301，规定了普通大气、工业大气、海洋大气等腐蚀环境下，不同使用年限的热喷涂防腐蚀涂层厚度。

（4）我国机械行业标准。《锌覆盖层 钢铁结构防腐蚀的指南和建议 第 1 部分：设计与防腐蚀的基本原则》GB/T 19355.1—2016 中有关热喷涂锌、铝及其合金涂层钢结构腐蚀防护的内容，规定了常见的各种腐蚀环境条件下钢结构腐蚀防护的热喷涂层体系。

8.4.5　钢结构热喷涂防腐蚀涂层施工

热喷涂施工应符合现行国家标准《金属和其他无机覆盖层 热喷涂 操作安

全》GB 11375—1999 的有关规定。热喷涂施工钢结构的表面清洁度、表面粗糙度、热喷涂材料的规格和质量指标、涂层系统的选择应符合规范要求。

1. 施工要点

（1）表面预处理与热喷涂施工之间的间隔时间：海洋环境条件下不应大于 4h，晴天或湿度不大的气候条件下不得超过 12h，雨天、潮湿、有盐雾的气候条件下不得超过 2h。

（2）工作环境的大气温度低于 5℃或钢结构表面温度低于露点 3℃时，应停止热喷涂施工操作。

（3）金属热喷涂所用的压缩空气应干燥、洁净；喷枪与被喷射钢结构表面宜成直角，最大倾斜角度不得大于 45°，喷枪的移动速度应均匀，各喷涂层之间的喷枪走向应相互垂直、交叉覆盖；一次喷涂厚度宜为 $25\sim80\mu m$，同一层内各喷涂带之间应有 1/3 的重叠宽度。

（4）金属热喷涂层的封闭剂或首道封闭涂料施工宜在喷涂层尚有余温时进行，并宜采用刷涂方式施工。

（5）在装卸、运输或其他施工作业过程中应采取措施防止金属热喷涂层局部损坏。如有损坏，应按原设计要求和施工工艺进行修补。

2. 施工质量检查

热喷涂防腐蚀涂层厚度、外观、结合性能、耐腐蚀性能、密度应符合设计和功能要求。涂层施工质量的检查方法见表 8.43。

热喷涂锌、铝及其合金涂层检查项目 表 8.43

外观	厚度	结合性能		耐腐蚀性		密度
目视比较法	磁性测量法	切格法	刀刮法	盐雾法	盐水浸渍法	称量法
○	○	○	√	√	√	√
○	○	○	√	√	√	√

注："○"表示必须检查的项目；"√"表示双方一定检查的项目（腐蚀试验任选一项）。

8.5 钢结构无损检测方法

8.5.1 磁粉探伤

铁磁性材料试件被磁化后，由于不连续性的存在，使试件表面和近表面的磁力线发生局部畸变而产生漏磁场，吸附施加在试件表面的磁粉，在合适的光照下形成目视可见的磁痕，从而显示出不连续性的位置、大小、形状和严重程度。

铁磁性材料试件被磁化后，在不连续性处或磁路截面变化处，磁力线离开和进入试件表面形成的磁场称为漏磁场。磁粉检测是利用铁磁性粉末（磁粉）作为磁场的传感器，即利用漏磁场吸附磁粉形成的磁痕（磁粉聚集形成的图像）来显示不连续性的位置、大小、形状和严重程度，所以磁粉检测基础是不连续性处漏磁场与磁粉的磁相互作用。

磁粉检测适用于检测铁磁性材料，但不适用于检测非磁性材料；适用于检测试件表面和近表面尺寸很小，间隙极窄（如长 0.1mm、宽为微米级的裂纹）和目视难以看出的微小缺陷（裂纹、白点、发纹、折叠、疏松、冷隔、气孔和夹杂等），但不适用于检测试件表面浅而宽的划伤、针孔状缺陷、埋藏较深的内部缺陷和延伸方向与磁力线方向夹角小于 20°的缺陷。该方法可用于未加工的原材料和加工的半成品、成品件及在役与使用过的试件，包括钢坯、管材、棒材、板材、型材和锻钢件、铸钢件及焊接件的检测。

磁粉检测最基本的 6 个操作步骤是：预处理；磁化试件；施加磁粉或磁悬液；磁痕分析和评定；退磁；后处理。

磁粉检测具有下列优点：

（1）能直观地显示出缺陷的位置、大小、形状和严重程度，并可大致确定缺陷的性质。

（2）具有很高的检测灵敏度，能检测出微米级宽度的缺陷。

（3）能检测出铁磁性材料试件表面和近表面缺陷。

（4）综合使用多种磁化方法，检测几乎不受试件大小和几何形状的影响，能检测出试件各方向的缺陷。

（5）检查缺陷的重复性好。

（6）单个试件检测速度快，工艺简单，成本低，污染轻。

（7）磁粉探伤—橡胶铸型法，可间断检测小孔内壁早期疲劳裂纹的产生和扩展速率。

磁粉检测的局限性如下：

（1）只能检测铁磁性材料。

（2）只能检测试件表面和近表面缺陷。

（3）受试件几何形状影响（如键槽）会产生非相关显示。

（4）通电法和触头法磁化时，易产生打火烧伤。

8.5.2　液体渗透检测

由于毛细管作用，涂覆在洁净、干燥试件表面上的荧光（或着色）渗透液会渗入到表面开口缺陷中；去除试件表面的多余渗透液，并施加薄层显像剂后，缺陷中的渗透液回渗到试件表面，并被显像剂吸附，形成放大的缺陷显示；在黑光（或白光）下观察显示，可确定试件缺陷的分布、形状、尺寸和性质等。

液体渗透检测（简称渗透检测）的基本步骤包括预处理、渗透、去除、干燥、显像、检验和后处理共 7 个步骤。

渗透检测主要用于检测各种非多孔性固体材料制件的表面开口缺陷，适用于原材料、在制试件、成品试件的表面质量检验。渗透检测的优点是：缺陷显示直观；检测灵敏度高；可检测的材料与缺陷范围广；一次操作可检测多个试件，可检测多方位的缺陷；操作简单等。渗透检测的缺点是：只能检测试件的表面开口缺陷；一般只能检测非多孔性材料；对试件和环境有污染等。

8.5.3　超声波检测

超声检测方法是利用进入被检材料的超声波（大于 20000Hz）对材料表面与内部缺陷进行检测。利用超声波进行材料厚度的测量也是常规超声检测的一个重要方面。此外，作为超声检查技术的特殊应用，超声波还用于材料内部组织和特性的表征。

利用超声波对材料中的宏观缺陷进行探测，依据的是超声波在材料中传播时的一些特性，如声波在通过材料时能量会有损失，在遇到两种介质的分界面时，会发生反射等，常用的频率为 0.5～25MHz。

以脉冲反射技术为例，由声源产生的脉冲波引入被检测的试件中后，若材料是均质的，则声波沿一定的方向，以恒定的速度向前传播。随着距离的增加，声波的强度由于扩散和材料内部的散射、吸收而逐渐减小。当遇到两侧声阻抗有差异的界面时，则部分声能被反射。这种界面可能是材料中某种缺陷（不连续），如裂纹、分层、孔洞等，也可能是试件的外表面与空气或水的界面。反射的程度取决于界面两侧声阻抗差异的大小，在金属与气体的界面上几乎全部反射。通过探测和分析反射脉冲信号的幅度、位置等信息，可以确定缺陷的存在，评估其大小、位置。通过测量入射声波和接收声波之间声传播的时间可以得知反射点距入射点的距离。

通常用以发现缺陷并对缺陷进行评估的主要信息为：来自材料内部各种不连续的反射信号的存在及其幅度；入射信号与接收信号之间的声传播时间；声波通过材料以后能量的衰减。

与其他无损检测方法相比，超声检测方法的主要优点有：

（1）适用于金属、非金属、复合材料等多种材料制件的无损评价。

（2）穿透能力强，可对较大厚度范围的试件内部缺陷进行检测，可进行整个试件体积的扫查。如对金属材料，既可检测厚度 1～2mm 的薄壁管材和板材，也可以检测几米长的钢锻件。

（3）灵敏度高，可检测材料内部尺寸很小的缺陷。

（4）可较准确地测定缺陷的深度位置，这在许多情况下是十分需要的。

（5）对大多数超声技术的应用来说，仅需从一侧接近试件。

（6）设备轻便，对人体及环境无害，可作现场检测。

超声检测的主要局限性是：

（1）由于纵波脉冲反射法存在盲区，以及缺陷取向对检测灵敏度的影响，对位于表面和非常近表面的延伸方向且平行于表面的缺陷常常难于检测。

（2）试件形状的复杂性，如小尺寸、不规则形状、粗糙表面、小曲率半径等，对超声检测的可实施性有较大影响。

（3）材料的某些内部结构，如晶粒度、相组成、非均匀性、非致密性等，会使小缺陷的检测灵敏度和信噪比变差。

（4）对材料及制件中的缺陷作定性、定量表征，需要检验者较丰富的经验，且常常是不准确的。

（5）以常用的压电换能器作为声源时，为使超声波有效地进入试件一般需要耦合剂。

8.5.4　射线检测

从 1895 年伦琴发现了 X 射线后，X 射线很快开始了医疗应用，约从 1930 年开始射线照相检测技术广泛应用于工业检验，至今已发展成完整的射线检测技术。20 世纪 90 年代以后，射线检测技术进入新的发展阶段，即发展为数字射线检测技术。

目前，射线检测技术可划分为四部分：射线照相检测技术；射线实时成像检测技术；层析射线检测技术；辐射测量技术。

射线检测技术在工业与科学研究等方面的主要应用包括：

（1）缺陷检验：铸造、焊接等各种工艺缺陷检验；

（2）测量：厚度在线实时测量，结构与尺寸测定，密度测量等；

（3）检查：机场、车站、海关安全检查；

（4）动态研究：弹道、爆炸、核技术、铸造工艺等动态过程。

射线检测技术不仅可用于金属材料（黑色金属和有色金属）检验，也可用于非金属材料和复合材料的检验，特别是它还可以用于放射性材料的检验。检验技术对被检试件的表面和结构没有特殊要求，所以它可以应用于各种产品的检验，应用于各种缺陷的检验。在工业中，应用最广泛的方面是铸件和焊接件的检验。其对于体积性缺陷敏感，检验面状缺陷时必须考虑射线束的方向，当射线束与缺陷平面的夹角较大时，容易发生漏检，特别是对于开裂较小的裂纹性缺陷。目前，射线检测技术广泛地应用于机械、兵器、造船、电子、核工业、航空、航天等各工业领域，在某些问题中（例如，电子元器件的装配质量、复杂的金属与非金属结构质量等），它是目前唯一可行的检测技术。直到现在，射线照相检测技术仍是工业中采用的最主要的射线检测技术。但近年来，随着射线检测技术的发展，射线实时成像检测技术已在一些重要方面发挥着越来越大的作用。

射线检测技术与其他常规无损检测技术比较，具有的主要特点是：

（1）检测技术对被检验试件的材料、形状、表面状态无特殊要求；

（2）检测结果显示直观；

（3）检测技术和检测工作质量可以自我监测。

在应用中，射线检测技术需要考虑的主要问题是辐射防护问题。

思考题

1. 钢材腐蚀的主要影响因素有哪些？
2. 钢结构表面主要污染物类型有哪些？应采用何种对应的清除方法？
3. 各类工程钢结构涂装体系的保护年限是如何规定的？
4. 钢结构热喷涂防护的基本原理是什么？热喷涂防护的技术特点是什么？
5. 钢结构的无损检测方法主要有哪些？各自的优点和局限性是什么？

主要参考文献

[1] 中华人民共和国住房和城乡建设部，国家质量监督检验检疫总局. 工程结构可靠性设计统一标准 GB 50153—2008 [S]. 北京：中国建筑工业出版社，2008.

[2] 中华人民共和国住房和城乡建设部，国家质量监督检验检疫总局. 水利水电工程结构可靠性设计统一标准 GB 50199—2013 [S]. 北京：中国计划出版社，2013.

[3] 国家质量技术监督局，中华人民共和国建设部. 公路工程结构可靠度设计统一标准 GB/T 50283—1999 [S]. 北京：中国计划出版社，1999.

[4] 中华人民共和国住房和城乡建设部. 民用建筑可靠性鉴定标准 GB 50292—2015 [S]. 北京：中国建筑工业出版社，2015.

[5] 中华人民共和国交通运输部. 水运工程结构防腐蚀施工规范 JTS/T 209—2020 [S]. 北京：人民交通出版社，2020.

[6] 中华人民共和国住房和城乡建设部，国家市场监督管理总局. 建筑结构可靠性设计统一标准 GB 50068—2018 [S]. 北京：中国建筑工业出版社，2018.

[7] 中华人民共和国住房和城乡建设部. 混凝土结构设计规范 GB 50010—2010 [S]. 北京：中国建筑工业出版社，2010.

[8] 中华人民共和国住房和城乡建设部. 钢结构设计标准 GB 50017—2017 [S]. 北京：中国建筑工业出版社，2017.

[9] 中华人民共和国交通运输部. 公路钢筋混凝土及预应力混凝土桥涵设计规范 JTG 3362—2018 [S]. 北京：人民交通出版社，2018.

[10] 中华人民共和国住房和城乡建设部，国家市场监督管理总局. 建筑结构检测技术标准 GB/T 50344—2019 [S]. 北京：中国建筑工业出版社，2019.

[11] 中华人民共和国交通运输部. 公路桥梁技术状况评定标准 JTG/T H21—2011 [S]. 北京：人民交通出版社，2011.

[12] 中国土木工程学会. 混凝土结构耐久性设计与施工指南 CCES 01：2004 [S]. 北京：中国建筑工业出版社，2005.

[13] 中华人民共和国交通运输部. 公路工程混凝土结构耐久性设计规范 JTG/T 3310—2019 [S]. 北京：人民交通出版社，2019.

[14] 中国工程建设标准化协会. 混凝土结构耐久性评定标准 CECS 220：2007 [S]. 北京：中国计划出版社，2007.

[15] 中华人民共和国建设部. 建筑用钢结构防腐涂料 JG/T 224—2007 [S]. 北京：中国标准出版社，2008.

[16] 中华人民共和国住房和城乡建设部. 混凝土结构耐久性设计标准 GB/T 50476—2019 [S]. 北京：中国建筑工业出版社，2019.

[17] 中华人民共和国住房和城乡建设部. 工程结构可靠性设计统一标准 GB 50153—2008 [S]. 北京：中国计划出版社，2009.

[18] 中华人民共和国交通运输部. 公路桥梁钢结构防腐涂装技术条件 JT/T 722—2008 [S]. 北京：人民交通出版社，2008.

[19] 中华人民共和国住房和城乡建设部. 工业建筑防腐蚀设计标准 GB/T 50046—2018 [S]. 北京：中国计划出版社，2018.

[20] 中华人民共和国住房和城乡建设部. 混凝土中钢筋检测技术标准 JGJ/T 152—2019

[S]. 北京：中国建筑工业出版社，2019.

[21] 中华人民共和国住房和城乡建设部. 工业建筑可靠性鉴定标准 GB 50144—2019 [S]. 北京：中国建筑工业出版社，2019.

[22] 中华人民共和国住房和城乡建设部. 混凝土耐久性检验评定标准 JGJ/T 193—2009 [S]. 北京：中国建筑工业出版社，2009.

[23] 中华人民共和国住房和城乡建设部. 普通混凝土长期性能和耐久性能试验方法标准 GB/T 50082—2009 [S]. 北京：中国建筑工业出版社，2009.

[24] 中华人民共和国铁道部. 铁路混凝土结构耐久性设计规范 TB 10005—2010 [S]. 北京：中国铁道出版社，2011.

[25] 中华人民共和国交通运输部. 水运工程结构耐久性设计标准 JTS 153—2015 [S]. 北京：人民交通出版社，2015.

[26] 中华人民共和国国家能源局. 钢结构腐蚀防护热喷涂（锌、铝及合金涂层）及其试验方法 DL/T 1114—2009 [S]. 北京：中国电力出版社，2009.

[27] 中华人民共和国工业和信息化部. 石油化工钢结构防腐蚀涂料 应用技术规程 SH/T 3603—2019 [S]. 北京：中国石化出版社，2019.

[28] 中国工程建设标准化协会. 纤维混凝土试验方法标准 CECS 13：2009 [S]. 北京：中国计划出版社，2010.

[29] 金伟良，赵羽习. 混凝土结构耐久性 [M]. 北京：科学出版社，2002.

[30] 仁必年. 公路钢桥腐蚀与防护 [M]. 北京：人民交通出版社，2002.

[31] 张誉，蒋利学，张伟平. 混凝土结构耐久性概论 [M]. 上海：上海科学技术出版社，2003.

[32] 牛荻涛. 混凝土结构耐久性与寿命预测 [M]. 北京：科学出版社，2002.

[33] 朱宏军，程海丽，姜德民. 特种混凝土和新型混凝土 [M]. 北京：化学工业出版社，2003.

[34] 冯乃谦. 高性能混凝土结构 [M]. 北京：机械工业出版社，2004.

[35] D. A. 贝利斯，D. H. 迪肯著，丁桦，等译. 钢结构的腐蚀控制 [M]. 北京：化学工业出版社，2004.

[36] 赵卓，蒋晓东. 受腐蚀混凝土结构耐久性检测诊断 [M]. 郑州：黄河水利出版社，2006.

[37] 刘秉京. 混凝土结构耐久性设计 [M]. 北京：人民交通出版社，2007.

[38] 贡金鑫，魏巍巍，胡家顺. 中美混凝土结构设计 [M]. 北京：中国建筑工业出版社，2007.

[39] 张劲泉，宿健，程寿山，等. 混凝土旧桥材质状况与耐久性检测评定指南及工程实例 [M]. 北京：人民交通出版社，2007.

[40] P. KumarMehta, Paulo J. M. Monterio 著，覃维祖，王栋民，丁建彤译. 混凝土微观结构、性能和材料 [M]. 北京：中国电力出版社，2008.

[41] 王勇. 杭州湾跨海大桥工程总结 [M]. 北京：人民交通出版社，2008.

[42] 邢锋. 混凝土结构耐久性设计与应用 [M]. 北京：中国建筑工业出版社，2011.

[43] 王自明. 无损检测综合知识 [M]. 北京：机械工业出版社，2017.

[44] 中国国家铁路集团有限公司. 铁路钢桥保护涂装及涂料供货技术条件 Q/CR 730—2019 [S]. 北京：中国铁道出版社，2019.